Origin

丁金滨 编著

科技绘图与
数据分析

清华大学出版社
北京

内 容 简 介

本书以Origin 2023中文版为软件平台，结合编者多年的数据分析经验，通过大量应用实例详细介绍Origin在科研数据处理与数据作图中的使用方法与技巧。全书共13章：第1～6章主要讲解Origin的基础知识与科技绘图，包括Origin的操作界面、窗口类型、绘图基本设置、数据操作管理、二维及三维图的绘制、统计图形绘制等；第7～13章结合Origin数据处理与统计分析功能，分别讲解线性拟合、非线性拟合、数据操作与分析、基础统计分析、参数与非参数检验、数字信号处理等知识，最后介绍如何在Origin中进行版面设计与输出操作。通过阅读本书，可以帮助读者快速掌握Origin的应用，从而更好地处理和分析科研数据。

本书注重基础，内容翔实，突出示例讲解，既可以作为从事数据分析处理的科研工程技术人员的自学用书，也可以作为高等学校相关专业的本科生、研究生的教学用书。

图书在版编目（CIP）数据

Origin科技绘图与数据分析/丁金滨编著. —北京：清华大学出版社，2023.3
ISBN 978-7-302-62962-7

Ⅰ.①O… Ⅱ.①丁… Ⅲ.①数值计算—应用软件—教材 Ⅳ.①O245

中国国家版本馆CIP数据核字（2023）第039895号

责任编辑：王金柱
封面设计：王　翔
责任校对：闫秀华
责任印制：宋　林
出版发行：清华大学出版社
　　　　　网　　址：http://www.tup.com.cn，http://www.wqbook.com
　　　　　地　　址：北京清华大学学研大厦A座　　　　　邮　　编：100084
　　　　　社 总 机：010-83470000　　　　　邮　　购：010-62786544
　　　　　投稿与读者服务：010-62776969，c-service@tup.tsinghua.edu.cn
　　　　　质量反馈：010-62772015，zhiliang@tup.tsinghua.edu.cn
印 装 者：三河市龙大印装有限公司
经　　销：全国新华书店
开　　本：185mm×235mm　　　印　　张：22　　　字　　数：528千字
版　　次：2023年4月第1版　　　印　　次：2023年4月第1次印刷
定　　价：129.00元

产品编号：100542-01

推　荐　序

Origin是一款功能强大的科学绘图和数据分析软件，在科学研究中可以满足大部分的统计、绘图、函数拟合等需求，可以说是书写专业论文的标配绘图软件。在中国乃至全世界，有数以百万计的科研工作者正在使用Origin进行数据分析和作图。

Origin正式版支持绘图、数据处理、探索性分析、曲线和曲面拟合、峰值分析等功能，为用户提供了多种方式的数据分析。Origin软件拥有丰富的高级自定义选项，满足用户科学绘图和数据分析的需求。

Origin每年都会有两次版本更新，带来越来越多方便易用的新功能，这些新功能适应发展潮流。我们分享给中国用户的免费学习版，都是最新的Origin版本，方便用户学习使用。

目前关于Origin使用方面的书籍很少，《Origin科学绘图与数据分析》一书基于最新版2023版编写，适应于2018以后的各个版本，非常适合Origin新用户入门。

本书既对模块的基础进行详细的讲解，又通过具体的数据和实例演示模块的应用，对于深入了解Origin在分析中（如线性/非线性拟合、数据操作与分析、基础统计分析等）如何使用有很大的帮助。

本书涵盖了Origin软件的大部分功能，从实例出发，介绍Origin中的各个功能，对零基础及有一定基础的用户来说是深入了解Origin的好帮手。基于此，我们将本书作为学习Origin的教程推荐给Origin用户。

OriginLab技术服务经理Echo

前　言

Origin为OriginLab公司出品的较流行的专业函数绘图软件，是专为不同科研领域的科学工作者进行绘图和数据分析而设计的。为此，Origin提供了大量的数据分析和绘图工具，可以满足用户对数据分析、函数拟合、科技作图等的需求。

本书中"Origin"指代Origin和OriginPro两款应用软件。而OriginPro在提供Origin的所有功能之余，在峰值拟合、曲线拟合、数据操作、统计分析、信号处理和图像处理等方面也增加了扩展分析工具。

Origin 2023版是当前OriginLab公司推出的最新版本，较以前的版本在性能方面有了很大的改善，本书以该版本为基础，结合示例进行讲解。Origin的突出优点在于科学绘图与数据分析，因此本书重点在这两个方面展开讲解。根据内容安排，全书共分为13章，各章安排如下：

第1章　Origin与科技绘图　　　　第2章　数据操作管理

第3章　基础二维图形绘制　　　　第4章　高级二维图形绘制

第5章　三维图形绘制　　　　　　第6章　统计图形绘制

第7章　线性拟合　　　　　　　　第8章　非线性拟合

第9章　数据操作与分析　　　　　第10章　基础统计分析

第11章　参数与非参数检验　　　　第12章　数字信号处理

第13章　版面设计与输出

为便于读者学习，编者在讲解数据处理与统计分析时，会对基础知识进行简要的介绍，当遇到不理解的专业知识时，请查阅统计分析方面的专业书籍。

本书在编写过程中参考了软件的系列帮助文档，数据部分采用了自带数据。学习过程中如果需要本书的原始数据，请关注"算法仿真"公众号，并发送关键词"TupOrigin"获取数据下载链接。在"算法仿真"公众号中还会不定期提供综合应用示例，帮助读者进一步提高作图水平。

本书结构合理、叙述详细、实例丰富，既适合广大科研工作者、工程师和在校学生等不同层次的读者自学使用，也可以作为高等学校相关专业的教材。

Origin本身是一个庞大的资源库与知识库，本书所讲难窥其全貌，虽然在编写过程中力求叙述准确、完善，但由于水平有限，疏漏之处在所难免，希望读者和同仁能够及时指出，共同促进本书质量的提高。

本书提供配套资源文件，用微信扫描下面的二维码即可获取：

如果下载有问题，请用电子邮件联系booksaga@126.com，邮件主题为"Origin科技绘图与数据分析"。

读者如果在学习过程中遇到了与本书有关的疑难问题，还可以通过"算法仿真"公众号获取帮助。

本书在编写过程中获得到了广州原点软件有限公司（美国OriginLab Corporation中国分公司）的大力支持，他们为本书的最终面世提供了技术支持，在此表示感谢。

编　者

2023 年 1 月

目　录

第1章

Origin 与科技绘图

Origin 是一款带有强大数据分析功能和专业刊物品质绘图能力的、为科研人员及工程师需求量身定制的应用软件。Origin 可以轻松地自定义和自动完成数据导入、分析、绘图和报告任务，既可以满足普通用户的制图要求，又可以满足高级用户数据分析、函数拟合的需求。本章先来介绍 Origin 的操作界面及基本绘图设置。

学习目标：

★ 了解 Origin 的基本应用

★ 掌握 Origin 的操作界面

★ 掌握 Origin 绘图的基本设置方法

1.1 Origin 功能应用

Origin 软件是一款多文档界面的应用软件，具有强大的数据分析功能，能为科研人员及工程师提供帮助。利用 Origin 可以轻松地自定义和自动化导入数据、分析、绘图和输出报告，是一款能有效地分析数据和呈现研究成果的工具。

1.1.1 数据处理基本步骤

1. 数据输入

Origin 可以导入包括 ASCII、Excel、pClamp 在内的多种数据。Origin 进行处理的大部分实验数据通常来自其他仪器或软件的数据输出，因此，进行数据分析前要先导入数据。实验数据的来源或者说数据格式可以分为以下三类：

（1）典型的 ASCII 码文件

ASCII 码文件是指能够使用记事本软件打开的一类文件，该类文件每一行作为一个数据记录，每行之间用逗号、空格或 Tab 制表符作为分隔，分开多个列。

（2）二进制（Binary）文件

二进制文件与 ASCII 文件不同，其数据存储格式为二进制，普通记事本打不开，大部分仪器软件均采用二进制文件。该类格式具有特定的数据结构，每种文件的结构并不相同，因此只有当打开者能够确定其数据结构的情况下才能导入。

Origin 能够直接接受的第三方文件格式可以选择直接导入而无须导出 ASCII 格式，实际操作中，先利用仪器软件导出为 ASCII 格式的文件，再将该文件导入 Origin 中。

（3）数据库文件

数据库文件是指技术上能够通过数据库接口 ADO（Active Data Object，活动数据对象）导入的数据文件，如传统的数据库 SQL Server、Access、Excel 数据文件等。这类文件导入时可通过筛选后再导入。

除了从数据文件中导入数据外，另一个导入数据的途径是通过剪贴板导入。如果数据结构比较简单，则直接在 Origin 的数据表中粘贴即可。也可以使用 Windows 平台常用的拖、拉、放操作，即把数据文件直接拉到数据窗口实现导入。

2. 数据显示

工作表和矩阵是 Origin 中最主要的两种数据结构。工作表中的数据可用来绘制二维和部分三维图形，但如果想要绘制 3D 表面图、3D 轮廓图，以及处理图像，则需要采用矩阵格式存放数据。

矩阵格式中的行号和列号均以数字表示，其中，列数字将 X 值线性均分，行数字将 Y 值线性均分，单元格中存放的是该 XY 平面上的 Z 值。

在工作表窗口中选择需要显示的数据，单击主菜单"绘图"中相应的命令，或直接单击工具栏上相应的图形即可选择可以制作的各种图形。

3．数据处理

数据计算包括线性拟合、非线性拟合、数据操作与分析、峰拟合、统计分析等。如采用回归分析和曲线拟合方法可以建立经验公式或数学模型，还可以采用其他数据操作和分析方法对试验数据进行处理，实验数据进行相关计算后，再进行数据显示。Origin 进行批量的数值计算更方便、快捷。

4．数据存档与打印

图形绘制完成后就需要对图形进行输出操作，在 Origin 中绘制的图形一直存放在 Origin 工程项目中，为方便交流与沟通，需要将项目中的图形输出到要表达图形的文档中，并加以说明或讨论。

Origin 可以与其他应用程序共享定制的图形版面设计图形，此时 Origin 的对象链接和嵌入在其他应用程序中。

1.1.2　图形

1．二维图形

二维图形是 Origin 中最基本的图形，可以显示数据之间的变化规律。常见的二维图形包括线图、符号图、条形图、面积图、多面板 / 多轴图等，如图 1-1 所示为旋转条形图与双 Y 轴图。

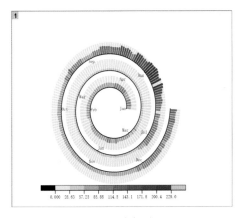

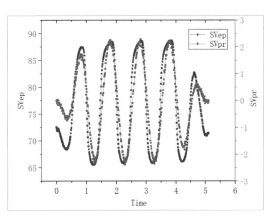

（a）螺旋条形图　　　　　　　　　　　　　（b）双 Y 轴图

图 1-1　二维图形

2. 三维图形

Origin 内置了多种三维绘图模板用于科学实验中的数据分析，实现数据的多用途处理。在 Origin 中，可以绘制的三维图形包括颜色填充曲面图、条状/符号图、数据分析图、等高线图、图像绘图等，如图 1-2 所示为 3D 定基线图、3D 颜色映射曲面图。

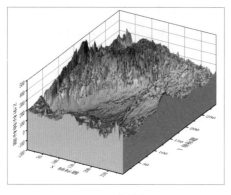 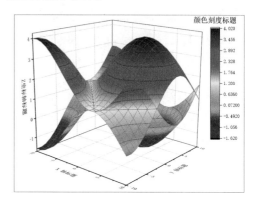

（a）3D 定基线图　　　　　　　　　　　（b）3D 颜色映射曲面图

图 1-2　三维图形

1.1.3　曲线拟合

曲线拟合分析是数据分析中的常用方法，在试验数据处理和科技论文对试验结果讨论中，经常需要对试验数据进行曲线拟合，以描述不同变量之间的关系，找出相应函数的系数，建立经验公式或数学模型。

Origin 提供了强大的函数拟合功能，包括线性拟合、指数拟合、非线性隐函数曲线拟合及自定义函数拟合等，如图 1-3 所示为线性拟合与非线性曲面拟合效果。

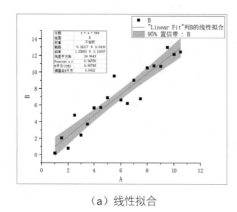

（a）线性拟合　　　　　　　　　　　（b）非线性曲面拟合

图 1-3　曲线拟合

1.1.4　数据操作与分析

在试验数据处理和科技论文对试验结果的讨论中，除采用回归分析和曲线拟合方法建立经验公式或数学模型外，还会采用其他数据操作和分析方法对试验数据进行处理。

Origin 拥有强大易用的数据分析功能，包括插值和外推处理、简单数学运算、微分积分计算、曲线运算等处理手段，如图 1-4 所示为插值与外推图及曲线平均图。

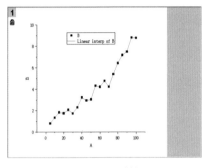
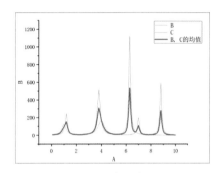

（a）插值与外推图　　　　　　　　　　　（b）曲线平均图

图 1-4　数据操作与分析

1.1.5　统计分析

在日常学习和工作中统计分析越来越重要，为满足统计分析及作图的需要，Origin 提供了多种统计图形和统计分析方法。

1. 统计图形

Origin 提供了直方图、分布图、直方+概率图、QC 质量控制图、帕累托图、散点矩阵统计图、概率图等多种统计图，如图 1-5 所示为矩阵散点图与边际图。

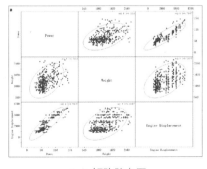
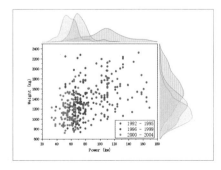

（a）矩阵散点图　　　　　　　　　　　（b）边际图

图 1-5　统计图形

2．统计分析

Origin 提供了许多统计方法，包括描述统计、单样本假设检验和双样本假设检验、单因素方差分析和双因素方差分析、直方图、箱线图等多种统计图表，如图 1-6 所示为 ROC 曲线及谱系图效果。另外，OriginPro 还提供了高级统计分析工具，包括重测方差分析和接受者操作特征曲线预估等。

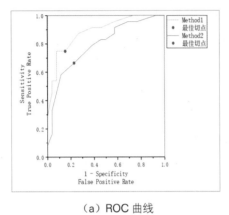

（a）ROC 曲线　　　　　　　　（b）谱系图

图 1-6 数据操作与分析

1.2 Origin 操作界面

在 Windows 操作系统下，单击左下角的"开始"按钮，从程序列表中单击"Origin 2023"按钮；也可以在安装完成之后将快捷图标添加到桌面上，双击桌面上的快捷图标按钮，即可启动如图 1-7 所示的 Origin 操作界面。Origin 的操作界面也可以称为工作空间。

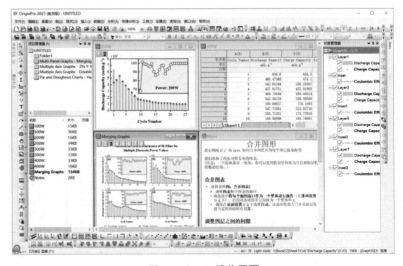

图 1-7 Origin 操作界面

1.2.1 菜单栏

1. 主菜单

Origin 操作界面的顶部为主菜单栏，主菜单栏中的每个菜单选项包括下拉菜单和子菜单，如图 1-8 所示，通过它们几乎能够实现 Origin 的所有功能。

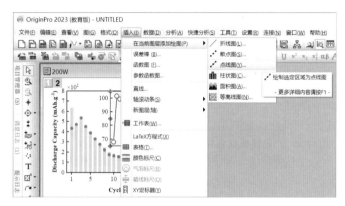

图 1-8　菜单显示

此外，Origin 软件的设置都是在其菜单栏中完成的，弄明白菜单栏中各菜单选项的功能对掌握 Origin 是非常重要的。

2. 快捷菜单

当在某一对象上右击时出现的菜单称为快捷菜单。Origin 拥有大量的快捷菜单，快捷菜单的存在方便了操作，可以大大提高工作效率。

例如，右击图形窗口上曲线的坐标轴，会出现如图 1-9 所示的快捷菜单，该菜单显示的正是当前可以选择的一些项目（功能）。

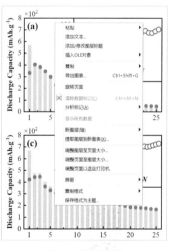

图 1-9　快捷菜单

1.2.2 工具栏

第一次打开 Origin 时，工作界面上已经打开了一些常用的工具栏，如"标准""格式""2D 图形""工具""布局"和"格式"等，这些是最基本的工具，通常是不关闭的。

1. 常规工具栏

Origin 提供了分类合理、直观、功能强大、使用方便的多种工具，常用的功能大都可以通过工具栏实现。默认情况下工具栏分布在工作区的四周。

工具栏包含了经常使用的菜单命令的快捷命令按钮，当鼠标指针放在工具按钮上时，会出现一个显示框，显示该工具按钮的名称和功能。例如，当鼠标指针放在 按钮上时，显示按钮名称"导入所有连接的数据"，并给出其功能描述，如图 1-10 所示。

图 1-10 显示工具按钮的名称和功能

其中"标准"工具栏如图 1-11 所示，它集中了 Origin 中最常用的操作，包括新建、打开、保存文件或项目、导入数据、打印、复制和更新窗口等。

图 1-11 "标准"工具栏

2. 浮动工具栏

当选中一个对象或单击页面内的某些关键区域时，会出现浮动工具栏，其支持的控件取决于选定的对象、窗口类型等。

（1）在编辑图表元素时，一些工具栏按钮会在选中某项/区域（如工作表列、图表线条等）后显示。单击一个对象（例如一条曲线、一个标签文本或者一个单元格），则带有相关按钮的浮动工具栏会出现在该对象旁边，如图 1-12 所示。

（2）当鼠标悬停在工作表、图表、矩阵表等窗口内的某些区域时，鼠标光标变为 图标，此时单击即会出现浮动工具栏，如图 1-13 所示。

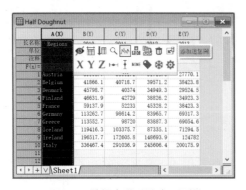

图 1-12 数据表附近浮动工具栏

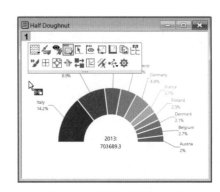

图 1-13 边缘附近浮动工具栏

多数浮动工具栏会有一个属性按钮 ⚙，单击该按钮可以对对象进行参数设置。如果移开鼠标光标或动作比较慢，浮动工具栏就会消失，按 Shift 键可以恢复显示。

3. 工具栏设置

执行菜单栏中的"查看"→"工具栏"命令，可以打开如图 1-14 所示的"自定义"对话框，根据个人习惯自行定制工具栏。

在"按钮组"选项卡中，可以查看各工具栏中的按钮，如图 1-15 所示，读者可以按住选项卡任意一个按钮并拖放到界面上，从而按照需求设定个人风格的工具栏。如果需要关闭某个工具栏，可以用以上的方法进行定制，当然更简单的方法是单击工具栏上的关闭按钮。

图 1-14　定制工具栏

图 1-15　"按钮组"选项卡

工具栏的使用非常简单，只要激活操作对象然后单击工具栏上的相应按钮即可。要注意的是，有些按钮旁边有向下的箭头，表示这是一个按钮组，需要单击箭头然后进行选择。

1.2.3　工作区（子窗口）

工作区是 Origin 的数据分析与绘图的展示操作区，项目文件的所有工作表、绘图子窗口等都在此区域内。大部分绘图和数据处理的工作都是在这个区域内完成的。

Origin 为图形和数据分析提供了多种子窗口类型，包括工作簿（Books）窗口、矩阵簿（MBooks）窗口、绘图（Graphs）窗口、Excel 工作簿窗口、版面布局设计窗口、记事本窗口等，

Origin 科技绘图与数据分析

如图 1-16 所示。其中最常用的为工作簿数据表窗口（用于导入、组织和变换数据）和图形窗口（用于作图和拟合分析）。

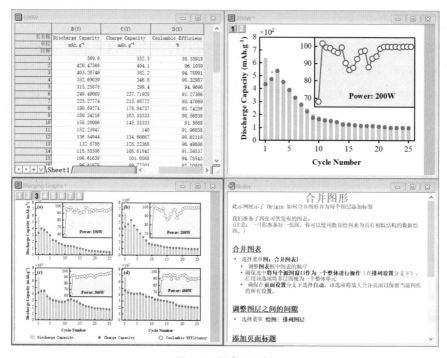

图 1-16 子窗口示例

一个项目文件中的各窗口是相互关联的，可以实现数据的实时更新。例如，当工作簿中的数据被改动之后，图形窗口中所绘数据点立即随之更新。

当激活的窗口类型不一样时，主菜单、工具栏结构也会随之变化。Origin 工作空间中的当前窗口决定了主菜单、工具栏结构及其是否能够被选用。

当前用于绘图、分析等操作的窗口在其边缘会使用彩色边框标识，以表明该窗口正处于编辑状态。

1.2.4 项目管理器

操作界面的左侧为项目管理器，类似于 Windows 的资源管理器，能够以直观的形式给出项目文件及其组成部分的列表，方便实现各个窗口间的切换。

Origin 通常使用一个项目文件来组织管理，它包含了一切所需的工作簿（工作表和列）、图形、矩阵、备注、布局、结果、变量、过滤模板等。

单击主界面左上角的项目管理器即可显示项目管理器的内容，也可以通过如下操作打开或关闭项目管理器。

（1）执行菜单栏中的"查看"→"项目管理器"命令。

（2）单击"标准"工具栏中的 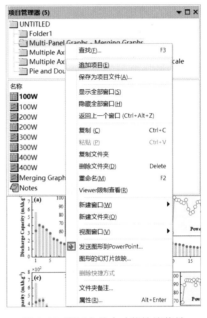（项目管理器）按钮。

（3）按快捷键 Alt+1。

典型的项目管理器如图 1-17 所示，它由文件夹面板和文件面板两部分组成。在项目文件夹上右击时将弹出如图 1-18 所示的快捷菜单，其功能包括建立文件夹结构和组织管理两类。

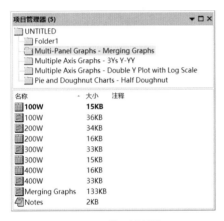

图 1-17 项目管理器

图 1-18 项目文件夹功能快捷菜单

其中，"追加项目"命令可以将其他的项目文件添加进来，构成一个整体项目文件，用该命令还可以合并多个 Origin 项目文件。

1.2.5 对象管理器

对象管理器是一个可停靠的面板，默认停靠在工作区域的右侧。使用对象管理器可对激活的图形窗口或者工作簿窗口进行快速操作，如图 1-19 所示。

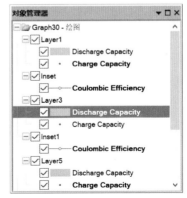

图 1-19 对象管理器

1.2.6 Apps（应用）

默认操作界面中对象管理器的下方为 Apps，提供了多个用户程序，如图 1-20 所示，读者也可以自行编写 Apps 方便调用。

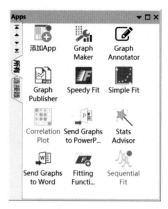

1.2.7 状态栏

操作界面的底部是状态栏，它的主要功能是标出当前的工作内容，同时可以对鼠标所指示的菜单进行提示说明。

图 1-20 Apps 窗口

1.3 子窗口类型

本节针对 Origin 为图形和数据分析提供的工作簿（Books）窗口、矩阵簿（MBooks）窗口、绘图（Graphs）窗口等多种子窗口类型分别进行介绍。

1.3.1 工作簿窗口

工作簿窗口是 Origin 最基本的子窗口，其主要功能是存放和组织 Origin 中的数据，并利用这些数据进行导入、录入、转换、统计和分析，最终将这些数据用于作图。除特殊情况外，图形与数据具有一一对应的关系。

首次启动 Origin 后看到的第一个窗口就是工作簿窗口，如图 1-21 所示。默认的工作簿标题是 Book1，在标题栏中右击，在弹出的快捷菜单中选择"属性"命令，此时会弹出"窗口属性"对话框，在该对话框中可以修改窗口的名称，如图 1-22 所示。

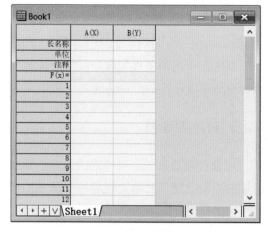

图 1-21 工作簿窗口

工作簿中存放数据的表格称为工作表，工作表窗口最上边一行为标题栏，A、B 等是数据列的名称，X 和 Y 是数据列的属性，其中，X 表示该列的自变量，Y 表示该列的因变量。

双击数据列的标题栏可以打开如图 1-23 所示的"列属性"对话框,通过改变参数设置,可以在表头加入名称、单位、注释或其他特性。

图 1-22　"窗口属性"对话框　　　　　　图 1-23　"列属性"对话框

工作表中的数据可直接输入,也可以从外部文件中导入或者通过编辑公式换算获得,最后通过选取工作表中的列完成绘图。

1.3.2　图形窗口

图形窗口是 Origin 中最为重要的窗口,相当于图形编辑器,是把实验数据转变成科学图形并进行分析的空间,用于图形的绘制和修改。

一个图形窗口由一个或者多个图层组成,默认的图形窗口拥有第 1 个图层。每一个图形窗口都对应着一个可编辑的页面,可包含多个图层、多个轴、注释及数据标注等图形对象。如图 1-24 所示为一个具有 2 个图层的典型图形窗口。

图 1-24　多图层图形窗口

作图过程分为先选中数据后执行作图命令，或先执行作图命令后选择数据两种绘图方式。

1. 先选中数据后执行作图命令

步骤 01 进入 Origin 后，执行菜单栏中的"数据"→"从文件导入"→"导入向导"命令，在弹出的"导入向导 - 来源"对话框中选择要导入的数据文件 Linear Fit.dat，如图 1-25 所示。

步骤 02 单击"完成"按钮，完成数据的导入，导入后的工作簿窗口如图 1-26 所示。

图 1-25 "导入向导 - 来源"对话框 图 1-26 数据工作表

步骤 03 按住鼠标拖动，依次选中工作簿中的 4 列数据，执行菜单栏中的"绘图"→"基础 2D 图"命令，在展开的绘图模板中选择绘图方式为"点线图"模板绘图，此时即可弹出图形窗口，并出现绘制的点线图，如图 1-27 所示。

说明 也可以直接单击"2D 图形"工具栏中的 （点线图）按钮绘图。

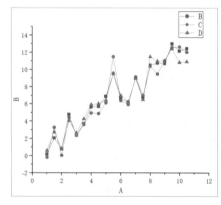

图 1-27 绘制的点线图

2. 先执行作图命令后选择数据

步骤 01 使用上面的工作表数据，在未选中数据的情况下，直接执行菜单栏中的"绘图"→"基础 2D 图"→"点线图"命令，此时弹出"图表绘制：选择数据来绘制新图"对话框。

步骤 02　在该对话框中进行如图 1-28 所示的设置，即勾选 X 下的复选框，表示将 A 列定义为 X
轴作为自变量，勾选 Y 下的复选框，表示将 B、C、D 列定义为 Y 轴作为因变量。

步骤 03　单击"确定"按钮生成图形。由于有 1 个 X 值，3 个 Y 值，因此得到的图中有 3 条曲线，
如图 1-28 所示。

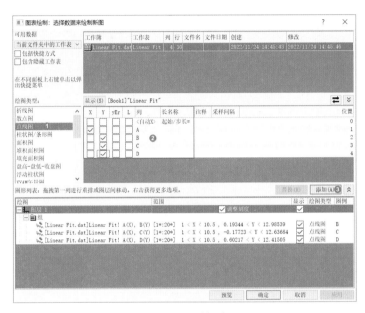

图 1-28　绘图数据选取

系统默认只显示左、下两个坐标轴，右、上的两个坐标轴可在属性对话框中进行修改使
之呈现，通过双击坐标轴可重新设定大小、间隔等参数，坐标轴名称也可双击进行修改，后
文会进行介绍。

1.3.3　矩阵簿窗口

矩阵簿窗口与工作簿窗口相同，多工作表矩阵窗
口也可以由多个矩阵数据表构成，是一种用来组织和
存放数据的窗口。

当新建一个矩阵簿窗口时，默认矩阵簿窗口和矩
阵表分别以 MBook1 和 MSheet1 命名，其列标题和行
标题分别用对应的数字表示，如图 1-29 所示。

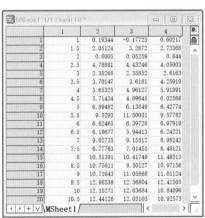

图 1-29　矩阵簿窗口

矩阵数据表没有显示 X、Y 数值，而是用特定的行和列来表示与 X 和 Y 坐标轴对应的 Z 值，可用来绘制等高线、3D 图和三维表面图等。

矩阵的相关运算（如转置、求逆等）是通过"矩阵"菜单下的相关命令执行的，通过矩阵窗口可以直接输出各种三维图。

在 Origin 中可以将工作表转换为矩阵表，当工作表被激活时，执行菜单栏中"工作表"→"转换为矩阵"下的子菜单命令即可，如图 1-30 所示。

图 1-30 工作表转换矩阵操作

1.3.4 布局窗口

布局窗口是用来将图形和工作簿结合起来进行展示的窗口。当需要在布局窗口展示图形和工作簿时，通过执行菜单栏中的"文件"→"新建"→"布局"命令，或单击"标准"工具栏中 █（新建布局）按钮，即可在该项目文件中新建一个布局窗口。

在布局窗口里，工作簿、图形和其他文本都是目标的对象，除不能进行编辑外，添加、移动、改变大小等操作均可执行。通过对图形位置进行排列，自定义为版面布局设计后，可以采用 PDF 等格式输出。

执行菜单中的"插入"→"图"或"工作表"命令，即可将图及工作表插入布局中，如图 1-31 所示为一个典型的具有图形、工作簿的版面设计窗口。

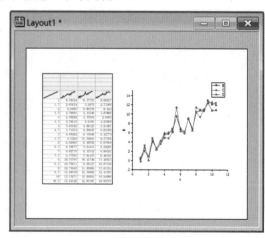

图 1-31 版面设计窗口

1.3.5 记事本窗口

记事本窗口是 Origin 用于记录用户使用过程的文本信息，它可以用于记录分析过程，与其他用户交换信息等。

跟 Windows 的记事本类似，记事本窗口的结果可以单独保存，也可以保存在项目文件里。单击"标准"工具栏中的（新建备注）按钮，则可以新建一个记事本窗口，如图 1-32 所示。

图 1-32　记事本窗口

1.4 绘图基本设置

在前面介绍了 Origin 的基本界面后，本节对 Origin 中的基本概念进行简单介绍，包括图层、坐标轴、绘图属性、图例等。

1.4.1 图形窗口基本元素

在 Origin 中，图形的形式有很多种，但最基本的仍然是点、线、条三种基本图形。同一图形中，各个数据点可以对应一个或者多个坐标轴体系。

（1）图。每个图都由页面、图层、坐标轴、文本和数据相应的曲线构成，如图 1-33 所示。单层图包括一组 XY 坐标轴（三维图为 XYZ 坐标轴），一个或更多的数据图以及相应的文字和图形元素，一个图可包含多个层。

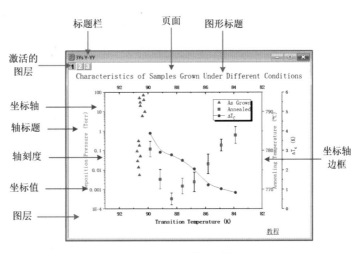

图 1-33　Origin 的图形窗口

（2）页面。每个图形窗口包含一个编辑页面，页面是作图的背景，包括一些必要的图形元素，如图层、数轴、文本和数据图等。图形窗口的每个页面最少包含一个图层。

（3）图层或层。一个典型的图层一般包括三个元素：坐标轴、数据图和相应的文字或图标。层与层之间可以建立链接关系，以便于管理。用户可以移动坐标轴、层或改变层的大小。当一个图形页面包含多个层时，对页面窗口的操作只能对应于活动层的。

（4）框架。对于二维图形，框架是由 4 个边框组成的矩形方框，每个边框就是坐标轴的位置（三维图的框架是在 XYZ 轴内的矩形区域）。框架独立于坐标轴，即使坐标轴是隐藏的，但其边框还是存在，执行"查看"→"显示"→"框架"命令可以显示 / 隐藏图层框架。

1.4.2 图层设置

图层是 Origin 的图形窗口中的基本要素之一，它是由一组坐标轴组成的一个 Origin 对象，一个图形窗口至少有一个图层，图层的标记在图形窗口的左上角用数字显示，当前图层的标记以黑色显示。

通过鼠标单击图层标记，可以选择当前的图层；通过执行菜单栏中的"查看"→"显示"→"图层图标"命令（见图 1-34），可以显示或隐藏图层标记。在图形窗口中，对数据和对象的操作只能在当前图层中进行。

执行菜单栏中的"格式"→"图层属性"命令，打开如图 1-35 所示的"绘图细节 - 图层属性"对话框，通过该对话框可以设置和修改图形的各图层参数，例如，图层的背景和边框、图层的尺寸和大小、图层中坐标轴的显示等。

对话框右边由"背景""大小"和"显示 / 速度"等选项卡组成。选取其中相应的选项卡，可对当前选中的图层进行设置和修改。

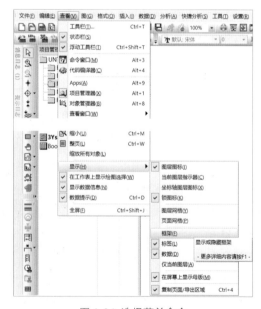

图 1-34 选择菜单命令

在图形窗口添加新的图层的方式有：通过图层管理器添加图层、通过菜单添加图层、通过"图形"工具栏添加图层、通过"合并图表"对话框创建多层图形。

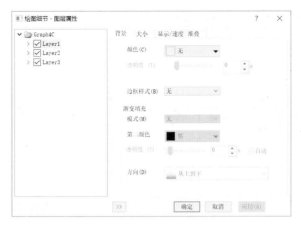

图 1-35　"绘图细节 - 图层属性"对话框

1．通过图层管理器添加图层

在原有的图形窗口上，执行菜单栏中的"图"→"图层管理"命令，可以打开如图 1-36 所示的"图层管理"对话框。在该对话框里面，可以添加新的图层，并可以设置与新建图层相关的信息。在"添加"选项卡中"类型"下拉选项中选择需要添加的图层元素即可，如图 1-37 所示。

图 1-36　"图层管理"对话框

图 1-37　"添加"选项卡中类型选项

2．通过"新图层（轴）"命令添加图层

在激活图形窗口的情况下，执行菜单栏中的"插入"→"新图层（轴）"下的相关命令，可以直接在图形中添加包含相应坐标轴的图层，如图1-38所示。

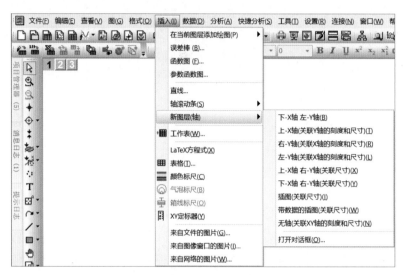

图1-38 "新图层（轴）"下拉菜单

执行菜单栏中的"插入"→"新图层（轴）"→"打开对话框"命令，打开如图1-39所示的"新图层（轴）"对话框，在该对话框中勾选"自定义"复选框可以进行图层订制。

订制的内容包括图层轴、关联坐标轴刻度、X轴（设置X轴的链接方式）和Y轴下拉列表（设置Y轴的链接方式）。设置完毕之后单击"确定"按钮即可添加图层。

3．通过"图形"工具栏添加图层

在"图形"工具栏中，也包含相应的添加图层的按钮，如图1-40所示。在图形窗口被选中的情况下，直接单击这些按钮即可添加图层。

图1-39 "新图层（轴）"对话框

（1）（添加下 -X 轴 左 -Y 轴图层）：添加默认的包含底部 X 轴和左部 Y 轴的图层。

（2）（添加上 -X 轴图层）：添加包含顶部 X 轴的图层。

（3）（添加右 -Y 轴图层）：添加包含右部 Y 轴的图层。

（4）（添加上 -X 轴 右 -Y 轴图层）：添加包含顶部 X 轴和右部 Y 轴的图层。

（5）（添加嵌入图形）：在原有图形上插入小幅包含底部 X 轴和左部 Y 轴的图层。

图 1-40　"图形"工具栏

（6）（添加嵌入图形（含数据））：在原有图形上插入关联的包含顶部 X 轴和右部 Y 轴的嵌入图层。

4．通过"合并图表"对话框创建多层图形

在当前图形窗口，执行菜单栏中的"图"→"合并图表"命令可以打开如图 1-41 所示的"合并图表"对话框。在该对话框中，可以将多个图形合并为一个多层图形，该方式对于制作复杂图形来说非常方便。

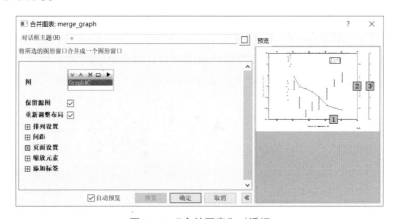

图 1-41　"合并图表"对话框

在该对话框的右边是预览区域，参数设置后会即时反映在该预览图上。设置完成后，单击"确定"按钮即可生成多层图形。

1.4.3　坐标轴设置

Origin 中的二维图层具有一个 XY 坐标轴系，在默认情况下仅显示底部 X 轴和左边 Y 轴，通过设置可完全显示 4 边的轴。Origin 中的三维图层具有一个 XYZ 坐标轴系，与二维图坐标轴系相同，在默认的情况下不完全显示，通过设置可使 6 边轴完全显示。

在 Origin 中，坐标轴系是在"坐标轴"对话框中进行设置的。"坐标轴"对话框中的选项卡提供了强大的坐标轴编辑和设置功能，可以满足科技绘图的需要。

在图形窗口，双击坐标轴可以打开"坐标轴"对话框。譬如双击 Y 坐标轴，即可弹出如图 1-42 所示的"Y 坐标轴 - 图层 1"（简称"坐标轴"）对话框，在"坐标轴"对话框左栏的"选择"列表框中显示"水平""垂直"坐标轴。

图 1-42 "坐标轴"对话框

1.4.4 绘图属性

双击数据曲线，会弹出如图 1-43 所示的"绘图细节 - 绘图属性"对话框，利用该对话框可以对图形进行相关设定。结构上从上到下分别是：Graph（图形）、Layer（层）、Plot（图形）、Line（线）、Symbol（点）。显示的是数据曲线的内容，单击 ⏭ 按钮可隐藏或显示左边窗口。

图 1-43 "绘图细节 - 绘图属性"对话框

1.4.5 图例设置

图例（Legend）是对 Origin 图形符号的说明，一般说明的内容默认就是工作簿中的列名（长名称），可以更改列名从而改变图例的符号说明。

右击图例，执行快捷菜单中的"属性"命令，利用弹出的"文本对象"对话框可以进行图例的设置，如图 1-44 和图 1-45 所示。

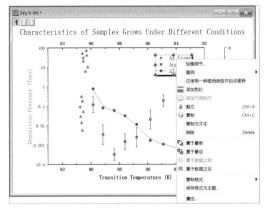

图 1-44　右键快捷键

图 1-45　图例的设置

在该对话框中可以对图例的文字说明进行一些特殊设置，比如背景、旋转角度、字体类型、字体大小、粗斜体、上下标、添加希腊符号等。

1.5　本章小结

本章对 Origin 在绘图、曲线拟合、数据操作与分析、统计分析等方面的应用做了简单介绍，通过本章的学习需要掌握 Origin 的基本操作界面、绘图的基本设置等内容，为后面的学习打下基础。本章的讲解给出了基本操作，需要结合后面的学习进一步理解掌握。

第**2**章

数据操作管理

　　数据是作图的基础和起点，Origin 的电子表格主要包括工作表和矩阵表两种，它们分别出现在工作簿和矩阵簿中。本章重点讲解 Orign 中工作表、矩阵表中数据的基本操作、数据的导入与转换操作，这些均是学习 Origin 软件的基础知识。

学习目标：

★ 掌握 Origin 中的工作簿及工作表
★ 掌握 Origin 中的矩阵簿与矩阵表
★ 掌握数据的变换与填充操作
★ 掌握 Origin 数据的导入方法

2.1 工作簿与工作表

　　Origin 中用于数据管理的容器称为工作簿，工作表是真正存放数据的二维数据表格，可以进行重新排列、重新命名、添加、删除和移植到其他工作簿等操作。

　　通常，Origin 工作表中的数据是具有特定物理意义的。对于列，首先确定它究竟是自变量（X，作为 X 轴坐标）还是因变量（Y，作为 Y 轴坐标）或是三维变量（Z，第三维坐标）。其次 X 变量代表的是具体物理意义，典型的如时间、浓度、温度、pH 值等；Y 变量代表的是某种物理量随 X 变量而变化。

对于行，其意义比较简单，就是一组对应着列所表示的物理量的实验数据记录。

2.1.1　工作簿的操作

在 Origin 中，对工作簿的操作主要包括新建、删除 / 隐藏、保存、复制、重命名等。

1．新建工作簿

在 Origin 中，建立工作簿有两种常用的方法：

（1）直接单击"标准"工具栏上的 ▦（新建工作簿）按钮。

（2）执行菜单栏中的"文件"→"新建"→"工作簿"→"构造"命令，弹出如图 2-1 所示的"新建工作表"对话框。在"新建工作表"对话框中对"列"进行设置后，如果取消勾选"添加到当前工作簿"复选框，就会在项目中创建一个新的工作簿，如果勾选"添加到当前工作簿"复选框，将在当前工作簿中添加一个新的工作表。

2．删除 / 隐藏工作簿

单击工作簿右上角的 ✖（关闭）按钮，在弹出如图 2-2 所示的"注意"提示框下单击"删除"或"隐藏"按钮，即可删除或隐藏工作簿。

图 2-1　"新建工作表"对话框

图 2-2　"注意"提示框

3．保存工作簿

执行菜单栏中的"文件"→"保存窗口为"命令，弹出如图 2-3 所示的"保存窗口为"对话框。利用该对话框可以将工作簿保存为独立的 .ogw 文件。

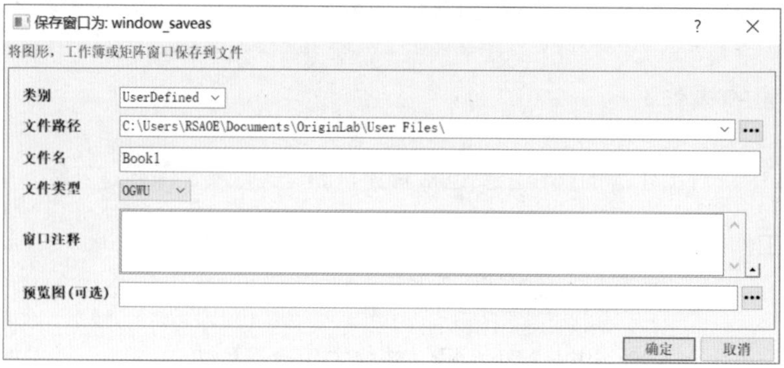

图 2-3 "保存窗口为"对话框

根据需要，也可以将窗口保存为模板（不保存数据只保存设置参数），此时需要执行菜单栏中的"文件"→"保存模板为"命令。

4．重命名工作簿

在工作簿标题栏上右击，在弹出的快捷菜单中选择"属性"命令，即可打开如图 2-4 所示的"窗口属性"对话框，可以根据具体情况进行命名并添加注释。

对话框中的"长名称"可以设置为中文名称，而"短名称"只能采用英文。

5．复制工作簿

激活已经存在的工作簿，选中要复制的工作表，然后在按住 Ctrl 键的同时按住鼠标左键将工作表拖动到 Origin 工作空间的空白处松开，则系统会自动建立一个新的工作簿并复制该工作表。

图 2-4 "窗口属性"对话框

说明 如果拖动时未移出工作簿窗口，此时将在该工作簿内复制一个新的工作表。

2.1.2　工作簿管理

Origin 的工作簿由工作簿模板创建，而工作簿模板存放了工作簿中的工作表数量、工作表列名称及存放的数据类型等信息。

1. 创建工作簿模板

工作簿模板文件（*.otw）包含了工作表的构造信息，它可以由工作簿创建特定的工作簿模板。

执行菜单栏中的"文件"→"保存模板为"命令，在弹出的对话框中设置工作簿模板存放路径和文件名，单击"确定"按钮进行保存，此时即可将当前工作簿窗口保存为工作簿模板。

2. 用工作簿模板新建工作簿

执行菜单栏中的"文件"→"新建"→"工作簿"→"浏览"命令，弹出如图 2-5 所示的"新工作簿"对话框。选择所需的模板后，单击"打开"按钮即可创建新的工作簿。单击"关闭"按钮退出对话框。

图 2-5　"新工作簿"对话框

3. 工作簿窗口管理器

工作簿窗口管理器以树结构的形式提供了所有存放在工作簿中的信息。

在当前工作簿窗口的标题栏上右击，在弹出的快捷菜单中选择"显示管理器面板"命令，或单击工作簿下方的 ∨（显示/隐藏管理器）按钮，即可打开该工作簿的窗口管理器，如图 2-6 所示。

工作簿窗口管理器通常由左、右面板组成，当选择了左面板中的某一个对象时，右面板中就显示了该对象的相关信息，并可对它进行编辑。

图 2-6　显示工作簿窗口管理器

2.1.3　工作表的操作

工作表的主要用途是管理原始数据和分析结果，并对数据进行操作。每个工作簿包含一个或多个工作表，每个工作表都是一个行和列具有特定物理意义的二维电子数据表格。

工作表的操作包括两部分：一部分是以工作表作为一个整体的操作，即工作表的添加、删除、移动、复制、命名等；另一部分是工作表表头的操作和设置。

1.　工作表操作

1）在工作簿中添加工作表

在默认工作表（Sheet1）的标签位置右击，在弹出的快捷菜单中选择"插入"或"添加"命令，如图 2-7 所示，可以添加一个新的工作表。

图 2-7　工作表操作快捷菜单

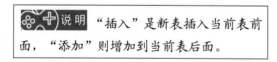

说明　"插入"是新表插入当前表前面，"添加"则增加到当前表后面。

2）复制工作表

复制工作表有 2 种方式：一种是完整的复制，操作方法同添加类似，但是在快捷菜单中选择"复制工作表"命令；另一种是复制格式但不复制数据，选择"不带数据的幅值"命令。

复制完整工作表的一种简单方法是按住 Ctrl 键的同时按住鼠标左键并拖动到该工作簿的其他区域处松开，此时将在该工作簿内复制一个新的工作表。

3）删除 / 移动 / 重命名工作表

执行快捷菜单中的"删除"命令可以删除工作表；执行"名称和注释"命令可以对该工作表进行重新命名。在工作表标签上双击，在弹出的文本框中也可以更改工作表名称。

如同 Excel 中的操作，在工作表标签上按住鼠标左键拖动可以移动工作表，对各工作表的顺序进行排序。

4）表 / 列 / 行的选定

如同 Excel 中的操作，用鼠标单击数据表左上角空白、单击列头、单击行号，可以选择整个数据表、整行或整列。按住 Ctrl 键的同时，可以选择多行或多列数据表。

2. 工作表表头操作

Origin 支持多表头操作，可以更好地兼容来自其他软件和仪器的外部数据格式的导入。

在工作表空白区域或左上角空白处右击，在弹出的快捷菜单中选中"视图"子菜单下的相关命令，可以打开或关闭工作表中的各种表头（包括默认和扩展）的显示，如图 2-8 所示。

（a）工作表空白区域快捷菜单　　　　　　　　　（b）左上角空白处快捷菜单

图 2-8　设置工作表表头

默认的表头包括"长名称""单位""注释""用户参数"及"F(x)="，扩展的表头包括"采样间隔""迷你图"和"筛选器"等，下面对"用户参数""采样间隔""迷你图"和"筛选器"进行介绍。

1）用户参数

主要保存试验条件或试验参数（譬如波长、线宽、速度等），读者可以根据需要选择是否显示（快捷菜单中的"视图"命令），也可以在表头部分右击，在快捷菜单中选择"插入"→"用户参数"命令，如图 2-9 所示。

2）采样间隔

在多数实验情况下，获得的数据量巨大，这时就需要通过设置采样间隔来减少数据量。工作表采样间隔的设置是在工作表中绘制等间隔 X 增量的快速方法。

在采样间隔行对应列的数据格中双击，即可弹出如图 2-10 所示的"设置采样间隔"对话框，利用该对话框可以设置数据的采样间隔。

图 2-9 "用户参数"命令

图 2-10 "设置采样间隔"对话框

3）迷你图

迷你图可以动态地显示本列数据为缩略图，便于观察数据趋势，生成的图形会成为一个图形对象，可以编辑，也可以置换。

在迷你图行对应列的数据格中右击，在弹出的快捷菜单中执行"添加/更新迷你图"命令（见图 2-11），会弹出如图 2-12 所示的"添加/更新迷你图"对话框，通过该对话框可以在对应数据格中添加迷你图。

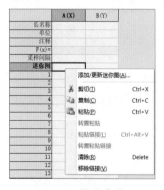

图 2-11 快捷菜单

图 2-12 "添加/更新迷你图"对话框

4）筛选器

筛选器用于筛选数据，执行菜单栏中的"列"→"数据筛选器"下的相关命令，可以为数据列添加筛选器功能，此时列标题中会出现一个 ▽ 标识，单击该标识可以添加筛选条件。筛选条件会显示在筛选器行中。

2.2 矩阵簿与矩阵表

工作表和矩阵是 Origin 中最主要的两种数据结构。工作表中的数据可用来绘制二维和部分三维图形，但如果想要绘制 3D 表面图、3D 轮廓图以及处理图像，则需要采用矩阵格式来存放数据。

矩阵数据格式中的行号和列号均以数字表示，其中，列数字将 X 值线性均分，行数字将 Y 值线性均分，单元格中存放的是该 XY 平面上的 Z 值。

执行菜单中的"查看"→"显示 X/Y"命令，可以观察矩阵中某列或某行的 X、Y 值，X、Y 值显示在列号和行号栏上。在矩阵的每一个单元格中显示的数据表示 Z 值，而其 X、Y 值分别为对应的列和行的值。

矩阵簿的操作与工作簿基本类似，下面简要介绍。

2.2.1 矩阵簿和矩阵表的操作

矩阵簿和矩阵表默认分别以 MBookN 和 MSheetN 命名，其中 N 是矩阵簿和矩阵表序号。矩阵表可以重新排列、重新命名、添加、删除和移植到其他矩阵簿中。

1）将一个矩阵簿中的矩阵表移至另一个矩阵簿

用鼠标左键按住要移植的矩阵表标签，再将该矩阵表拖曳到目标矩阵簿中。若在用鼠标左键按住该工作表标签的同时按住 Ctrl 键，再将该工作表拖曳到目标矩阵簿中，则将该矩阵表复制到目标矩阵簿中。

2）用一个矩阵簿中的矩阵表创建新矩阵簿

用鼠标左键按住该矩阵表标签，再将该矩阵表拖曳至 Origin 工作空间中的空白处，即可创建一个含该矩阵表的新矩阵簿。

3）在矩阵簿中插入、添加、重新命名或复制矩阵表

在矩阵簿中的矩阵表标签上右击，在弹出的快捷菜单中选择相关命令进行相应的操作，如图 2-13 所示。

图 2-13 矩阵表快捷菜单

2.2.2 矩阵簿管理

矩阵簿窗口由矩阵模板文件（*.otm）创建，矩阵模板文件存放了该矩阵表的数量、每张矩阵表中的行数与列数等信息。

1）创建矩阵簿模板

矩阵簿模板文件可由矩阵簿创建。执行菜单栏中的"文件"→"保存模板为"命令，在弹出的对话框中对模板名称、存放路径进行设置，然后单击"确定"按钮即可将当前矩阵簿窗口保存为工作簿模板。

2）用矩阵簿模板新建矩阵簿

执行菜单栏中的"文件"→"新建"→"矩阵"→"浏览"命令，弹出如图 2-14 所示的"新工作簿"对话框，选择所需的模板后，单击"打开"按钮即可创建新的矩阵簿。单击"关闭"按钮退出对话框。

图 2-14 "新工作簿"对话框

3）矩阵簿窗口管理器

与工作簿相同，矩阵簿窗口管理器也是以树结构的形式提供了所有存放在矩阵簿中的信息。当矩阵簿为当前窗口时，右击矩阵簿窗口标题栏，在弹出的快捷菜单中选择"显示管理器面板"命令，即可打开该矩阵簿窗口管理器，如图 2-15 所示。

4）在矩阵表中添加矩阵对象

当矩阵表为当前窗口时，执行菜单栏中的"矩阵"→"设置值"命令，在弹出的如图 2-16 所示的"设置值"对话框中可以设置矩阵对象的值。

图 2-15　窗口管理器

图 2-16　"设置值"对话框

2.2.3 矩阵窗口设置

1）矩阵数据属性设置

"矩阵属性"对话框用以控制矩阵表中数据的各种属性。执行菜单栏中的"矩阵"→"设置属性"命令，可以打开如图 2-17 所示的"矩阵属性"对话框，在该对话框中可以对矩阵中的数据属性进行设置。

2）矩阵大小和对应的 X、Y 坐标设置

执行菜单栏中的"矩阵"→"行列数 / 标签设置"命令，可以打开如图 2-18 所示的"矩阵的行列数和标签"对话框，在该对话框中可以对矩阵的列数和行数、X 坐标和 Y 坐标的取值范围进行设置。Origin 将根据设置的列数和行数将 X、Y 值线性均分。

图 2-17　"矩阵属性"对话框　　　　　图 2-18　"矩阵的行列数和标签"对话框

2.2.4　矩阵表的操作

1）从数据文件输入数据

执行菜单栏中的"数据"→"从文件导入"→"单个 ASCII 文件"或"多个 ASCII 文件"命令，在弹出的"ASCII"对话框中选择数据文件，单击"打开"按钮即可输入数据。此时输入的为数据的 Z 值，还需在矩阵设置对话框中对矩阵的 X、Y 映像值进行设置。

2）矩阵转置

执行菜单栏中的"矩阵"→"转置"命令，在弹出的如图 2-19 所示的"转置"对话框中实现当前矩阵的转置。

3）矩阵旋转

图 2-19　"转置"对话框

执行菜单栏中的"矩阵"→"旋转 90"子菜单下的"逆时针 90""逆时针 180""顺时针 90"命令，可以实现矩阵的旋转操作。

4）矩阵翻转

执行菜单栏中的"矩阵"→"翻转"→"水平"/"垂直"命令，可以实现矩阵的水平或垂直翻转。

5）矩阵扩展 / 收缩

执行菜单栏中的"矩阵"→"扩展"命令，在弹出的如图 2-20 所示的"扩展"对话框中设置相关参数后，可以实现矩阵的扩展。

执行菜单栏中的"矩阵"→"收缩"命令，在弹出的如图 2-21 所示的"收缩"对话框中设置相关参数后，可以实现矩阵的收缩。

图 2-20　"扩展"对话框　　　　　图 2-21　"收缩"对话框

"列因子"和"行因子"为 2 时，表示将原矩阵的行与列都扩充一倍。

2.3　数据变换与填充

大部分原始实验数据必须进行适当的运算或数学变换才能用于作图，Origin 可以在工作表或矩阵表中进行数据变换，这种变换是以列为单位进行的。

2.3.1　数据变换

操作工作表时选中某个数据列，执行菜单栏中的"列"→"设置列值"/"设置多列值"命令；操作矩阵表时选中某个数据列，执行菜单栏中的"矩阵"→"设置值"命令，即可弹出如图 2-22 所示的"设置值"对话框。

1．"设置值"对话框

对话框中各参数的含义如下：

 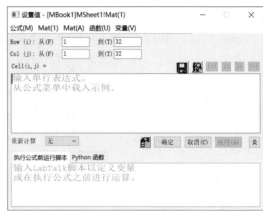

（a）操作工作表时　　　　　　　　　　　　（b）操作矩阵表时

图 2-22　"设置值"对话框

（1）菜单栏：可以加载与保存公式、函数、变量等。对矩阵表而言：

- "公式"菜单：用于加载一个保存过的公式到矩阵公式框。

- "Mat(1)"菜单：使用该菜单可以添加矩阵对象到矩阵公式或执行公式前运行的脚本中（相应的矩阵对象会插入鼠标光标处）。

- "Mat(A)"菜单：与"Mat(1)"菜单功能一样，但是如果矩阵对象存在长名称，则矩阵对象按长名称排列。

- "函数"菜单：添加一个 LabTalk 函数到表达式中（函数会插入光标处）。

- "变量"菜单：添加一个变量或者常量到矩阵公式或者执行公式前运行的脚本中。

（2）行与列的范围：默认为自动，通常是整列数据。

（3）矩阵公式文本框：可以使用基本运算符、内部函数、列对象和变量进行组合。

（4）"重新计算"选项：当数据源发生变化时，设置结果数据同步变化的方式，包括"无"（即不自动重算）、"自动"（即自动重算）、"手动"（即手工决定是否重算）三种。

（5）"执行公式前运行脚本"文本框：此处可以自定义变量，这些变量可以是数据对象；公式运算时先执行该脚本，然后再计算公式框中的公式，以实现较复杂的运算。

2．数据运算与转换层次

实际操作的数据运算与转换分为三个层次：

（1）简单数据运行。设 A 列为原数据，B 列为运算结果，则利用"+、一、*、/、^"

一般运算符进行公式设置，例如将 A 列数据乘 2 后将结果放于 B 列中，则需要为 B 列设置公式为：

```
Col(A)*2
```

注意，该方法可以实现本列自我计算，例如原始数据在 A 列，结果数据也在 A 列，公式运算也会是正确的（只是原始数据会被清除，因此不建议设置为自动重算）。

（2）使用内部函数。例如将 A 列的数据运算正弦函数后将结果放于 B 列中，则 B 列设置为：

```
sin(Col(A))
```

（3）高级功能。采用自定义变量和对象的方法。

① 设置自定义变量。例如将 A 列数据加倍并减 5 后将结果放于 B 列中，首先在"执行公式前运行脚本"中输入：

```
range a=8,b=2;
```

设置变量列 B 公式为：

```
Col(A)*b-a
```

② 自定义对象。该方法可以实现多数据表之间的数据运算。例如，自定义变量 a 为工作簿 book1 的工作表 sheet1 的数据列 C，然后 a 就可以当成一个变量（实际是一个数据列）在公式框中被调用。

```
range a=[book1]sheet1!col(C)
```

对于简单运算，自定义变量的意义不大，脚本编程最重要的意义是其灵活性、通用性。如果公式比较重要，最后可以使用 Formula 菜单保存起来，以便以后再次使用。

2.3.2　自动数据填充

读者可以在单元格中填充行号或随机数，方法如下：

（1）选中多个单元格，右击，在弹出的快捷菜单中选择"填充范围"命令下的选项，自动填充行号、正态随机数、均匀随机数等，如图 2-23 所示。

（2）根据已有数据实现数据填充。首先选中这些单元格，将鼠标移动到选区右下角，出现"+"光标时按住鼠标进行拖放。拖放时按 Ctrl 键则实现单元格区域的复制，按 Alt 键则会自动根据数据趋势进行填充。

图 2-23 "填充范围"快捷命令

2.3.3 工作表与矩阵表的转换

1. 工作表转换为矩阵表

Origin 提供了将整个工作表转换为矩阵表的方法。执行菜单栏中的"工作表"→"转换为矩阵"子菜单命令，如图 2-24 所示，可以将工作表转换为矩阵。

转换方法包括直接转换、扩展、XYZ 网格化、XYZ 对数网格化等，转换方式取决于工作表中的数据类型。选择"直接转换"时，会弹出如图 2-25 所示的"转换为矩阵 > 直接转换"对话框。

图 2-24 "转换为矩阵"子菜单

图 2-25 "转换为矩阵 > 直接转换"对话框

2．矩阵表转换为工作表

在 Origin 中也可以将矩阵表转换为工作表。执行菜单栏中的"工作表"→"转换为工作表"命令，在弹出的如图 2-26 所示的"转换为工作表"对话框中设置相关参数后，单击"确定"按钮即可将矩阵表转换为工作表。

图 2-26　"转换为工作表"对话框

2.3.4　数据的查找与替换

执行菜单栏中的"编辑"→"在项目中查找"命令，利用弹出的"查找"对话框可以实现项目内数据的查找，如图 2-27 所示。

执行菜单栏中的"编辑"→"在工作表中查找"命令，利用弹出的"查找"对话框可以实现该工作表内数据的查找。执行菜单栏中的"编辑"→"替换"命令，利用弹出的"查找和替换"对话框可以实现数据的替换，如图 2-28 所示。

图 2-27　"查找"对话框

（a）"查找"选项卡

（b）"替换"选项卡

图 2-28　"查找和替换"对话框

2.4 数据导入

在 Origin 进行处理的大部分实验数据通常来自其他仪器或软件的数据输出，因此进行数据分析前最基本的操作是导入数据。

实验数据的来源，或者说数据格式可以分为典型的 ASCII 码文件、二进制文件、数据库文件三类。

2.4.1 工具导入（ASCII 格式）

ASCII 格式是 Windows 平台中最简单的文件格式，常用的扩展名为 *.txt 或 *.dat，几乎所有的软件都支持 ASCII 格式的输出。

ASCII 格式文件由表头和实验数据构成，其中表头经常被省略。实验数据部分由行和列构成，行代表一条实验记录，列代表一种变量的数值，列与列之间采用一定的符号隔开。典型的符号有"，"（逗号）、" "（空格）、"Tab"（制表符）等。如果不采用以上符号，也可以采用固定列宽，即每列占用多个字符位置（不足时用空格填充）。

1. 导入单个 ASCII 文件

单击"导入"工具栏上的 (导入单个 ASCII 文件)按钮，即可实现导入单个 ASCII 文件的操作。

执行上述操作后，会弹出如图 2-29 所示的"CSV_Connector"对话框，从中选择需要导入的数据文件（必须为 ASCII 格式），单击"打开"按钮即可输入数据。软件会自动识别文件格式、分隔符、表头等，并自动为数据列增加迷你图。

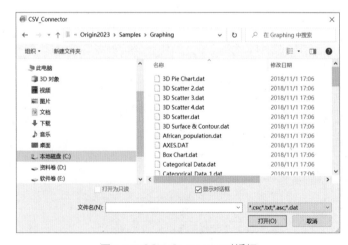

图 2-29 CSV_Connector 对话框

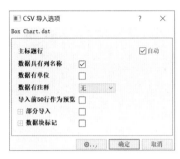

图 2-30　ASCII 格式导入选项

注意　导入的默认参数会覆盖当前数据表中的所有数据，如果不希望被覆盖，则要么保证当前数据表为空表，要么对其他参数进行设置。

对于简单的 ASCII 文件，取消勾选"显示对话框"复选框，然后直接单击"打开"按钮导入即可。如果要进行详细的设置，则需要勾选"显示对话框"复选框，单击"打开"按钮后会弹出如图 2-30 所示的"CSV 导入选项"对话框。该对话框提供了文件数据源的各种详细处理参数的设置，内容比较复杂，实际应用时大部分选项保留系统默认值即可。

2．导入多个 ASCII 文件

导入多个 ASCII 文件的操作有以下两种方式：

（1）执行菜单栏中的"数据"→"从文件导入"→"多个 ASCII 文件"命令。

（2）单击"导入"工具栏上的 🔲（导入多个 ASCII 文件）按钮。

执行上述操作后，会弹出如图 2-31 所示的"ASCII"对话框，从中选择需要导入的数据文件（必须为 ASCII 格式），单击"确定"按钮即可输入数据。

利用该对话框可以一次导入多个数据文件：选中所需数据文件后单击"添加文件"按钮即可添加到列表中，对于列表中不需要的文件，选中后单击"移除文件"按钮即可删除，最后单击"确定"按钮即可导入。

与导入单个文件一样，勾选"显示选项对话框"复选框，可以打开选项设置对话框进行细节设置，此时会对同一时间导入的数据文件采用相同的导入参数。

图 2-31　"ASCII"对话框

2.4.2　导入向导（导入 ASCII 文件）

数据导入向导提供了一个功能更为强大的数据导入工具，引导用户处理各种数据格式和参数的设置。导入向导的操作有以下两种方式：

（1）执行菜单栏中的"数据"→"从文件导入"→"导入向导"命令。

（2）单击"导入"工具栏上的 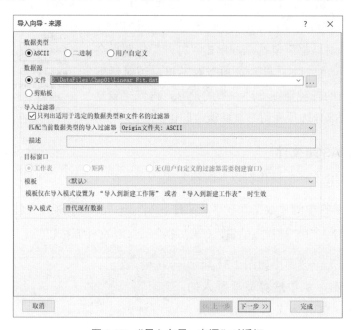（导入向导）按钮。

执行上述操作后，会弹出如图 2-32 所示的"导入向导 - 来源"对话框。

图 2-32 "导入向导 - 来源"对话框

下面对该对话框进行讲解。

1．来源

（1）数据类型：可以选择"ASCII""二进制"或"用户自定义"3 种。

（2）数据源：来源包括"文件"和"剪贴板"。

其中选择剪贴板作为数据源首先需要从 Excel、Word、网页或其他 Windows 软件中选择数据并复制到剪贴板中。直接粘贴只能处理简单的数据结构，如果数据结构较复杂则建议尽量使用该向导。

（3）导入过滤器：导入向导的所有设置可以保存为导入过滤器以便多次使用。这里是要选择一个过滤器，以便获得以前设置的参数。

（4）模板：选择导入模板。

（5）导入模式：用于设置导入数据存放位置，包括"替代现有数据""新建簿""新建表""新建列""新建行"等选项。

> 说明　如果在"导入向导 - 来源"对话框的数据类型中选择"二进制"类型，并选择
> 文件，随后的相关对话框的参数设置会有所不同，因为二进制文件的范围很广，格式多变，
> 导入时需要特定的数据结构。限于篇幅及实际应用本书不进行介绍。

2. 标题线

数据类型的选择决定了向导会略有差异，当数据类型选择"ASCII"类型，其余参数设置完成后，单击"下一步"按钮，即可进入如图 2-33 所示的"导入向导 - 标题线"对话框。标题线用于处理表头。

图 2-33　"导入向导 - 标题线"对话框

"导入向导 - 标题线"对话框与 ASCII 导入对话框的信息基本一样，区别在于该向导自动预览文件中的数据。数据上面的选项是"预览字体"和"预览行数"，数据显示结果可读即可。

3. 提取变量

"标题线"设置完成后，单击"下一步"按钮，即可进入如图 2-34 所示的"导入向导 - 提取变量"对话框。

数据文件在导入时会提取一些源文件的信息（保存在项目文件中），在需要时可以通过编程引用变量的方法对图形和数据进行注解。

4．文件名选项

"提取变量"设置完成后，单击"下一步"按钮，即可进入如图 2-35 所示的"导入向导 - 文件名选项"对话框。利用该对话框可以对文件名信息进行设置。

图 2-34 "导入向导 - 提取变量"对话框   图 2-35 "导入向导 - 文件名选项"对话框

5．数据列

"文件名选项"设置完成后，单击"下一步"按钮，即可进入如图 2-36 所示的"导入向导 - 数据列"对话框。利用该对话框可以对数据列信息进行设置。"导入向导 - 数据列"对话框的功能与 ASCII 导入时的对话框类似，但功能更加强大。

（1）列分隔符 / 固定宽度：用于选择分隔符或设置固定列宽。

（2）列设定：可利用现有模板或自定义，导入列数据后自动设定各列的变量类型（确定 X 变量、Y 变量或误差变量等）。

图 2-36 "导入向导 - 数据列"对话框

（3）列数：用于自定义列数，如果选 0 则由软件自动确定。

（4）文本限定符：指定双引号、单引号或无。

（5）数字分隔符：即实际数据中逗号和小数点出现的格式。

（6）移除数字前导零：例如数据 0050 会自动处理为 50。

（7）列宽度预览：当采用固定列宽时，该选项可用。

（8）数据预览窗口：设置的结果会在这里显示，以判断导入数据格式是否准确。

（9）列数据类型设置：在数据预览窗口中的某个列上右击，弹出的快捷菜单中包括"设置格式"和"设置设定"两个选项，分别用于设置列数据的格式和定义。

6．数据选取

"数据列"设置完成后，单击"下一步"按钮，即可进入如图 2-37 所示的"导入向导 - 数据选取"对话框。利用该对话框可以设定部分导入情况。

7．保存过滤器

"数据选取"设置完成后，单击"下一步"按钮，即可进入如图 2-38 所示的"导入向导 - 保存过滤器"对话框。利用该对话框可以将运行该向导时所用的参数保存起来，这样就无须为同一种数据来源反复进行参数设置，类似于使用数据导入模板，可以节省时间。

图 2-37　"导入向导 - 数据选取"对话框

图 2-38　"导入向导 - 保存过滤器"对话框

（1）保存过滤器：该选项确定过滤器保存的位置，默认的是 Origin 定义的一个目录，即所有自定义过滤器（模板）保存的位置。

（2）过滤器描述：即说明备注。

（3）过滤器文件名（扩展名".OIF"会被附加上）：为过滤器文件名。

（4）适用文件：指定被关联数据过滤器的数据文件名，可使用通配符和";"指定分隔多个名称。

（5）导入过滤器高级选项：可用脚本语言对数据进行进一步处理和数据文件拖放方式导入的处理。

8．高级选项

当在"导入向导 - 保存过滤器"对话框中勾选"导入过滤器高级选项"复选框后，单击"下一步"按钮，会弹出如图 2-39 所示的"导入向导 - 高级选项"对话框。

图 2-39 "导入向导 - 高级选项"对话框

如果希望导入数据后直接作图，可以新建图形窗口后再执行数据导入向导，此时会即时产生对应的图形。

所有选项设置完成后，单击"完成"按钮即可完成导入向导的设置，并将数据导入到工作表中。

2.4.3 其他导入方式

1．Excel 格式数据的导入

Origin 软件能够很好地与 Excel 集成工作，这种集成只用于作图过程，如果希望利用 Origin 提供的各种数据分析功能，则需要将数据导入 Origin 的工作表中。

执行菜单栏中的"数据"→"连接到文件"→"Excel"命令，在"打开"对话框中选择 Excel 文件，单击"打开"按钮即可弹出如图 2-40 所示的"Excel 导入选项"对话框，在该对话框中对"主标题行""列标签""部分导入"等参数进行设置后，单击"确定"按钮即可导入数据。

> ⊛➕注意 Excel 的单元格如果使用的是公式，则 Origin 自动处理成对应的数值（即不保留公式），所以导入时会失去一些 Excel 的特性。

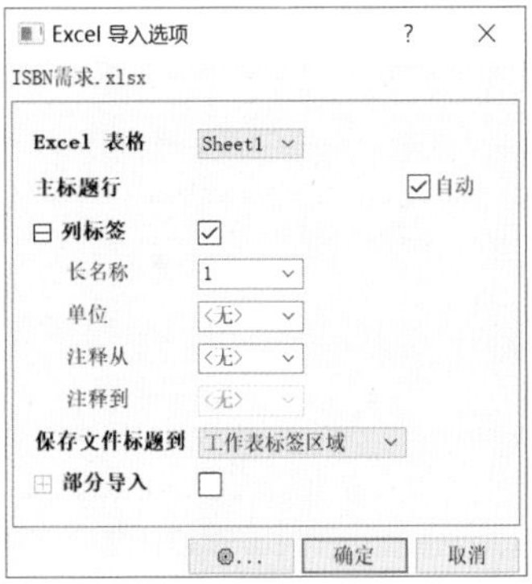

图 2-40　"Excel 导入选项"对话框

2. 第三方软件数据格式的导入

第三方数据文件指的是 Origin 支持的某些软件的专用格式（不需要用原软件打开再导出为 ASCII 格式）。如同 Excel 格式数据的导入，Origin 可以直接导入支持的数据格式的数据，譬如 MATLAB 格式数据。

2.5　本章小结

数据是作图的基础和起点，Origin 的电子表格主要包括工作簿和矩阵簿窗口。本章主要介绍了 Origin 软件中工作簿和工作表的基本操作方法，矩阵簿窗口的使用，数据的导入、变换与管理等，这些都是使用 Origin 软件绘制科技图形的基础知识。

第3章

基础二维图形绘制

Origin 的绘图功能十分灵活且强大，能绘出数十种精美的、满足绝大部分科技文章和论文绘图要求的二维数据曲线图。Origin 中的二维图形种类繁多，本章以图表形式对 Origin 中常见的基础二维图形绘制方法进行讲解，涉及 Origin 中的二维图形绘制功能及绘制过程，帮助读者掌握初等二维图的作图方法。

学习目标：

★ 掌握线图、符号图、点线符号图的绘制方法

★ 掌握条形图的绘制方法

★ 掌握饼图的绘制方法

3.1 绘制线图

线图对数据的要求是工作表中至少要有一个 Y 列的值，如果没有设定与该列相关的 X 列，那么工作表会提供 X 的默认值。Origin 中的基础 2D 图有折线图、水平阶梯图、垂直阶梯图、样条图、点线图、线条序列、前后对比图等。

本节中的绘图数据若不特别说明，则均采用数据文件 Outlier.opju，如图 3-1 所示。

图 3-1　"Outlier.opju"数据

导入 Outlier.opju 数据文件，选中工作表中 A（X）和 B（Y）数据列，执行菜单栏中的"绘图"→"基础 2D 图"命令，在展开的绘图模板中选择绘图方式进行绘图，如图 3-2 所示。

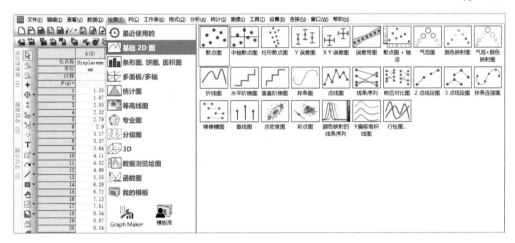

图 3-2　基础 2D 图

或者单击"2D 图形"工具栏中线图绘图组旁的▼按钮，在打开的菜单中选择绘图方式进行绘图，如图 3-3 所示。

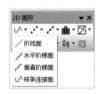

图 3-3　选择绘图方式

3.1.1　折线图

折线图的绘制步骤如下：

步骤 01　选中数据文件 Outlier.opju 中的 A（X）、B（Y）数据列，执行菜单栏中的"绘图"→"基础 2D 图"→"折线图"命令，或者单击"2D 图形"工具栏中的 ╱（折线图）按钮，即可绘制出如图 3-4 所示的折线图。

折线图的图形特点为每个数据点之间由直线相连（见图 3-4）。由于模板绘制的折线图并不一定符合科学制图要求，因此需要进一步调整处理。

步骤 02 将图例文本从右上角移到数据图中的合适位置。在图例文本上右击，在弹出的快捷菜单中选择"属性"命令，此时会弹出"文本对象 -Legend"对话框，在"文本"选项卡下将"大小"调整为 24（默认为 22），如图 3-5 所示。也可以单击图例文本，在弹出的迷你工具栏中设置字体及字体大小。

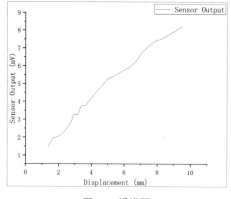

图 3-4 折线图

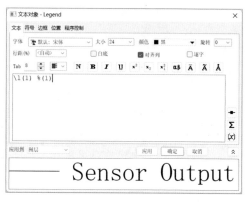

图 3-5 "文本对象 -Legend"对话框

步骤 03 单击 X 轴和 Y 轴的坐标标注并停留，在弹出的迷你工具栏中设置字体大小为 22。

步骤 04 单击"图形"工具栏中的 （添加上 -X 轴 右 -Y 轴图层）按钮添加具有顶部 X 轴和右侧 Y 轴的图层，单击新添加的 X 轴和 Y 轴并停留，在弹出的迷你菜单中单击"刻度样式"下的—无（无）按钮隐藏坐标轴刻度。

步骤 05 单击顶部 X 轴和右侧 Y 轴的坐标轴和标题栏，选中后按 Delete 键直接删除。

步骤 06 双击数据图的曲线，弹出"绘图细节 - 绘图属性"对话框，如图 3-6 所示，在对话框中对曲线进行设置，比如图中线段的样式、复合类型、宽度、颜色、线段连接方式等。调整美化之后的折线图如图 3-7 所示。

图 3-6 "绘图细节：绘图属性"对话框

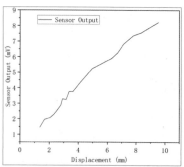

图 3-7 美化后的折线图

3.1.2 水平阶梯图

水平阶梯图的特点是每两个数据点之间用一个水平阶梯线连接起来，即两点间是起始为水平线的直角连线，而数据点不显示。

选中数据文件 Outlier.opju 中的 A（X）和 B（Y）数据列，执行菜单栏中的"绘图"→"基础 2D 图"→"水平阶梯图"命令，或者单击工具栏中的 ⌐ （水平阶梯图）按钮，即可利用模板绘制如图 3-8（a）所示的水平阶梯图，美化后的水平阶梯图如图 3-8（b）所示。

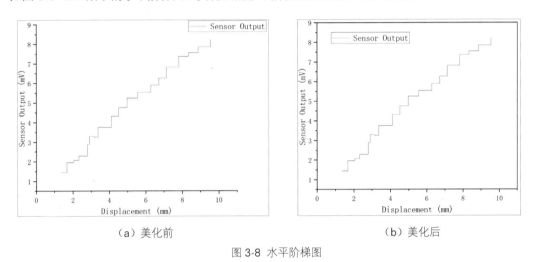

（a）美化前　　　　　　　　　　　　　　（b）美化后

图 3-8 水平阶梯图

3.1.3 垂直阶梯图

垂直阶梯图的特点就是每两个数据点之间用一个垂直阶梯线连接起来，即两点间是起始为垂直线的直角连线，而数据点不显示。

选中数据文件 Outlier.opju 中的 A（X）和 B（Y）数据列，执行菜单栏中的"绘图"→"基础 2D 图"→"垂直阶梯图"命令，或者单击工具栏中的 ⌐ （垂直阶梯图）按钮，即可利用模板绘制出如图 3-9（a）所示的垂直阶梯图，美化后的垂直阶梯图如图 3-9（b）所示。

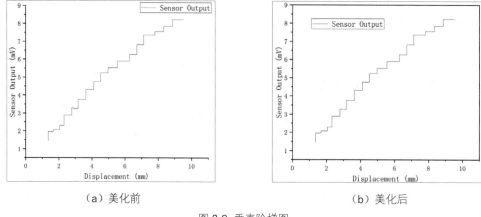

（a）美化前　　　　　　　　　　　　　（b）美化后

图 3-9　垂直阶梯图

3.1.4　样条图

样条图的特点就是数据点之间用样条曲线连接起来，不显示数据点。

选中 Outlier.opju 数据文件中的 A（X）和 B（Y）数据列，执行菜单栏中的"绘图"→"基础 2D 图"→"样条图"命令，即可利用模板绘制出如图 3-10（a）所示的样条图，美化后的样条图如图 3-10（b）所示。

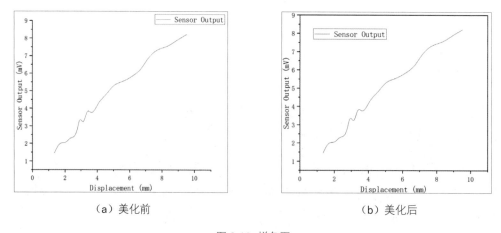

（a）美化前　　　　　　　　　　　　　（b）美化后

图 3-10　样条图

3.1.5　样条连接图

样条连接图的特点就是数据点之间用样条曲线连接起来，数据点以符号显示。

步骤 01　选中 Outlier.opju 数据文件中的 A（X）和 B（Y）数据列，执行菜单栏中的"绘图"→"基础 2D 图"→"样条连接图"命令，或者单击工具栏中的 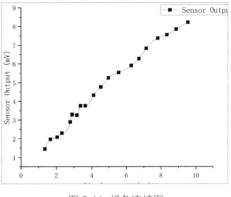（样条连接图）按钮，即可利用模板绘制出如图 3-11 所示的样条图。

步骤 02　在进行调整时，双击数据图的曲线，弹出"绘图细节 - 绘图属性"对话框，可以在该对话框中将线条曲线的"宽度"保持默认值（0.5）（线条上含有符号，将线条改粗会使得线条和符号的对比变差）。

图 3-11　样条连接图

步骤 03　"符号"选项卡下的"预览"默认为黑方框■，单击旁边的下三角按钮，弹出符号选择框，将黑方框改为五角星★，并调整大小为 12（默认是 9），设置"符号颜色"为"红"，如图 3-12 所示，单击"确定"按钮，图形绘制完成后如图 3-13 所示。

图 3-12　在"绘图细节 - 绘图属性"对话框中对图形进行调整

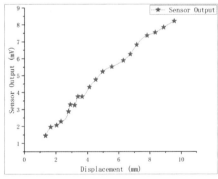

图 3-13　美化后的样条连接图

步骤 04　如果将"符号颜色"设置为"按点"，"增量开始于"设置为"红"，如图 3-14 所示，则曲线图的符号就会以渐变色显示，图形绘制完成后如图 3-15 所示。

图 3-14　渐变色设置

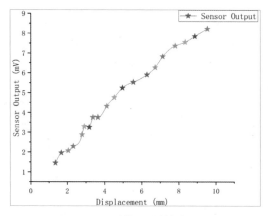

图 3-15 图形符号以渐变色显示

3.1.6 Y 偏移堆积线图

Y 偏移堆积线图模板适合绘制具有对比曲线峰值的图形，如 XRD 曲线等。它将多条曲线叠在一个图层上，为了表示清楚，在 Y 轴上有一个相对的偏移。

Y 偏移堆积线图对工作表数据的要求：至少要有两个 Y 列（或者两个 Y 列中的一部分）数据。如果没有设定与该列相关的 X 列，则工作表会提供 X 的默认值。

打开 pid828.opju 文件，数据为通过使用扫描隧道显微镜得到高温超导体获得。选择 A~E 列数据，执行菜单栏中的"绘图"→"基础 2D 图"→"Y 偏移堆积线图"命令，或者单击"2D 图形"工具栏中的 ⊠（Y 偏移堆积线图）按钮，即可绘制 Y 偏移堆积线图，简单美化后的 Y 偏移堆积线如图 3-16 所示。

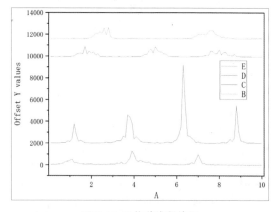

图 3-16 Y 偏移堆积线图

3.1.7 颜色映射线条序列

步骤 01 打开 Color Line Series.opju 数据文件，选中 A~K 列数据，执行菜单栏中的"绘图"→"基础 2D 图"→"颜色映射线条序列"命令，绘制图形如图 3-17 所示。

步骤 02 通过图形美化又可以绘制出如图 3-18 所示的图形。

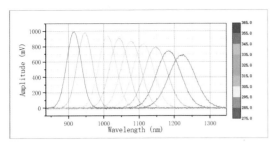

图 3-17　颜色映射线条序列

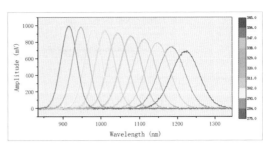

图 3-18　美化后的颜色映射线条序列

3.2　绘制符号图

Origin 中的 2D 符号图有散点图、中轴散点图、柱形散点图、Y 误差图、XY 误差图、散点图 + 轴须图、气泡图、颜色映射图和气泡 + 颜色映射图等绘图模板。

选中数据后，执行菜单栏中的"绘图"→"基础 2D 图"命令，在打开的菜单中选择绘制方式进行绘图；或者单击"2D 图形"工具栏中符号绘图组旁的▼按钮，在打开的菜单中选择绘图方式进行绘图，如图 3-19 所示。

图 3-19　工具栏中的 2D 符号图工具

3.2.1　散点图

散点图就是将数据点用散点表示出来。

步骤 01　选中 Outlier.opju 数据文件中的 A（X）和 B（Y）数据列，执行菜单栏中的"绘图"→"基础 2D 图"→"散点图"命令，或者单击"2D 图形"工具栏中的 ⠶（散点图）按钮，即可绘制出如图 3-20 所示的散点图。

步骤 02　对散点图进行美化，双击数据图的散点，在弹出的"绘图细节 - 绘图属性"对话框中，勾选"符号"选项卡下的"自定义结构"复选框，如图 3-21 所示，此时其下面的单选按钮高亮显示。

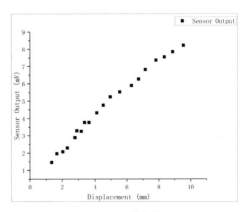

图 3-20　散点图

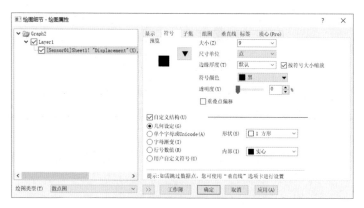

图 3-21 "自定义结构"选项设置

"自定义结构"复选框有 5 个单选项，各选项含义如下：

- "几何设定"选项：定义符号的类型，这与"预览"中的符号一致。
- "单个字母或 Unicode"选项：设置某些特殊符号，勾选"轮廓"复选框时，将会给数据点的符号加上边框。
- "字母渐变"选项：将对每个数据点以字母顺序形式进行表示。
- "行号数值"选项：将对每个数据点以数字"1"开始的阿拉伯数字进行表示。
- "用户自定义符号"选项：允许用户在数据图中用自定义的符号表示符号。

步骤 03 在"符号"选项卡中将"大小"设置为"12"（默认为 9），勾选"自定义结构"复选框，单击"单个字母或 Unicode"单选按钮，在下拉菜单中单击 ○ 符号。

步骤 04 将"边缘颜色"设置为"按点"，"增量开始于"设置为"红"，如图 3-22 所示，则曲线图的符号就会以渐变色显示，图形绘制完成后如图 3-23 所示。

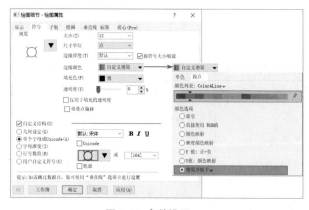

图 3-22 参数设置

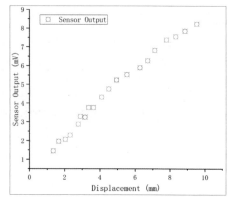

图 3-23 符号渐变效果

步骤 05 在"自定义结构"下继续勾选"轮廓"复选框，同时设置"填充色"，此时符号方框内会出现背景色，参数设置如图 3-24 所示，图形绘制完成后如图 3-25 所示。

图 3-24 参数设置

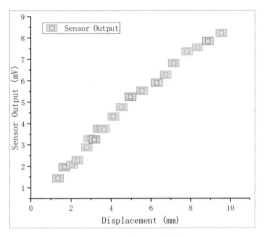

图 3-25 背景色效果

3.2.2 中轴散点图

中轴散点图就是在散点图的基础上，将散点图均匀分布在各坐标轴的中心。

选中 Outlier.opju 文件的 A（X）和 B（Y）数据列，执行菜单栏中的"绘图"→"基础 2D 图"→"中轴散点图"命令，或者单击"2D 图形"工具栏中的 ▦（中轴散点图）按钮，就会将数据点用散点表示出来，绘制出的中轴散点图如图 3-26 所示。

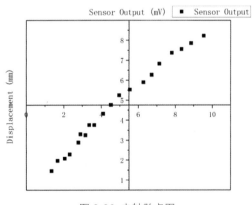

图 3-26 中轴散点图

3.2.3 Y 误差图

在符号图绘图模板中，Y 误差图对绘图的数据要求是，工作表数据中至少要有两个 Y 列（或两个 Y 列中的一部分）数据。其中，左边第一个 Y 列为 Y 值，而第 2 个 Y 列为 Y 误差棒值。如果没有设定与 Y 列相关的 X 列，则工作表会提供 X 的默认值。

Origin 科技绘图与数据分析

步骤 **01** 导入数据文件 group.opju，如图 3-27 所示。按顺序选中 A（X）、B（Y）、C（Y）数据
列，执行菜单栏中的"绘图"→"基础 2D 图"→"Y 误差图"命令，或者单击"2D 图形"
工具栏中的 $_I{}^I$（Y 误差图）按钮，将 B（Y）数据点用 C（Y）数据作为误差表示出来，
绘制出的 Y 误差图如图 3-28 所示。

图 3-27 导入 group.opju 数据表

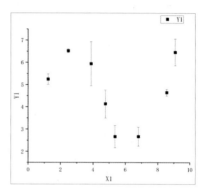

图 3-28 Y 误差图

步骤 **02** 对图形进行美化。双击数据图的散点，在弹出的"绘图细节 - 绘图属性"对话框中对图形
进行相应的设置。双击数据图散点上下的误差棒，可以对误差棒进行设置，如图 3-29 所示。

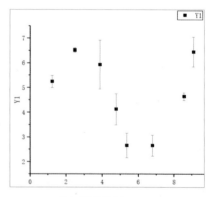

（a）"绘图细节：绘图属性"对话框

（b）设置效果

图 3-29 误差棒属性设置

步骤 **03** 在"样式"选项组中，"颜色"用于设置误差棒的线条颜色，"线宽"用于设置误差棒
的线宽（默认是 0.5），"线帽宽度"用于设置误差棒的水平线段长度（默认是 8），勾
选"穿过符号"复选框表示误差棒穿过符号。

步骤 **04** 在"方向"选项组中，可以对误差棒的方向进行设置，勾选"正"（取误差数据点在 Y
轴上的方向，正数为向上，负数为向下）和"负"（与"正"的取向相反）复选框后，

单击"绝对值"（取误差数据点绝对值方向）或"相对值"（取误差数据点相对值方向）
单选按钮后数据图的散点上、下方向都出现误差棒。

步骤 05 在图形窗口单击停留，在出现的迷你工具栏中单击 □（图层框架）按钮，选中图例并拖
动到合适的位置。对图形坐标轴、误差棒及相应符号线条进行美化之后的图形如图 3-30
所示。

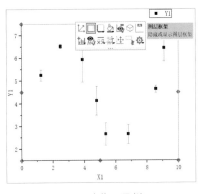

（a）迷你工具栏

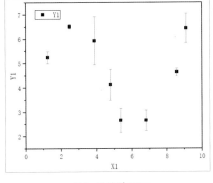

（b）最终效果图

图 3-30 美化后的 Y 误差图

3.2.4 XY 误差图

XY 误差图对绘图数据的要求是，绘图工作表数据中至少要有 3 个 Y 列（或者 3 个 Y 列
中的一部分）的数据。其中，左边第一个 Y 列为 Y 值，中间的 Y 列为 X 误差棒，而第三个
Y 列为 Y 误差棒。如果没有设定与 Y 列相关的 X 列，则工作表会提供 X 的默认值。

步骤 01 选中数据文件 group.opju 中的 C（Y）数据列，右击，在弹出的快捷菜单中选择"属性"
命令，在弹出的"列属性"对话框中将"选项"选项组中的"绘图设定"的"Y"设置成"X
误差"，如图 3-31 所示。

步骤 02 同样地，选中 D（Y）数据列，并将"绘图设定"的"Y"设置成"Y 误差"。

步骤 03 选中 A（X）、B（Y）、C（xEr±）和 D（yEr±）4 个数据列，执行菜单栏中的"绘图"→"基
础 2D 图"→"XY 误差图"命令，或者单击"2D 图形"工具栏中的 ⤢（XY 误差图）按钮，
就会将 A（X）横坐标数据点用 C（xEr±）作为误差、B（Y）纵坐标数据点用 D（yEr±）
数据作为误差表示出来。

步骤 04 对散点和误差棒进行属性设置，绘制的 XY 误差图如图 3-32 所示。

图 3-31 设置数据列属性

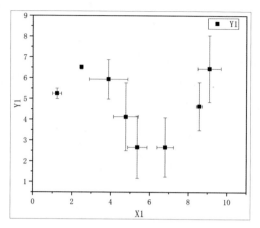

图 3-32 XY 误差图

3.2.5 垂线图

垂线图用来体现数据线中不同数据点大小的差异，数据点以符号显示并与 X 轴垂线相连。其对绘图数据的要求与线图一样，要求绘图工作表数据中至少有一个 Y 列（或是 Y 列中的一部分）数据。

依次选中 Outlier.opju 数据文件的 A（X）和 B（Y）数据列，执行菜单栏中的"绘图"→"基础 2D 图"→"垂线图"命令，或者单击"2D 图形"工具栏中的 (垂线图) 按钮，即可绘出垂线图，如图 3-33 所示。

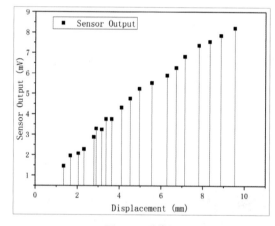

图 3-33 垂线图

3.2.6 气泡图

气泡图是 2D XYY 型图，是将一列 Y 数据作为气泡符号等比例表示另一列 Y 数据，后者的 Y 数据列一定比前者数据列相对应的数据要大。它将 XY 散点图的点改变为直径不同或颜色不同的圆球气泡，用圆球气泡的大小代表第三个变量值。

气泡图对工作表的要求是，至少要有 2 个 Y 列（或 2 个 Y 列中的一部分）数据。如果没有设定相关的 X 列，则工作表会提供 X 的默认值。

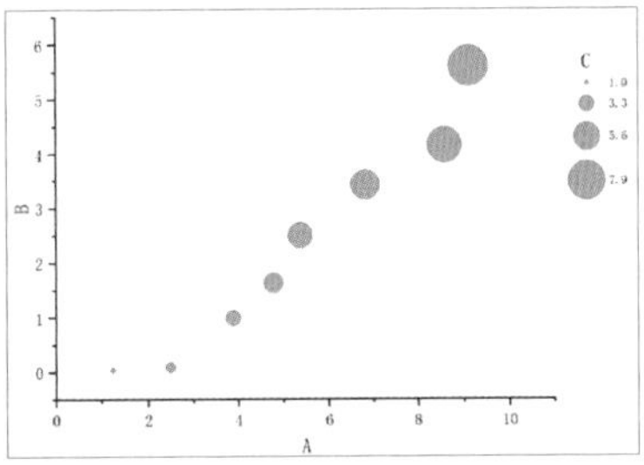

步骤 01 依次选中 group2.opju 数据文件中的 A（X）、B（Y）、C（Y）数据列，执行菜单栏中的"绘图"→"基础 2D 图"→"气泡图"命令，或者单击"2D 图形"工具栏中的 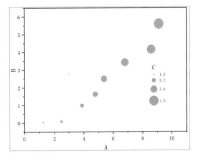 （气泡图）按钮，其绘出的图形如图 3-34 所示。

图 3-34　气泡图

步骤 02 利用前面的方法对坐标轴和坐标进行设置，然后对气泡图进行属性设置。双击气泡，在弹出的"绘图细节 - 绘图属性"对话框的"符号"选项卡下的"大小"就是气泡的直径（C（Y）的大小），"缩放因子"表示对气泡直径的放大倍数。

步骤 03 在"缩放因子"下拉菜单中输入数字或者选择数字，将气泡放大，比如 4 倍；将"边缘颜色"选为"红"，如图 3-35 所示。单击"确定"按钮，完成参数设置。

步骤 04 为图形添加框架，并调整图例位置，完成后的效果如图 3-36 所示，当然符号设置也可以勾选"自定义结构"复选框进行设置。

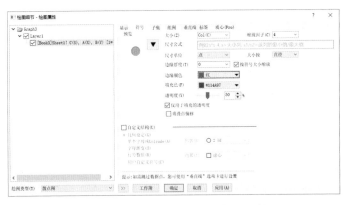

图 3-35　"绘图细节 - 绘图属性"对话框

图 3-36　美化后的气泡图

3.2.7　颜色映射图

颜色映射图是将 XY 散点图的点改变为直径不同或颜色不同的圆球气泡，用圆球气泡的颜色代表第三个变量值。该图是 2D XYY 型图，一列 Y 数据以符号颜色顺序表示另一列 Y 数据。

Origin 会根据被选中的第二列的数据大小提供多种分布均匀的颜色，每一种颜色代表一定范围的值。绘图数据采用 group2.opju。

步骤 01 依次选中 A（X）、B（Y）、C（Y）数据列，执行菜单栏中的"绘图"→"基础 2D 图"→"颜色映射图"命令，或者单击"2D 图形"工具栏中的 ⁂（颜色映射图）按钮，绘制出的颜色映射图如图 3-37 所示。

步骤 02 利用前面的方法对坐标轴和坐标进行设置，然后对颜色映射图进行属性设置。双击颜色映射图，在弹出的"绘图细节 - 绘图属性"对话框中选择"颜色映射"选项卡，其中"填充"就是根据被选中的第二列的数据大小提供的多种颜色。

步骤 03 单击"填充"下的某一种颜色，在弹出的"填充"对话框中可以进行颜色替换设置；单击"级别"下的数据值，"级别"选项组中的"插入"和"删除"按钮就会被激活，可以对颜色数据点进行插入或删除操作，如图 3-38 所示。

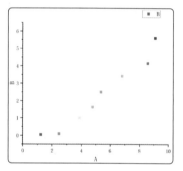

图 3-37 颜色映射图

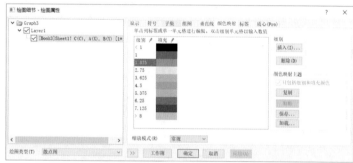

图 3-38 颜色映射图的属性设置

步骤 04 "颜色映射"设置完成后选择"符号"选项卡，如果修改"符号颜色"设置，那么先前的"颜色映射"设置就会失效。当然符号设置也可以勾选"自定义结构"复选框进行设置。

步骤 05 为图形添加框架，并调整图例位置，美化后的颜色映射图如图 3-39 所示。

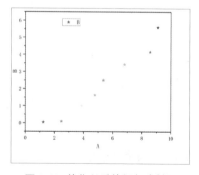

图 3-39 美化之后的颜色映射图

3.2.8 气泡 +颜色映射图

颜色气泡图可以说是用二维的 XY 散点图表示思维数据的散点图，此图是 2D XYY 或 2D XYYY 型图。

对于 2D XYYY 型图，将第一列 Y 数据作为气泡符号等比例表示第二列 Y 数据，气泡符号的颜色根据第三列 Y 数据的大小进行分配，它要求工作表中至少有 3 个 Y 列（或是 3 个 Y 列中的一部分）数据，每一行的 3 个 Y 值决定数据点的状态，最左边的 Y 值提供数据点的值，而第 2 列 Y 值提供数据点符号的大小，第 3 列 Y 值提供数据点符号的颜色。

Origin 会根据第 3 列 Y 值数据的最大值和最小值提供 8 种均匀分布的颜色，每一种颜色代表一定范围的大小，而每一个数据点的颜色由对应的第 3 列的 Y 值决定。

步骤 01　绘图数据采用 group.opju。按顺序选中数据列 A（X）、B（Y）和 C（Y），执行菜单栏中的"绘图"→"基础 2D 图"→"气泡 + 颜色映射图"命令，或者单击"2D 图形"工具栏中的 ⚬（气泡 + 颜色映射图）按钮，绘制出的气泡 + 颜色映射图如图 3-40 所示。

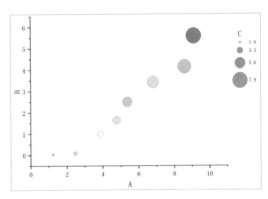

图 3-40　气泡 + 颜色映射图

步骤 02　对气泡 + 颜色映射图进行属性设置。双击气泡 + 颜色映射图，在弹出的"绘图细节：绘图属性"对话框中选择"符号"选项卡，将"缩放因子"设置为"4"，如图 3-41 所示。

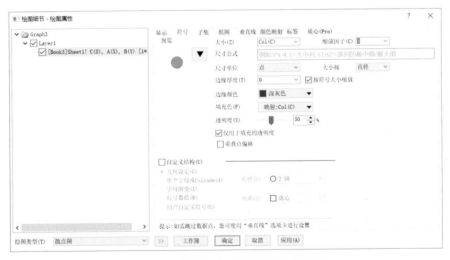

图 3-41　"绘图细节 - 绘图属性"对话框

步骤 03　为图形添加框架，并调整图例位置，调整完成之后的图形如图 3-42 所示。

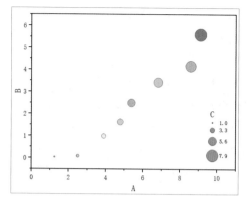

图 3-42 美化后的气泡 + 颜色映射图

3.3 绘制点线符号图

Origin 中的点线符号图包括点线图、线条序列图、2 点线段图、3 点线段图、行绘图等绘图模板。

选中数据后，执行菜单栏中的"绘图"→"基础 2D 图"命令，在打开的菜单中选择绘制方式进行绘图；或者单击"2D 图形"工具栏中点线符号绘图组旁的 ▾ 按钮，在打开的菜单中选择绘图方式进行绘图，如图 3-43 所示。

图 3-43 工具栏中的点线符号绘图工具

3.3.1 点线图

点线图对绘图数据的要求是，工作表数据中至少要有 1 个 Y 列（或是 Y 列中的一部分）的值。如果没有设定与该列相关的 X 列，则工作表会提供 X 的默认值。

1. 单曲线点线图

单曲线点线图一般是指含有一个 Y 列数据、一个 X 列数据的图表。绘图数据采用数据文件 Outlier.opju。

步骤01 选中 A（X）和 B（Y）数据列，执行菜单栏中的"绘图"→"基础 2D 图"→"点线图"命令，或者单击"2D 图形"工具栏中的 ✒ （点线图）按钮，就可绘制单个数据线图（单曲线点线图）。

步骤 **02**　设置坐标属性以及符号类型、颜色和连接线的属性后,绘制的单曲线点线图如图3-44所示。

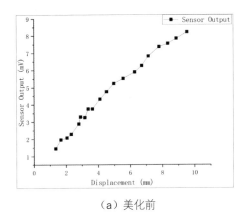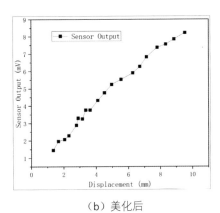

（a）美化前　　　　　　　　　　　　　　　（b）美化后

图 3-44　单曲线的点线图

实际应用中,有时需要在数据点标明坐标值。

步骤 **03**　单击绘图区左侧"工具"工具栏中的 ▣（标注）按钮,此时在图形窗口中会出现"数据信息"
提示框,在数据点符号上单击,此时会出现十字光标方框,同时提示框内的信息显示该
数据点的坐标值,如图 3-45 所示。

步骤 **04**　双击要选取的数据点符号,就会在读取点的右上方出现带标注连接线的形如"（X,Y）"
的文本,关闭"数据信息"提示框,并将"（X,Y）"文本移动到合适的位置即可标注
数据点的坐标值,如图 3-46 所示。

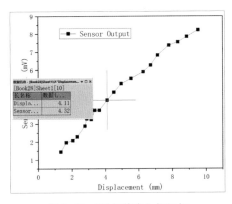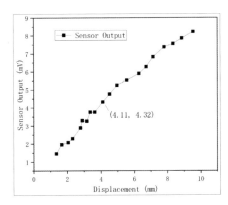

图 3-45　"数据信息"提示框　　　　　　　　　　图 3-46　在曲线符号上标注坐标值

2．多数据点线图

多数据线点线图一般具有两个或两个以上的 Y 列数据的物理意义相同的 Y 列数据,它

们共用一个 X 坐标轴。如果 Y 列数据点物理意义不一样，则可以使用双 Y 坐标轴或三 Y 坐标轴，双 Y 和三 Y 坐标轴后文介绍。绘图数据采用数据文件 group.opju。

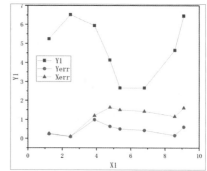

步骤 01 选中 A（X）、B（Y）、C（Y）、D（Y）数据列，执行菜单栏中的"绘图"→"基础 2D 图"→"点线图"命令，或者单击"2D 图形"工具栏中的 ✔（点线图）按钮，自动生成多数据点线图。

步骤 02 设置坐标属性以及符号类型、颜色和连接线的属性后，绘制的多数据点线图如图 3-47 所示。

图 3-47 多数据点线图

步骤 03 如果要对 XY 型的多数据点线图的各个曲线分别进行属性设置，则必须双击该数据线，在弹出的如图 3-48 所示的"绘图细节 - 绘图属性"对话框中，将"组"选项卡下的"编辑模式"设置为"独立"（默认是"从属"）。

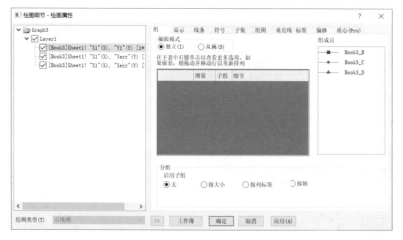

图 3-48 多数据的"编辑模式"设置

3.3.2 线条序列图

线条序列图对绘图的数据要求是，工作表数据中至少要有两个或以上的 Y 列值。绘图数据采用数据文件 group.opju。

选中 B（Y）、C（Y）、D（Y）数据列，执行菜单栏中的"绘图"→"基础 2D 图"→"线条序列"命令，或者单击"2D 图形"工具栏中的 ✖（线条序列）按钮，绘制的图形如图 3-49 所示。

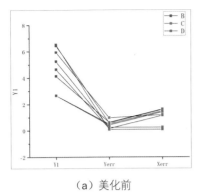
（a）美化前

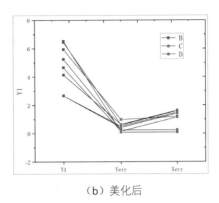
（b）美化后

图 3-49　线条序列图

3.3.3　2 点线段图

2 点线段图在连续的两个数据点之间用线段连接，而下一组连续的两个数据点没有线段连接，数据点以符号显示。绘图数据采用数据文件 group.opju。

步骤 01 选中 A（X）、B（Y）、C（Y）数据列，执行菜单栏中的"绘图"→"基础 2D 图"→"2 点线段图"命令，或者单击"2D 图形"工具栏中的 （2 点线段图）按钮，绘制图形并设置坐标轴属性，绘制的 2 点线段图如图 3-50（a）所示。

步骤 02 如果要对 XY 型的 2 点线段图的各个曲线分别进行属性设置，则必须双击该数据线，在弹出"绘图细节 - 绘图属性"对话框中，将"组"选项卡下的"编辑模式"设置为"独立"（默认是"从属"）。

步骤 03 进行符号设置，将 B（Y）列数据曲线设置为符号渐变色，符号尺寸调整为 16，设置完成后，2 点线段图如图 3-50（b）所示。

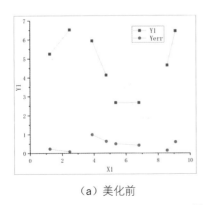
（a）美化前

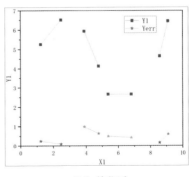
（b）美化后

图 3-50　2 点线段图

3.3.4 3 点线段图

3 点线段图在连续的三个数据点之间用线段连接，而下一组连续的三个数据点没有线段连接，数据点以符号显示。绘图数据采用数据文件 group.opju。

选中 A（X）、C（Y）、D（Y）数据列，执行菜单栏中的"绘图"→"基础 2D 图"→"3 点线段图"命令，或者单击"2D 图形"工具栏中的 ✿（3 点线段图）按钮，绘制图形并设置坐标轴属性，绘制的 3 点线段图如图 3-51（a）所示。简单美化后的 3 点线段图如图 3-51（b）所示。

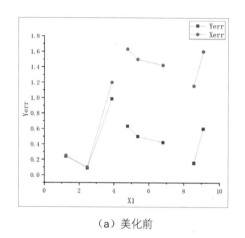

（a）美化前　　　　　　　　　　　　（b）美化后

图 3-51 3 点线段图

3.3.5 散点图 + 参照线

步骤 01 打开 Displacement.opju 数据，选中 A（X）和 B（Y）数据列，执行菜单栏中的"绘图"→"基础 2D 图"→"散点图"命令，或者单击"2D 图形"工具栏中的 ⠂（散点图）按钮，即可绘制出如图 3-52 所示的散点图。

步骤 02 双击 Y 坐标轴，弹出"Y 坐标轴 - 图层 1"对话框，左侧选择"水平"，右侧选择"参照线"选项卡，如图 3-53 所示。

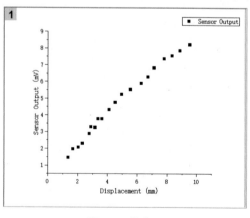

图 3-52 散点图

图 3-53　"参照线"选项卡参数设置

步骤03　单击"细节"按钮，弹出"参照线"对话框，单击左下角的"追加"按钮，在"数值类型"中选择"表达式"，在"位置"中输入"1.2*x"，在"标签"选项组的"文本"中输入"Mold1:y=1.2x"，如图 3-54 所示。单击"确定"按钮，绘制出第一条参照线，如图 3-55 所示。

图 3-54　"参照线"选项设置

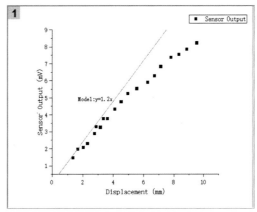

图 3-55　参照线 1

步骤04　利用同样的方法追加参照线，在"参照线"对话框的"数值类型"中选择"表达式"，在"位置"中输入"1.03x-0.02x＾2"，在"标签"选项组的"文本"中输入"Mold1:y＝1.03x-0.02x＾2"，绘制的第二条参照线如图 3-56 所示。

步骤 05 对图层属性及坐标轴属性等进行优化调整，最终可以得到如图 3-57 所示的图形。

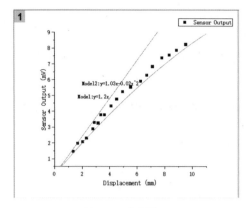

图 3-56 参照线 2

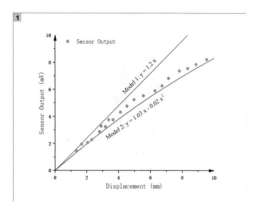

图 3-57 调整后的图形

3.3.6 点密度图

步骤 01 打开 Density Plot.opju 数据，选中 A（X）和 B（Y）数据列，执行菜单栏中的"绘图"→"基础 2D 图"→"点密度图"命令，即可绘制出如图 3-58 所示的点密度图。

步骤 02 在点密度图上添加线性拟合曲线。执行菜单栏中的"分析"→"拟合"→"线性拟合"命令，打开"线性拟合"对话框，参数设置如图 3-59 所示。单击"确定"按钮，绘制出线性拟合曲线，如图 3-60 所示。

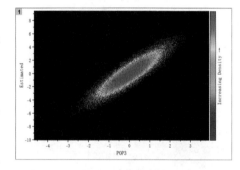

图 3-58 点密度图

图 3-59 "线性拟合"对话框

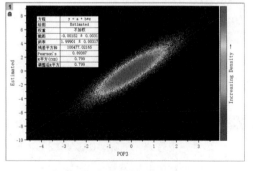

图 3-60 线性拟合曲线

3.4　绘制条形图

Origin 的条形图有柱状图、带标签的柱状图、条形图、堆积柱状图、堆积条形图、浮动柱状图、浮动条形图、3D 彩色饼图和 2D 彩色饼图等多种绘图模板。

选中数据后，执行菜单栏中的"绘图"→"条形图、饼图、面积图"命令，在打开的菜单中选择绘制方式进行绘图，如图 3-61 所示；或者单击"2D 图形"工具栏中柱状图绘图组旁的▾按钮，在打开的菜单中选择绘图方式进行绘图，如图 3-62 所示。

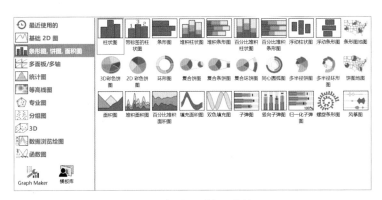

图 3-61　条形图、饼图、面积图

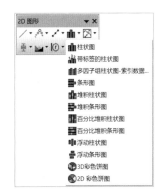

图 3-62　工具栏中的柱状、条形、饼图绘图工具

3.4.1　柱状图

绘出的柱状图里，柱体的高度表示 Y 值，柱体的宽度是固定的，柱体的中心为相应的 X 值。绘图数据采用数据文件 GDP.opju。

1. 单 Y 列数据柱状图

步骤01　选中 A（X）、B（Y）数据列，执行菜单栏中的"绘图"→"条形图、饼图、面积图"→"柱状图"命令，或者单击"2D 图形"工具栏中的 (柱状图)按钮，绘制图形并设置坐标轴属性，绘制的柱状图如图 3-63 所示。

步骤02　对图形中的"柱"进行设置。双击柱状图的柱体，弹出"绘图细节 - 绘图属性"对话框。

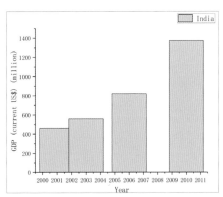

图 3-63　柱状图

步骤 03 在"图案"选项卡下的"填充"选项组中进行参数设置。将"渐变填充"选为"无",并在"图案"选项中选择图案,将"图案颜色"调整为"按点"的自定义增量方式定义的第一个颜色条,如图 3-64 所示,单击"应用"按钮。

步骤 04 选择对话框中的"间距"选项卡,对柱状体的宽度和间距进行设置,默认的"柱状/条形间距"为 20,将它调整为"40",单击"确定"按钮完成美化,美化后的柱状图如图 3-65 所示。

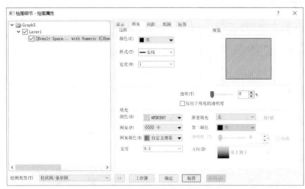

图 3-64 柱状图属性设置

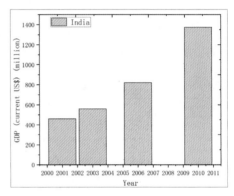

图 3-65 美化后的柱状图

2. 多 Y 列数据柱状图

步骤 01 在 GDP.opju 数据中选中 A(X)、B(Y)和 C(Y)数据列,执行菜单栏中的"绘图"→"条形图、饼图、面积图"→"柱状图"命令,或者单击"2D 图形"工具栏中的 ▥(柱状图)按钮,绘制的图形如图 3-66(a)所示。

步骤 02 利用前面的方法设置坐标轴属性,并对图形进行美化处理,美化后的多 Y 列柱状图如图 3-66(b)所示。

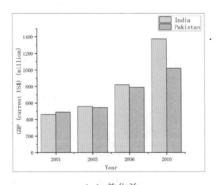

(a)美化前

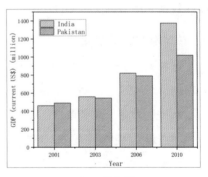

(b)美化后

图 3-66 多 Y 列柱状图

3.4.2　带标签的柱状图

带标签的柱状图即为在柱状图的基础上对 Y 轴坐标进行标注。

步骤01　在 GDP.opju 数据中选中 A（X）、B（Y）和 C（Y）数据列，执行菜单栏中的"绘图"→"条
形图、饼图、面积图"→"带标签的柱状图"命令，或者单击"2D 图形"工具栏中的
（带标签的柱状图）按钮，绘制的图形如图 3-67（a）所示。

步骤02　带标签的柱状图美化后如图 3-67（b）所示。

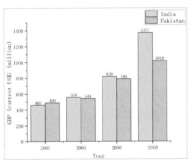（a）美化前

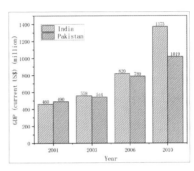（b）美化后

图 3-67　带标签的柱状图

3.4.3　条形图

步骤01　在 GDP.opju 数据中选中 A（X）、B（Y）和 C（Y）数据列，执行菜单栏中的"绘图"→"条
形图、饼图、面积图"→"条形图"命令，或者单击"2D 图形"工具栏中的（条形图）
按钮，绘制的图形如图 3-68（a）所示。

步骤02　对坐标轴属性进行设置并对条形图进行美化，效果如图 3-68（b）所示。

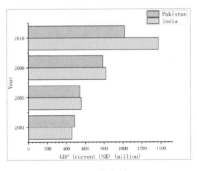（a）美化前

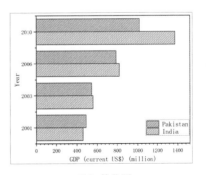（b）美化后

图 3-68　条形图

3.4.4 堆积柱状图

堆积柱状图对工作表数据的要求是，至少要有 2 个 Y 列（或 2 个 Y 列中的一部分）数据。如果没有设定与该列相关的 X 列，则工作表会提供 X 的默认值。

在堆积柱状图中，Y 值以柱的高度表示，柱之间会产生堆积，前一个柱的终端是后一个柱的起始端。

步骤 01 在 GDP.opju 数据中选中 A（X）、B（Y）和 C（Y）数据列，执行菜单栏中的"绘图"→"条形图、饼图、面积图"→"堆积柱状图"命令，或者单击"2D 图形"工具栏中的 ▊ (堆积柱状图）按钮，绘制的图形如图 3-69（a）所示。

步骤 02 对坐标轴属性进行设置并对堆积柱状图进行美化，效果如图 3-69（b）所示。

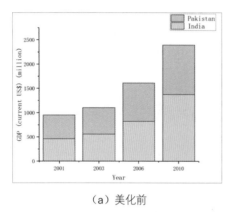
（a）美化前

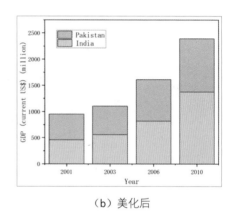
（b）美化后

图 3-69 堆积柱状图

3.4.5 堆积条形图

堆积条形图对工作表数据的要求是，至少要有 2 个 Y 列（或 2 个 Y 列中的一部分）数据。Y 值以条的长度表示，条之间会产生堆积，前一个条的终端是后一个条的起始端，X 值会以 Y 轴形式出现，Y 值会以 X 轴形式出现。

步骤 01 在 GDP.opju 数据中选中 A（X）、B（Y）和 C（Y）数据列，执行菜单栏中的"绘图"→"条形图、饼图、面积图"→"堆积条形图"命令，或者单击"2D 图形"工具栏中的 ▊ (堆积条形图）按钮，绘制的图形如图 3-70（a）所示。

步骤 02 对坐标轴属性进行设置并对堆积条形图进行美化，效果如图 3-70（b）所示。

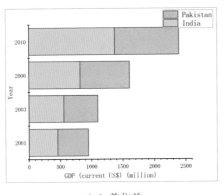
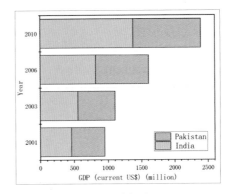

（a）美化前　　　　　　　　　　　　（b）美化后

图 3-70　堆积条形图

3.4.6　浮动柱状图

浮动柱状图至少需要两个 Y 列，每个柱的上、下端分别对应同一个 X 值的 Y 列值的末值和初值。浮动柱状图对工作表数据的要求是，至少要有 2 个 Y 列（或者 2 个 Y 列中的一部分）数据。

浮动柱状图以柱的各点来显示 Y 值，柱的首段和末段分别对应同一个 X 值的两个相邻的 Y 列的值。如果没有设定与该类相关的 X 列，则工作表会提供 X 的默认值。

步骤 01　在 GDP3.opju 数据中选中 A（X）、B（Y）、C（Y）和 D（Y）数据列，执行菜单栏中的"绘图"→"条形图、饼图、面积图"→"浮动柱状图"命令，或者单击"2D 图形"工具栏中的▮▮（浮动柱状图）按钮，绘制的图形如图 3-71（a）所示。

步骤 02　对坐标轴属性进行设置并对浮动柱状图进行美化，效果如图 3-71（b）所示。

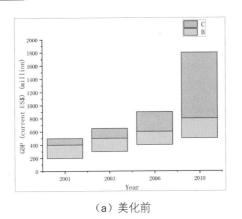
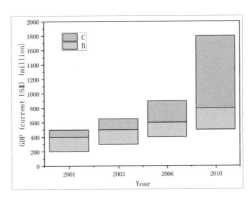

（a）美化前　　　　　　　　　　　　（b）美化后

图 3-71　浮动柱状图

3.4.7 浮动条形图

浮动条形图对数据的要求为至少具有两个 Y 列，每个条的左、右端分别对应同一个 X 值的 Y 列值的初值和末值，并且 X 值会以 Y 轴形式出现，Y 值会以 X 轴形式出现。

浮动棒状图以条形上的两个端点来显示 Y 值，条形的首段和末段分别对应同一个 X 值的两个相邻 Y 列的值。

步骤 01 在 GDP.opju 数据中选中 A（X）、B（Y）、C（Y）和 D（Y）数据列，执行菜单栏中的"绘图"→"条形图、饼图、面积图"→"浮动条形图"命令，或者单击"2D 图形"工具栏中的 🔳（浮动条形图）按钮，绘制的图形如图 3-72（a）所示。

步骤 02 对坐标轴属性进行设置并对浮动条形图进行美化，效果如图 3-72（b）所示。

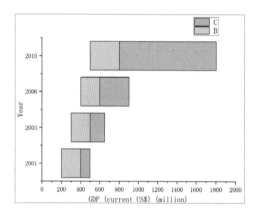

（a）美化前　　　　　　　　　　　　　　　（b）美化后

图 3-72 浮动条形图

3.5 绘制饼图

Origin 中的饼图包括 3D 彩色饼图、复合饼图、环形图、多半径饼图等多种饼图或饼图的拓展图形绘图模板。

选中数据后，执行菜单栏中的"绘图"→"条形图、饼图、面积图"命令，在打开的菜单中选择绘制方式进行绘图；或者单击"2D 图形"工具栏中柱状图绘图组旁的 ▾ 按钮，在打开的菜单中选择绘图方式进行绘图。

3.5.1　3D 彩色饼图

Origin 将饼图也归纳到条形图 / 饼图 / 面积图里。饼图对工作表数据的要求是，只能选择一列 Y 值（X 列不可以选）。本例采用数据文件 Bar of Pie.opju。绘图操作步骤如下：

步骤01　导入 Bar of Pie.opju 数据文件，其工作表如图 3-73 所示，选择工作表数据进行绘图。

步骤02　选中 B（Y）数据列，执行菜单栏中的"绘图"→"条形图、饼图、面积图"→"3D 彩色饼图"命令，或者单击"2D 图形"工具栏中的 ⬡（3D 彩色饼图）按钮，绘制图形。

步骤03　对饼图参数进行设置，其图形结果如图 3-74 所示。该图形特点为表示出各项所占百分数。

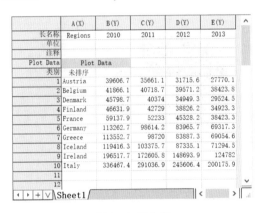

图 3-73　工作表

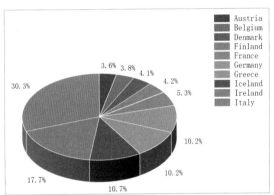

图 3-74　3D 彩色饼图

如果数据不是百分数，则 Origin 将 Y 列值求和，算出每一个值所占的百分比，再根据这些百分比绘图。

3.5.2　不同厚度的 3D 彩色饼图

本例采用数据文件 3D Pie Chartdif.opju。绘图操作步骤如下：

步骤01　打开 3D Pie Chartdif.opju 数据文件，其工作表如图 3-75 所示，选择工作表数据进行绘图。

步骤02　选中 E（Y）数据列，执行菜单栏中的"绘图"→"条形图、饼图、面积图"→"3D 彩色饼图"命令，或者单击"2D 图形"工具栏中的 ⬡（3D 彩色饼图）按钮，绘制的图形如图 3-76 所示。

步骤03　双击饼图，弹出"绘图细节 - 绘图属性"对话框，选择"饼图构型"选项卡，勾选"增量厚度"复选框，并设置为"Col(E)"，"厚度"设置为 120，旋转"起始方位角"设置为 190，如图 3-77 所示。单击"确定"按钮，绘制的图形如图 3-78 所示。

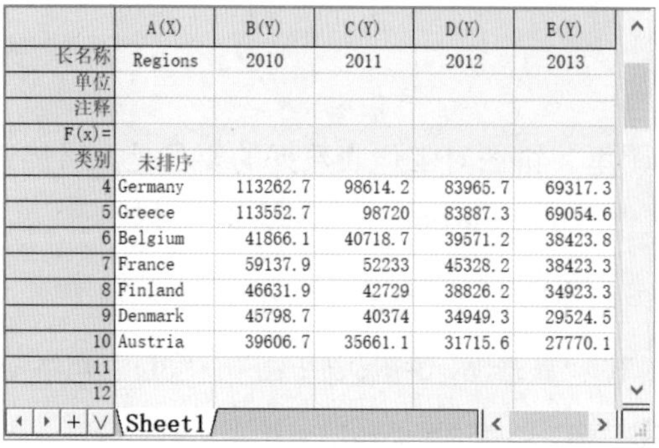

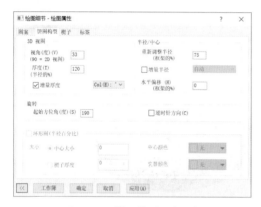

长名称	A(X)	B(Y)	C(Y)	D(Y)	E(Y)
长名称	Regions	2010	2011	2012	2013
单位					
注释					
F(x)=					
类别	未排序				
4	Germany	113262.7	98614.2	83965.7	69317.3
5	Greece	113552.7	98720	83887.3	69054.6
6	Belgium	41866.1	40718.7	39571.2	38423.8
7	France	59137.9	52233	45328.2	38423.3
8	Finland	46631.9	42729	38826.2	34923.3
9	Denmark	45798.7	40374	34949.3	29524.5
10	Austria	39606.7	35661.1	31715.6	27770.1
11					
12					

图 3-75 工作表

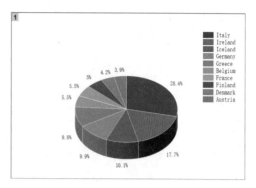

图 3-76 3D 彩色饼图

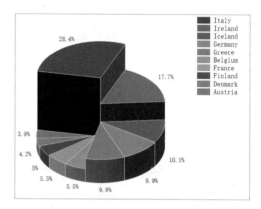

图 3-77 "饼图构型"选项卡

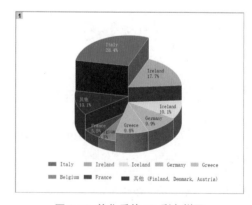

图 3-78 3D 彩色饼图

步骤 04 对图层属性、坐标轴属性、图例等进行调整，美化后的结果如图 3-79 所示。

图 3-79 美化后的 3D 彩色饼图

3.5.3 2D 彩色饼图

本例采用数据文件 Bar of Pie.opju，绘图步骤如下：

步骤01　导入 Bar of Pie.opju 数据文件，选中 B（Y）数据列，执行菜单栏中的"绘图"→"条形图、饼图、面积图"→"2D 彩色饼图"命令，或者单击"2D 图形"工具栏中的⌘（2D 彩色饼图）按钮，绘制图形。

步骤02　双击饼图，在弹出的"绘图细节 - 绘图属性"对话框中对饼图参数进行设置，美化后的图形结果如图 3-80 所示。

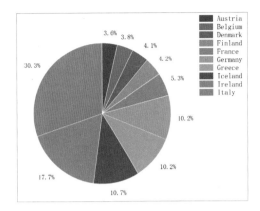

图 3-80　2D 彩色饼图

3.5.4　复合条饼图

本例采用数据文件 Bar of Pie.opju，绘图步骤如下：

步骤01　打开数据文件 Bar of Pie.opju，选中 B（Y）数据列，执行菜单栏中的"绘图"→"条形图、饼图、面积图"→"复合条饼图"命令，绘制的图形如图 3-81 所示。

步骤02　双击复合条饼图，在弹出的"绘图细节 - 绘图属性"对话框中对条饼图参数进行设置，美化后的图形结果如图 3-82 所示。

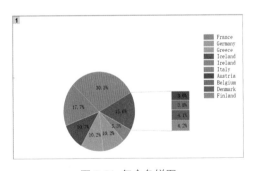

图 3-81　复合条饼图

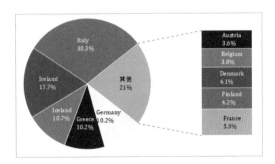

图 3-82　美化后的复合条饼图

3.5.5　复合饼图

本例采用数据文件 Bar of Pie.opju，绘图步骤如下：

步骤01　打开数据文件 Bar of Pie.opju，选中 B（Y）数据列，执行菜单栏中的"绘图"→"条形图、饼图、面积图"→"复合饼图"命令，绘制的图形如图 3-83 所示。

步骤 02 双击复合饼图，在弹出的"绘图细节 - 绘图属性"对话框中对饼图参数进行设置，美化后的图形结果如图 3-84 所示。

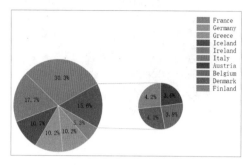

图 3-83 复合饼图

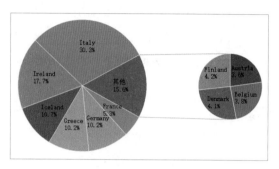

图 3-84 美化后的复合饼图

3.5.6 环形图

本例采用数据文件 Share Worldwide.opju，绘图步骤如下：

步骤 01 打开数据文件 Share Worldwide.opju，选中 A～F 数据列，执行菜单栏中的"绘图"→"条形图、饼图、面积图"→"环形图"命令，绘制的图形如图 3-85 所示。

步骤 02 双击环形图，在弹出的"绘图细节 - 绘图属性"对话框中选择"楔子"选项卡，将"楔子总数"设置为"值"，并输入"100"，如图 3-86 所示。单击"应用"按钮，得到带缺口的环形图，如图 3-87 所示。

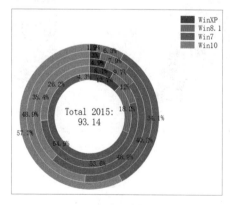

图 3-85 环形图

图 3-86 "楔子"选项卡

步骤 03 继续在"绘图细节 - 绘图属性"对话框中选择"组"选项卡，编辑模式设置为"独立"，如图 3-88 所示。

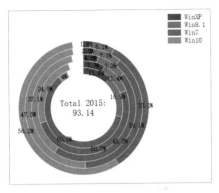

图 3-87　环形图

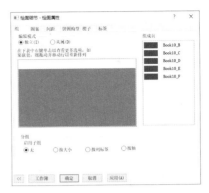

图 3-88　"组"选项卡

步骤 04 在"绘图细节 - 绘图属性"对话框中继续选择"图案"选项卡，如图 3-89 所示，在左侧逐个选择数据集，然后更改环形图的图案，优化后的图形如图 3-90 所示。

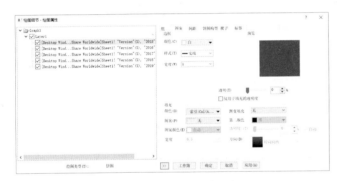

图 3-89　"图案"选项卡

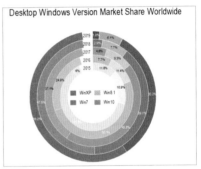

图 3-90　优化后的环形图

3.5.7　复合环饼图

本例采用数据文件 Doughnut of Pie.opju，绘图步骤如下：

步骤 01 打开数据文件 Doughnut of Pie.opju，选中 B（Y）数据列，执行菜单栏中的"绘图"→"条形图、饼图、面积图"→"复合环饼图"命令，绘制的图形如图 3-91 所示。

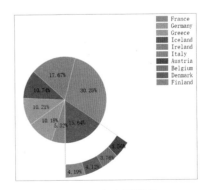

图 3-91　复合环饼图

步骤 02 双击复合环饼图，在弹出的"绘图细节 - 绘图属性"对话框中选择"标签"选项卡，在"格式"选项组中勾选"百分比"和"类别"复选框，如图 3-92 所示。单击"应用"按钮，得到如图 3-93 所示的图形。

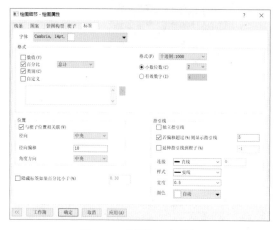

图 3-92 "标签"选项卡

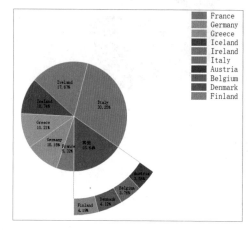

图 3-93 复合环饼图

步骤 03 继续在"绘图细节 - 绘图属性"对话框中选择"楔子"选项卡，"组合楔子按"设置为"百分比"，"百分比＜＝"设置为"10"，"第二绘图的大小（半径百分比）"设置为"80"，勾选 Austria 前的"分解"复选框，如图 3-94 所示。单击"确定"按钮，得到如图 3-95 所示的图形。

图 3-94 "楔子"选项卡

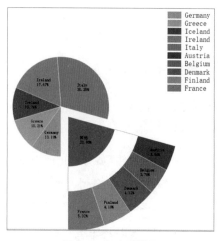

图 3-95 复合环饼图

步骤 04 在弹出的"绘图细节 - 绘图属性"对话框中继续调整绘图属性，优化后的图形如图 3-96 所示。

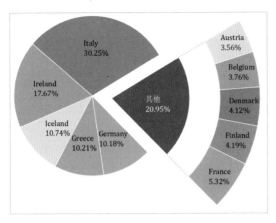

图 3-96 优化后的复合环饼图

3.5.8 同心圆弧图

本例采用数据文件 Concentric Ring.opju，绘图步骤如下：

步骤 01　打开数据文件 Concentric Ring.opju，选中 B（Y）数据列，执行菜单栏中的"绘图"→"条形图、饼图、面积图"→"同心圆弧图"命令，绘制的图形如图 3-97 所示。

步骤 02　双击同心圆弧图，在弹出的"绘图细节 - 绘图属性"对话框中选择"楔子"选项卡，"楔子总数"设置为"值"，输入"53.18"，如图 3-98 所示。单击"应用"按钮，得到如图 3-99 所示的图形。

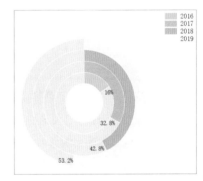

图 3-97 同心圆弧图

图 3-98 "楔子"选项卡

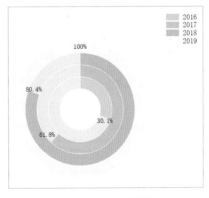

图 3-99 同心圆弧图

步骤 03 继续在对话框中选择"标签"选项卡，在"格式"选项组中勾选"类别"复选框，在"位置"选项组中勾选"与楔子位置相关联"复选框，"角度方向"设置为"起点"，如图 3-100 所示。单击"确定"按钮，得到如图 3-101 所示的图形。

图 3-100 "标签"选项卡

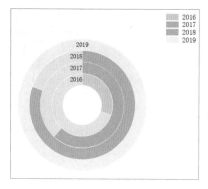

图 3-101 同心圆弧图

步骤 04 继续在对话框中选择"图案"选项卡，"宽度"设置为"0"。选择"间距"选项卡，"环形图图间距"设置为"20"。单击"确定"按钮，并清除图例，得到如图 3-102 所示的图形。

步骤 05 继续在对话框中选择"楔子"选项卡，不勾选"将剩余绘制为楔子"复选框，如图 3-103 所示。单击"确定"按钮，得到如图 3-104 所示的图形。

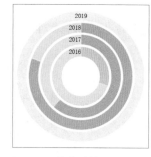

图 3-102 优化后的同心圆弧图

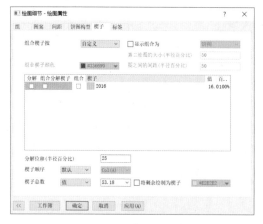

图 3-103 "楔子"选项卡

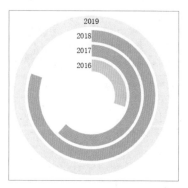

图 3-104 第二种形式的同心圆弧图

3.5.9　多半径饼图

本例采用数据文件 Doughnut.opju，绘图步骤如下：

步骤 01 打开数据文件 Doughnut.opju，选中 B（Y）数据列，执行菜单栏中的"绘图"→"条形图、
饼图、面积图"→"多半径饼图"命令，绘制的图形如图 3-105 所示。

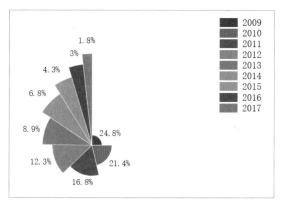

图 3-105　多半径饼图

步骤 02 双击多半径饼图，在弹出的"绘图细节 - 绘图属性"对话框中选择"饼图构型"选项卡，"增
量半径"设置为"Col（A）"，"起始方位角"输入"180"，勾选"环形图（半径百分比）"
复选框，单击"楔子厚度"单选按钮，输入"30"，中心颜色和交替颜色分别选择不同颜色，
如图 3-106 所示。单击"确定"按钮，得到如图 3-107 所示的图形。

图 3-106　"饼图构型"选项卡

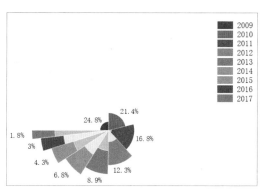

图 3-107　多半径饼图

步骤 03 双击多半径饼图，在弹出的"绘图细节 - 绘图属性"对话框中选择"标签"选项卡，在"格式"选项组中勾选"类别"复选框，如图 3-108 所示。单击"确定"按钮，得到如图 3-109 所示的图形。

图 3-108 "标签"选项卡

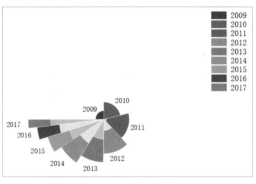

图 3-109 多半径饼图

步骤 04 在弹出的"绘图细节 - 绘图属性"对话框中可继续对图案颜色进行更改，选中图例后右击，在快捷菜单中选择"属性"可对图例进行修改，优化后的图形如图 3-110 所示。

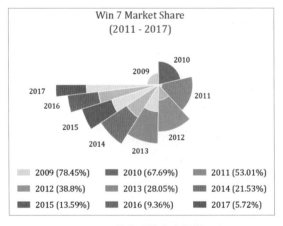

图 3-110 优化后的多半径饼图

3.5.10 多半径环形图

本例采用数据文件 Pie of different Radius.opju，绘图步骤如下：

步骤 01　打开数据文件 Pie of different Radius.opju，选中 B（Y）数据列，执行菜单栏中的"绘图"→"条形图、饼图、面积图"→"多半径环形图"命令，绘制的图形如图 3-111 所示。

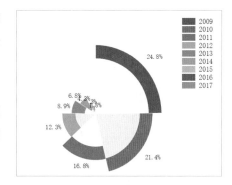

步骤 02　双击多半径环形图，在弹出的"绘图细节 - 绘图属性"对话框中选择"饼图构型"选项卡，"增量半径"设置为"Col（A）"，"起始方位角"输入"180"，如图 3-112 所示。单击"确定"按钮，得到如图 3-113 所示的图形。

图 3-111　多半径环形图

图 3-112　"饼图构型"选项卡

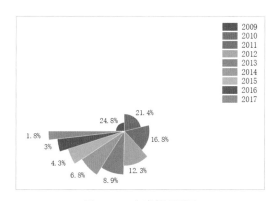

图 3-113　多半径环形图

步骤 03　继续在对话框中选择"标签"选项卡，在"格式"选项组中勾选"自定义"复选框，如图 3-114 所示。调整其他图层属性及图例属性，单击"确定"按钮，得到如图 3-115 所示的图形。

图 3-114　"标签"选项卡

图 3-115　美化的多半径环形图

87

3.6 本章小结

在日常生活、工作和学习中，经常需要制作线图、符号图、条形图、饼图等基础二维图形，这类图形的使用频率最高，而且也是 Origin 绘图的基本功能。通过本章的介绍，可以帮助读者快速掌握利用 Origin 绘制常见基础二维图形的方法。

另外，Origin 提供了多种内置二维绘图模板用于科学实验中的数据分析。在"2D 图形"工具栏中单击██（模板库）按钮，或者执行菜单栏中"绘图"下的"模板库"命令，即可打开如图 3-116 所示"模板库"对话框，从中选择需要的绘图模板即可进行绘图。

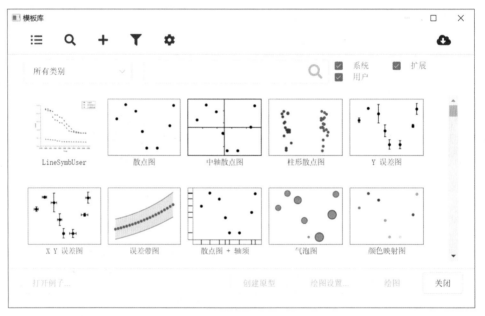

图 3-116 二维绘图模板库窗口

第**4**章

高级二维图形绘制

Origin 除了能够绘制基础二维图外，还能绘制面积图、专业图、分组图等高级二维图。本章以图表的形式对 Origin 中的高级二维图形绘制方法进行讲解，涉及 Origin 中的二维图绘制功能及绘制过程。本章还将讲解函数绘图、主题绘图的绘图方法，帮助读者掌握多种绘图方法。

学习目标：

★ 掌握面积图、多面板 / 多轴图、专业图、分组图的绘制方法

★ 掌握使用函数绘制二维图的方法

★ 了解主题绘图的过程

4.1 绘制面积图

Origin 中的面积图包括面积图、堆积面积图、百分比堆积面积图和填充面积图等绘图模板。

选中数据后，执行菜单栏中的"绘图"→"条形图、饼图、面积图"命令，在打开的菜单中选择相关面积图绘制方式进行绘图；或者单击"2D 图形"工具栏中面积图绘图组旁的▼按钮，在打开的菜单中选择绘图方式进行绘图，如图 4-1 所示。

面积图对工作表数据的要求是，至少要有 1 个 Y 列（或者是 1 个 Y 列中的一部分）数据。如果没有设定与该列相关的 X 列，则工作表会提供 X 的默认值。

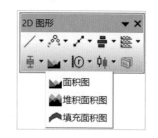

图 4-1 工具栏中的面积图绘图工具

当仅有 1 个 Y 列数据时，Y 值构成的曲线与 X 轴之间被自动填充；而当有多个 Y 列数据时，Y 列数据值按照先后顺序堆叠填充，即后一 Y 列填充区域的起始线是前 Y 列填充区域的曲线。

4.1.1 面积图

采用素材文件 Stacked Area.opju 中的数据。选中 A（X）、B（Y）、C（Y）数据列，执行菜单栏中的"绘图"→"条形图、饼图、面积图"→"面积图"命令，或者单击"2D 图形"工具栏中的 █ （面积图）按钮，绘制的图形如图 4-2 所示。若只选择 A（X）、B（Y）数据列，那么绘图结果如图 4-3 所示。

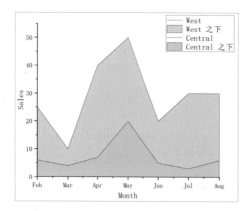

图 4-2 多个 Y 列数据时的面积图

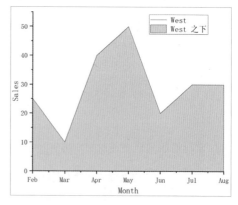

图 4-3 1 个 Y 列数据时的面积图

4.1.2 堆积面积图

在 Stacked Area.opju 数据文件中，选中 A（X）、B（Y）、C（Y）数据列，执行菜单栏中的"绘图"→"条形图、饼图、面积图"→"堆积面积图"命令，或者单击"2D 图形"工具栏中的 █ （堆积面积图）按钮，绘制的图形如图 4-4 所示。

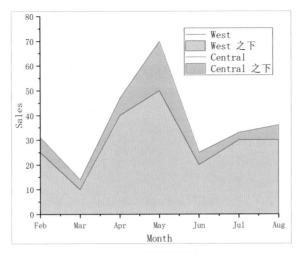

图 4-4　堆积面积图

4.1.3　填充面积图

该类图形是 XYY 型，即只能选中两个 Y 列，填充选中的两个 Y 列的曲线之间的区域，填充区域的起始线和结束线是两个 Y 列的曲线。如果没有设定与该列相关的 X 列，则工作表会提供 X 的默认值。

在 Stacked Area.opju 的数据文件中，选中 A（X）、B（Y）、C（Y）数据列，执行菜单栏中的"绘图"→"条形图、饼图、面积图"→"堆积面积图"命令，或者单击"2D 图形"工具栏中的 （填充面积图）按钮，绘制的图形如图 4-5 所示。

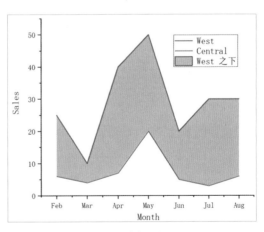

图 4-5　填充面积图

4.1.4　百分比堆积面积图

步骤 01　在 Stacked Area.opju 的数据文件中，选中 A~C 数据列，执行菜单栏中的"绘图"→"条形图、饼图、面积图"→"百分比堆积面积图"命令，绘制的图形如图 4-6 所示。

步骤 02　对图层属性及图例进行修改，优化后的图形如图 4-7 所示。

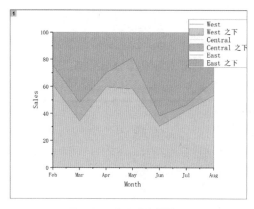

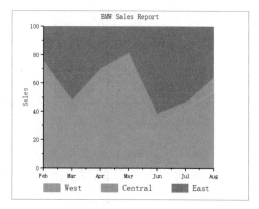

图 4-6 百分比堆积面积图　　　　　　　　图 4-7 优化后的百分比堆积面积图

4.1.5 双色填充图

步骤 01　打开 Fill Area.opju 数据文件，选中 A~C 数据列，执行菜单栏中的"绘图"→"条形图、饼图、面积图"→"双色填充图"命令，绘制的图形如图 4-8 所示。

步骤 02　对图层属性、图例及坐标轴属性进行修改，优化后的图形如图 4-9 所示。

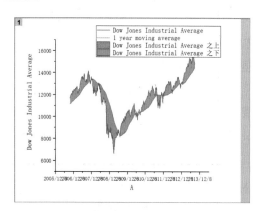

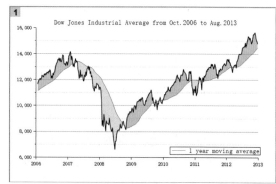

图 4-8 双色填充图　　　　　　　　　图 4-9 优化后的双色填充图

4.1.6 子弹图

步骤 01　打开 Bullet Chart.opju 数据文件，选中 A~F 数据列，执行菜单栏中的"绘图"→"条形图、饼图、面积图"→"子弹图"命令，弹出"Plotting：plotbullet"对话框，如图 4-10 所示。单击"确定"按钮，绘制的图形如图 4-11 所示。

图 4-10　"Plotting：plotBullet"对话框

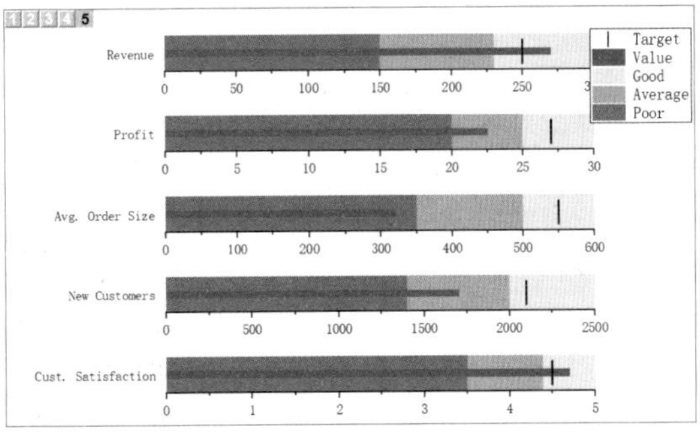

图 4-11　子弹图

步骤 02　对图层属性、图例及坐标轴属性进行修改，优化后的图形如图 4-12 所示。

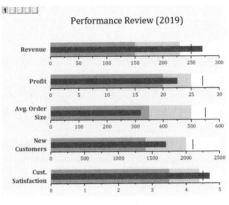

图 4-12　优化后的子弹图

4.1.7　归一化子弹图

步骤 01　打开 Normalized Bullet Chart.opju 数据文件，选中 A～F 数据列，执行菜单栏中的"绘图"→"条形图、饼图、面积图"→"归一化子弹图"命令，绘制的图形如图 4-13 所示。

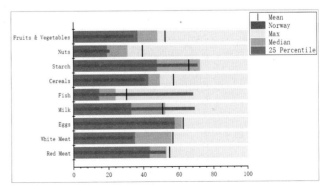

图 4-13　归一化子弹图

步骤 02 对图层属性、图例及坐标轴属性进行修改，优化后的图形如图 4-14 所示。

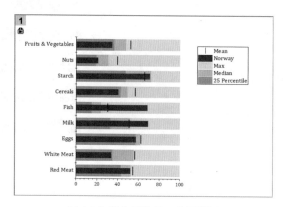

图 4-14 优化后的归一化子弹图

4.1.8 风筝图

步骤 01 打开 Kite Diagram.opju 数据文件，选中 B~E 数据列，执行菜单栏中的"绘图"→"条形图、饼图、面积图"→"风筝图"命令，绘制的图形如图 4-15 所示。

步骤 02 对图层属性、图例及坐标轴属性进行修改，优化后的图形如图 4-16 所示。

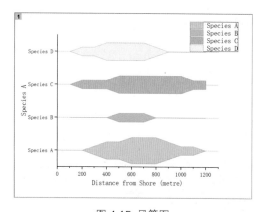

图 4-15 风筝图

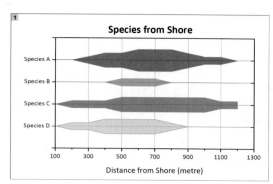

图 4-16 优化后的风筝图

4.1.9 螺旋条形图

步骤 01 打开 Spiral Bar Chart.opju 数据文件，选中 A、B 数据列，执行菜单栏中的"绘图"→"条形图、饼图、面积图"→"螺旋条形图"命令，绘制的图形如图 4-17 所示。

步骤 02　双击螺旋条形图，弹出"绘图细节 - 绘图属性"对话框，选择"螺旋"选项卡，"方向"设置为"逆时针"，"布局"选择"按螺旋圈数"，"绘图大小"设置为"0.8"，"显示阴影条形当 Y="设置为"200"，如图 4-18 所示。单击"应用"按钮，绘制的图形如图 4-19 所示。

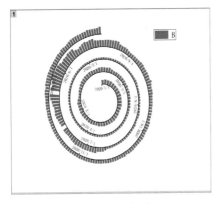

图 4-17　螺旋条形图

图 4-18　"螺旋"选项卡

步骤 03　继续选择"标签"选项卡，"显示为"设置为"Jan"，"主刻度增量"设置为"1month"，"长度"设置为"2"，"字体"编辑框内设置旋转度为 0，如图 4-20 所示。单击"确定"按钮，绘制的图形如图 4-21 所示。

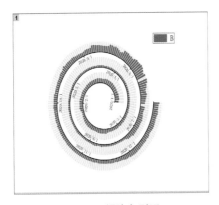

图 4-19　螺旋条形图

图 4-20　"标签"选项卡

步骤 04　继续选择"图案"选项卡，在"填充"选项组中，"颜色"设置为"按点"，并选择"Y 值：按颜色映射"，如图 4-22 所示。单击"确定"按钮，绘制的图形如图 4-23 所示。

步骤 05　执行菜单栏中的"插入"→"颜色标尺"命令，插入颜色标尺，删掉图例，绘制的图形如图 4-24 所示。

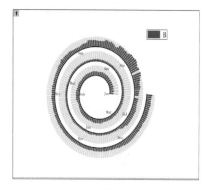

图 4-21 螺旋条形图

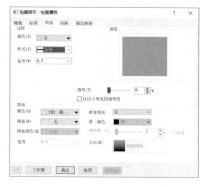

图 4-22 "图案"选项卡

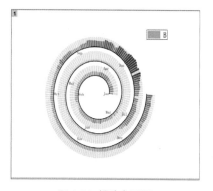

图 4-23 螺旋条形图

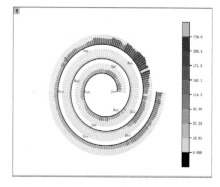

图 4-24 螺旋条形图

步骤 06 右击颜色标尺，在弹出的快捷菜单中选择"属性"命令，弹出"色阶控制 -Layer1"对话框，如图 4-25 所示，排列设置为"水平"，"色阶宽度"设置为"109"，单击"确定"按钮，绘制的图形如图 4-26 所示。

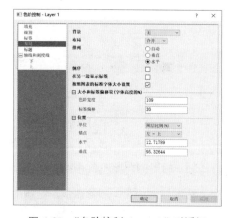

图 4-25 "色阶控制 -Layer1"对话框

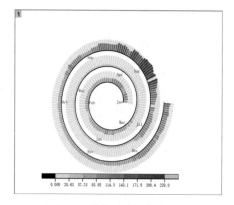

图 4-26 优化后的螺旋条形图

4.2 绘制多面板 / 多轴图

多面板 / 多轴图（多层曲线图）的模板数量较多，包括双 Y 轴图、3Ys Y-YY 图、3Ys Y-Y-Y 图、4Ys Y-YYY 图、4Ys YY-YY 图、多个 Y 轴图等绘图模板。

选中数据后，执行菜单栏"绘图"→"多面板 / 多轴"命令，在打开的菜单中选择绘制方式进行绘图，如图 4-27 所示；或者单击"2D 图形"工具栏中多面板 / 多轴图绘图组旁的▼按钮，在打开的菜单中选择绘图方式进行绘图，如图 4-28 所示。

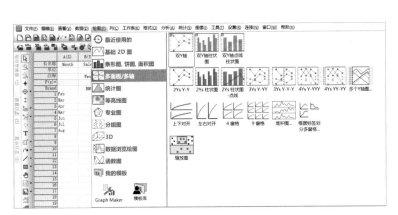

图 4-27 多面板 /多轴图

图 4-28 工具栏中的多面板 /
多轴图绘图工具

4.2.1 双 Y 轴图

双 Y 轴图图形模板主要适用于试验数据中自变量数据相同，但有两个因变量的情况。

本例中采用数据文件 Stacked Area.opju 的实验数据。实验中，每隔一段时间间隔测量一次电压和压力数据，此时自变量时间相同，因变量数据为电压值和压力值。采用双 Y 轴图形模板，能在一张图上将它们清楚地表示出来。

导入数据后，选中 A（X）、B（Y）、C（Y）数据列，执行菜单栏中的"绘图"→"多面板 / 多轴"→"双 Y 轴图"命令，或者单击"2D 图形"工具栏中的▨（双 Y 轴图）按钮，就可以绘制出用双 Y 坐标轴图形表示电压值、压力及时间的曲线图。美化后的图形如图 4-29 所示。

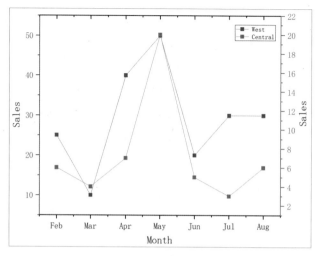

图 4-29 绘制的双 Y 轴图

4.2.2 3Y 轴 Y-YY 图

3Y 轴 Y-YY 型图对工作表数据的要求为至少有 3 个 Y 列（或 3 个 Y 列中的一部分）数据。如果没有设定与该列相关的 X 列，则工作表会提供 X 的默认值。

选中数据文件 3YYY.opju 中的 A（X）、B（Y）、C（Y）、D（Y）数据列，执行菜单栏中的"绘图"→"多面板／多轴"→"3Ys Y-YY 图"命令，或者单击"2D 图形"工具栏中的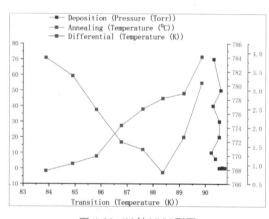（3Ys Y-YY 图）按钮，绘制 3Y 轴 Y-YY 型图，美化后的图形如图 4-30 所示。

图 4-30 3Y 轴 Y-YY 型图

4.2.3 3Y 轴 Y-Y-Y 图

3Y 轴 Y-Y-Y 型图对工作表数据的要求为至少有 3 个 Y 列（或 3 个 Y 列中的一部分）数据。如果没有设定与该列相关的 X 列，则工作表会提供 X 的默认值。

选中数据文件 3YYY.opju 中的 A（X）、B（Y）、C（Y）、D（Y）数据列，执行菜单栏中的"绘图"→"多面板／多轴"→"3Ys Y-Y-Y 图"，或者单击"2D 图形"工具栏中的 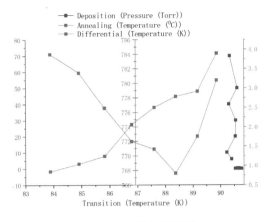（3Ys Y-Y-Y 图）按钮，绘制的图形如图 4-31 所示。

图 4-31　3Y 轴 Y-Y-Y 型图

4.2.4　4Y 轴 Y-YYY 图

4Y 轴 Y-YYY 型图对工作表数据的要求为至少有 4 个 Y 列（或 4 个 Y 列中的一部分）数据。如果没有设定与该列相关的 X 列，则工作表会提供 X 的默认值。

选中数据文件 3YYY.opju 中的 A（X）、B（Y）、C（Y）、D（Y）、E（Y）数据列，执行菜单栏中的"绘图"→"多面板／多轴"→"4Ys Y-YYY 图"命令，或者单击"2D 图形"工具栏中的 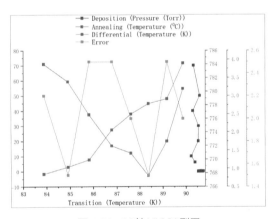（4Ys Y-YYY 图）按钮，绘制的图形如图 4-32 所示。

图 4-32　4Y 轴 Y-YYY 型图

4.2.5　4Y 轴 YY-YY 图

4Y 轴 YY-YY 型图与 4Y 轴 Y-YYY 型图类似，只是将 4 个 Y 列坐标轴平均分布在图形两侧。4Y 轴 YY-YY 型图对工作表数据的要求为至少有 4 个 Y 列（或 4 个 Y 列中的一部分）数据。如果没有设定与该列相关的 X 列，则工作表会提供 X 的默认值。

选中数据文件 3YYY.opju 中的 A（X）、B（Y）、C（Y）、D（Y）、E（Y）数据列，执行菜单栏中的"绘图"→"多面板／多轴"→"4Ys YY-YY 图"命令，或者单击"2D 图形"工具栏中的 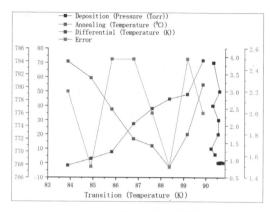（4Ys YY-YY 图）按钮，绘制的图形如图 4-33 所示。

图 4-33 4Y 轴 YY-YY 型图

4.2.6 多 Y 轴图

多 Y 轴图形可以绘制具有多个 Y 列数据的图形。其绘制过程与前面的绘图方法不同。

步骤 01 选中数据文件 3YYY.opju 中的 A（X）、B（Y）、C（Y）、D（Y）、E（Y）数据列，执行菜单栏中的"绘图"→"多面板／多轴"→"多个 Y 轴图"命令，或者单击"2D 图形"工具栏中的 图（多 Y 轴图）按钮，弹出如图 4-34 所示的"Plotting:plotmyaxes"对话框，在该对话框中可以调整数据的输出形式、线型等内容。

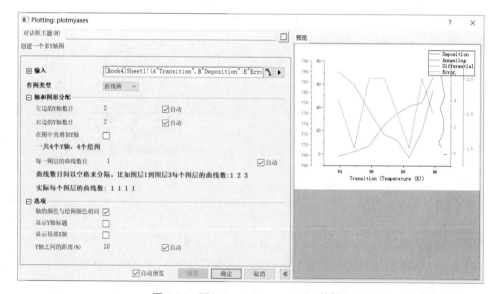

图 4-34 "Plotting: plotmyaxes"对话框

步骤 02 在"输入"中选择输入的数据，在"作图类型"中选择图形的线性，如"折线图""散点图"
等，勾选"自动预览"复选框可以预
览所作图形，设置完成后单击"确定"
按钮，即可得到所绘制的图形。

步骤 03 对图形进行适当美化。双击图形，弹
出"绘图细节 - 绘图属性"对话框，
在该对话框中可以对每条数据线的型
号、宽度、颜色等相关属性进行调
整，调整之后的多 Y 轴图形如图 4-35
所示。

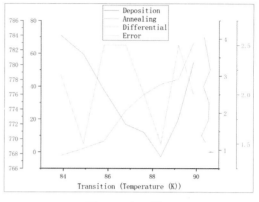

图 4-35　多 Y 轴图

4.2.7　瀑布图

瀑布图（Waterfall）模板特别适合绘制多条曲线的图形，它将多条曲线叠加在一个图层中，
并进行适当偏移，以便观测其趋势。

瀑布图是在相似条件下对多个数据集进行比较的理想工具。它能够显示 Z 向的变化，每
一组数据都在 X 和 Y 方向上做出特定的偏移后进行绘图，有助于进行数据间的对比分析。

瀑布图对工作表数据的要求是至少要有 2 个 Y 列（或 2 个 Y 列中的一部分）数据。如
果没有设定与该列相关的 X 列，则工作表会提供 X 的默认值。

选中数据文件 Waterfall.opju
中的所有数据，单击"2D 图形"
工具栏中的 （瀑布图）按钮，
绘制的瀑布图结果如图 4-36
所示。

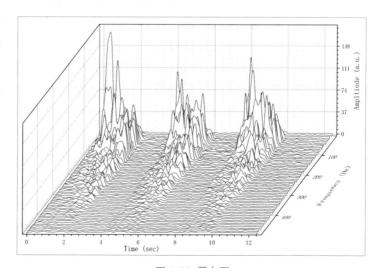

图 4-36　瀑布图

4.2.8 Y 数据颜色映射的瀑布图

Y 数据颜色映射的瀑布图与绘制的瀑布图一样,其区别在于它应用不同的映射颜色代表 Y 轴的变量,即每一种颜色代表一定范围的大小,而每一个数据点的颜色由对应的 Y 轴值决定。

选中数据文件 Waterfall.opju 中的所有数据,单击"2D 图形"工具栏中的 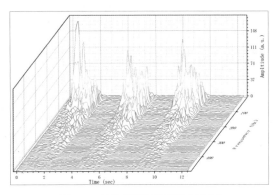(Y 数据颜色映射的瀑布图)按钮,绘制的瀑布图结果如图 4-37 所示。

图 4-37 Y 数据颜色映射的瀑布图

4.2.9 Z 数据颜色映射的瀑布图

Z 数据颜色映射的瀑布图与 Y 数据颜色映射的瀑布图一样,只是它应用不同的映射颜色代表 Z 轴的变量,即每一种颜色代表一定范围的大小,而每一个数据点的颜色由对应的 Z 轴值决定。

选中数据文件 Waterfall.opju 中的所有数据,单击"2D 图形"工具栏中的 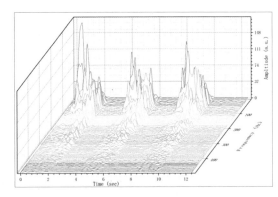(Z 数据颜色映射的瀑布图)按钮,绘制的瀑布图结果如图 4-38 所示。注意对比三种瀑布图的不同。

图 4-38 Z 数据颜色映射的瀑布图

4.2.10 上下对开图

上下对开图模板主要适用于实验数据为两组不同自变量与因变量的数据,并需要将它们绘制在同一张图中的情况。

两列 Y 在同一个绘图区内以垂直的上下两"栏"结构显示,并自动生成两个图层。被选中的第一列 Y 在下"栏",图层标识为"1",第二列 Y 在上"栏",图层标识为"2"。

选中数据文件 Stacked Area.opju 中的 A（X）、B（Y）、C（Y）数据列，执行菜单栏中的"绘图"→"多面板/多轴"→"上下对开图"命令，或者单击"2D 图形"工具栏中的 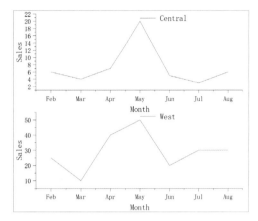（上下对开图）按钮，绘制的图形如图 4-39 所示。

图 4-39 上下对开图

4.2.11 左右对开图

左右对开图模板与上下对开图模板对实验数据的要求及图形外观都是类似的，区别仅仅在于前者的图层是上下对开排列的，后者的图层是左右对开排列的。

选中数据文件 Stacked Area.opju 中的 A（X）、B（Y）、C（Y）数据列，执行菜单栏中的"绘图"→"多面板/多轴"→"左右对开图"命令，或者单击"2D 图形"工具栏中的 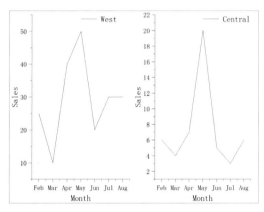（左右对开图）按钮，绘制的图形如图 4-40 所示。

图 4-40 左右对开图

4.2.12 4 窗格

4 窗格模板可用于多变量的比较，最适用于 4 个 Y 值的数据比较。四屏图对工作表数据的要求是至少要有 1 个 Y 列（或 1 个 Y 列中的一部分）数据（最理想的是 4 个 Y 列）。如果没有设定与该列相关的 X 列，则工作表会提供 X 的默认值。

4 个 Y 列在同一个绘图区内以两行两列的一共四"片"结构显示，并自动生成 4 个图层。被选中的第一个 Y 列在左上"片"，图层标识为"1"，第二个 Y 列在右上"片"，图层标识为"2"，第三个 Y 列在左下"片"，图层标识为"3"，第四个 Y 列在右下"片"，图层标识为"4"。

选中数据文件 Waterfall.opju 中的 A（X）、B（Y）～E（Y）数据列，执行菜单栏中的"绘图"→"多面板／多轴"→"4 窗格"命令，或者单击"2D 图形"工具栏中的▦（4 窗格）按钮，绘制的图形如图 4-41 所示。

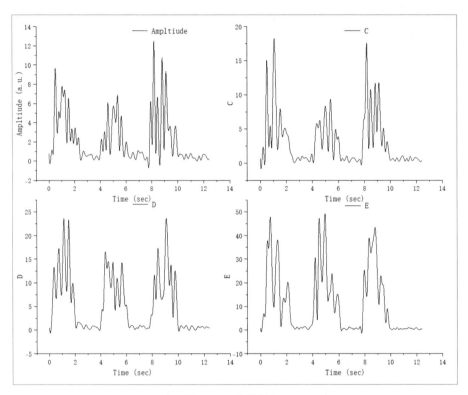

图 4-41　4 窗格图

4.2.13　9 窗格

9 窗格模板可用于多变量的比较，最适用于 9 个 Y 值的数据比较。9 窗格图对工作表数据的要求是，至少要有 1 个 Y 列（或 1 个 Y 列中的一部分）数据（最理想的是 9 个 Y 列）。如果没有设定与该列相关的 X 列，则工作表会提供 X 的默认值。

9 个 Y 列在同一个绘图区内以三行三列的一共 9 "片"结构显示，并自动生成 9 个图层。

选中数据文件 Waterfall.opju 中的 A（X）、B（Y）～K（Y）数据列，即前 9 个 Y 列数据，执行菜单栏中的"绘图"→"多面板／多轴"→"9 窗格"命令，或者单击"2D 图形"工具栏中的▦（9 窗格）按钮，绘制的图形如图 4-42 所示。

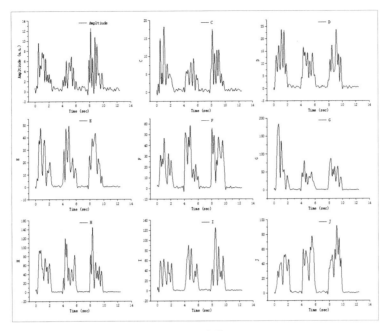

图 4-42　9 窗格图

4.2.14　堆积图

堆积图模板可以用于多变量的比较，它对工作表数据的要求是至少要有 1 个 Y 列（或者 1 个 Y 列其中的一部分）数据。如果没有设定与该列相关的 X 列，工作表会提供 X 的默认值。

可以对多个 Y 列数据曲线进行上下堆积排布，默认是按照工作簿中 Y 列的顺序从下到上排列，并自动生成对应的多个图层。

选中数据文件 Waterfall. opju 中的 A（X）、B（Y）~E（Y）数据列，执行菜单栏中的"绘图"→"多面板／多轴"→"堆积图"命令，或者单击"2D 图形"工具栏中的 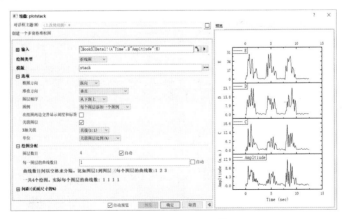 （堆积图）按钮，弹出"堆叠"对话框，如图 4-43 所示。

图 4-43　"堆叠"对话框

Origin 科技绘图与数据分析

在该对话框中，"绘图类型"设置为"折线图""图层顺序""图例"等均采用默认设置，单击"确定"按钮后生成如图 4-44 所示的堆积图。

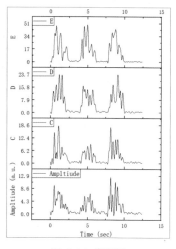

图 4-44 堆积图

4.2.15 缩放图

在科技作图中，有时需要将图形进行局部放大，并将前后的数据曲线显示在同一图形窗口内，此时就要用到缩放图模板。

导入数据文件 Nitri.opju，数据如图 4-45 所示，双击 B（Y）下的迷你图可以显示该数据的时间与振幅的关系，如图 4-46 所示。

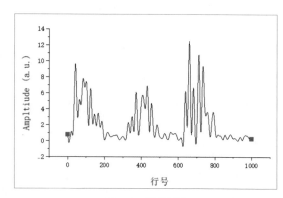

图 4-45 工作表数据　　　　图 4-46 数据预览

绘制缩放图的具体步骤如下：

步骤 01 选中数据文件 Nitri.opju 中的所有数据，执行菜单栏中的"绘图"→"多面板/多轴"→"缩放图"命令，或者单击"2D 图形"工具栏中的 █（缩放图）按钮，绘制的图形如图 4-47 所示。

步骤 02 此时打开一个有两个图层的图形窗口，上层显示整条数据曲线，下层显示放大的曲线段。下层的放大图由上层全局图内的矩形选取框控制。

步骤 03 利用鼠标移动矩形框，选择需要放大的区域，则下层显示出相应部分的放大图，如图 4-48所示。读者也可以根据显示需要调整矩形框的大小。

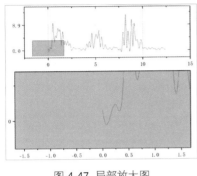

图 4-47 局部放大图

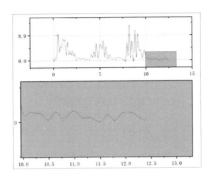

图 4-48 选择需要放大区域

4.3 绘制专业图

在 Origin 中，极坐标图、风玫瑰图、三角图、史密斯图、雷达图、XYAM 矢量图、XYXY 矢量图和缩放图等都归集为专业图模板。

选中数据后，执行菜单栏"绘图"→"专业图"命令，在打开的菜单中选择绘制方式进行绘图，如图 4-49 所示；或者单击"2D 图形"工具栏中专业图绘图组旁的 ▾ 按钮，在打开的菜单中选择绘图方式进行绘图，如图 4-50 所示。

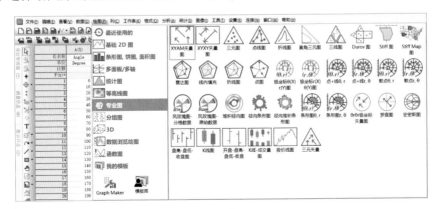

图 4-49 专业图

图 4-50 特殊二维图的二级菜单

4.3.1 极坐标图

Origin 极坐标图对工作表数据的要求是至少要有 1 对 XY 数据。极坐标图有两种绘图方式：一种是 X 为极坐标的半径坐标位置，Y 为角度（单位为°）；另一种是 Y 为极坐标的半径坐标位置，X 为角度（单位为°）。

使用素材文件 Area Polar.opju 中的数据可以实现用极坐标显示天线的计算和测量效率。工作表中 A（X）数据列为角度，因此选择用 X 为角度（单位为°）、Y 为极坐标半径位置的方式绘图。

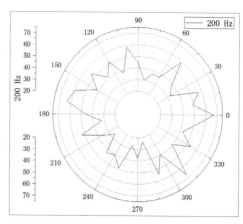

图 4-51　只有 B（Y）数据列的极坐标图

步骤 01　选中 B(Y)数据列，执行菜单栏中的"绘图"→"专业图"→"极坐标 θ(X) r(Y) 图"命令，或者单击"2D 图形"工具栏中的 (极坐标图) 按钮，绘制的图形如图 4-51 所示。

步骤 02　在按住 Alt 键的同时，双击左上角的图层 1 图标，弹出"图表绘制：设置图层中的数据绘图"对话框，选中"显示"下的 R 列 C 行，然后单击"添加"按钮，在打开的图层窗口中加入 C（Y）列，如图 4-52 所示。单击"确定"按钮，得到的绘图结果如图 4-53 所示。

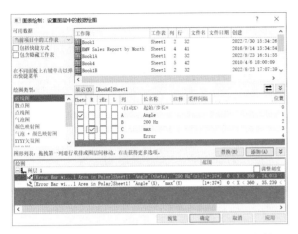

图 4-52　"图表绘制：设置图层中的数据绘图"对话框

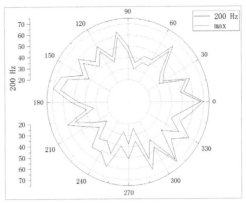

图 4-53　极坐标图

步骤 03　双击径向坐标轴，在弹出的"径向坐标轴 - 图层 1"对话框中选择"刻度"选项卡，在确认左侧选中"径向"的情况下，设置"起始"为 20，"结束"为 80，如图 4-54 所示。单击"应用"按钮，此时的极坐标图如图 4-55 所示。

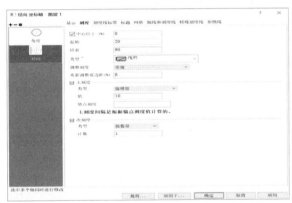

图 4-54　"刻度"选项卡

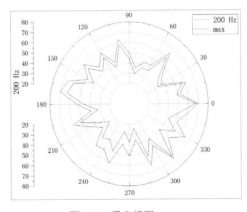

图 4-55　极坐标图

步骤 04　选择"刻度线标签"选项卡，左侧确认选择"径向 - 外 1"，勾选"对所有径向轴使用相同的选项"复选框，"显示"设置为"自定义"，"自定义格式"中输入"#%"，"除以因子"设置为 100，如图 4-56 所示。单击"确定"按钮，此时的极坐标图如图 4-57 所示。

步骤 05　双击图形，弹出"绘图细节 - 绘图属性"对话框，在左侧选择"Measured"曲线数据集，然后在"线条"选项卡中设置"颜色"为"黑"，"透明"设置为"50%"，在"填充曲线之下的区域"选项组中勾选"启用"复选框，此时会出现"图案"选项卡，如图 4-58 所示。

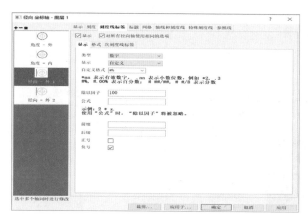

图 4-56 "刻度线标签"选项卡

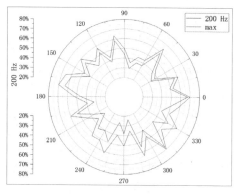

图 4-57 极坐标图

图 4-58 "绘图细节 - 绘图属性"对话框中的"线条"选项卡

步骤 06 在"图案"选项卡的"填充"选项组中设置"颜色"为"青",勾选"跟随线条透明度"复选框,"透明"设置为"50%",如图 4-59 所示。单击"应用"按钮完成设置。

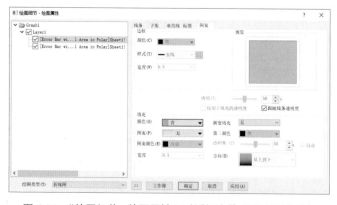

图 4-59 "绘图细节 - 绘图属性"对话框中的"图案"选项卡

步骤 07　在左侧选择"Calculate"曲线数据集，利用同样的方法设置填充色为"橙"，单击"应用"按钮完成设置，设置完成的图形如图 4-60 所示。

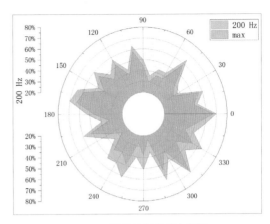

图 4-60　最终绘制的极坐标图

4.3.2　风玫瑰图

风玫瑰图也叫风向频率玫瑰图，它是根据某一地区多年平均统计的各个风向频率的百分数值并按一定比例绘制的。

1. 风玫瑰图 - 分格数据

采用素材文件 Wind Rose.opju 中的数据，其数据工作表如图 4-61 所示。应用预处理数据绘制风玫瑰图的步骤如下：

选中 Bineed Data 工作表中所有数据，执行菜单栏中的"绘图"→"专业图"→"风玫瑰图 - 分格数据"命令，或者单击"2D 图形"工具栏中的 ⊛（风玫瑰图 - 分格数据）按钮，绘制的图形如图 4-62 所示。

	A(X)	B(Y)	C(Y)	D(Y)	E(Y)	F(Y)
长名称	Direction	0-4	4-8	8-12	12-16	16-20
单位						
注释						
1	22.5	3.125	3.125	3.125	6.25	0
2	45	0	3.125	3.125	0	0
3	67.5	0	6.25	0	0	0
4	90	0	0	0	0	3.125
5	112.5	0	0	0	0	0
6	135	3.125	0	0	0	3.125
7	157.5	0	0	9.375	3.125	0
8	180	3.125	3.125	0	3.125	3.125
9	202.5	0	0	0	0	0
10	225	0	0	3.125	0	0
11	247.5	0	3.125	0	3.125	3.125
12	270	0	0	0	0	0
13	292.5	0	6.25	3.125	0	0
14	315	0	0	3.125	3.125	0
15	337.5	0	0	0	0	0
16	360	0	6.25	0	0	0
17	382.5	0	0	0	0	0
18						

图 4-61　工作表

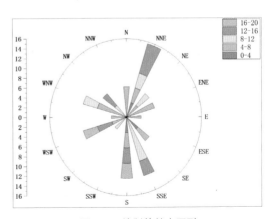

图 4-62　绘制的基本图形

2. 风玫瑰图 - 原始数据

应用预处理数据绘制风玫瑰图,其工作表如图4-63所示,具体绘制步骤如下:

步骤01 选中 Raw Data 工作表中的 A(X)、B(Y)数据列,执行菜单栏中的"绘图"→"专业图"→"风玫瑰图 - 原始数据"命令,或者单击"2D 图形"工具栏中的 ⊕(风玫瑰图 - 原始数据)按钮,弹出"Plotting: plot_windrose"对话框。

	A(X)	B(Y)
长名称	Direction	Speed
单位		
注释		
1	311.5	12.75
2	142.7	11.18
3	161.6	5.9
4	277.3	8.24
5	155.3	13.46
6	40.8	8.57
7	43.4	4.38
8	1.3	10.91
9	78.8	18.72
10	237.8	16.22
11	114.6	0.88
12	2.1	12.05

图 4-63 工作表数据

步骤02 在该对话框中对属性进行设置,其中"方向扇区数量"为 8,"计算的量"为"计数",同时勾选"每一个速度间隔的总数小计"及"自动预览"复选框,如图4-64所示。

图 4-64 "Plotting:plot_windrose"对话框

步骤03 单击"确定"按钮,应用原始数据绘制的风玫瑰图如图 4-65 所示。

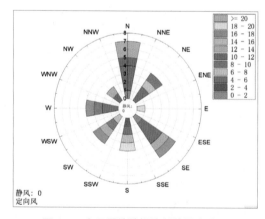

图 4-65 应用原始数据绘制的风玫瑰图

4.3.3 三元图

三元图对工作表数据的要求是有一个 Y 列和一个 Z 列。若没有与该列相关的 X 列，则工作表会提供 X 的默认值。用三角图可以方便地表示 3 种组元（X、Y、Z）间的百分数比例关系，Origin 认为每行 X、Y、Z 数据具有 X+Y+Z=1 的关系。

如果工作表中的数据未进行归一化，则在绘图时 Origin 给出进行归一化的选择，并代替原来的数据，图中的尺度是按照百分比显示的。

步骤 01　执行菜单栏中的"数据"→"从文件导入"→"导入向导"命令，利用弹出的"导入向导 - 来源"对话框导入 Ternary1.dat、Ternary2.dat、Ternary3.dat 和 Ternary4.dat 数据文件，在"导入模式"下选择"新建表"命令，导入为同一个工作簿的不同工作表。

步骤 02　在工作表标题栏上右击，在弹出的快捷菜单中执行"属性"命令，继续在弹出的"窗口属性"对话框中重命名工作簿，长名称为 Ternary.dat，短名称为 Ternary。

步骤 03　在每一张工作表上单击 C（Y）列并停留，在弹出的如图 4-66 所示的迷你菜单中单击 Z 按钮，将各工作表中的 C（Y）的坐标属性改为 C（Z）。

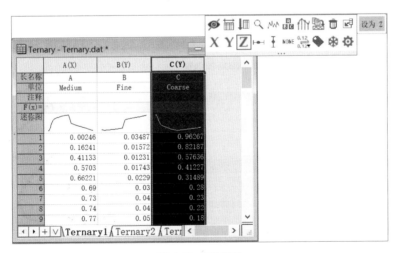

图 4-66　迷你菜单

步骤 04　也可以选中 C（Y）数据列，右击，在弹出的快捷菜单中选择"属性"命令，弹出"列属性"对话框，修改"绘图设定"类型为 Z，如图 4-67 所示。

步骤 05　选中工作表 Ternary1 的数据，执行菜单栏中的"绘图"→"专业图"→"三元图"命令，或者单击"2D 图形"工具栏中的（三元图）按钮，绘制的图形如图 4-68 所示。

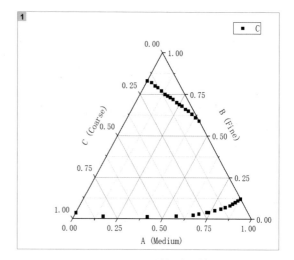

图 4-67 "列属性"对话框

图 4-68 用 Ternary1 数据绘制的三元图

步骤 06 在按下 Alt 键的同时，双击左上角图层 1 图标，弹出"图表绘制：设置图层中的数据绘图"对话框，单击对话框右上角的 <kbd>⌃</kbd> 按钮，向上展开对话框。

步骤 07 将 Ternary2、Ternary3 和 Ternary4 工作表中的数据依次按 X、Y、Z 轴的顺序添加到绘图中，如图 4-69 所示，绘图类型选择为"点线图"。单击"确定"按钮，绘制的图形如图 4-70 所示。

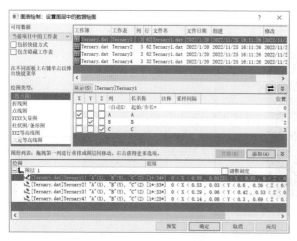

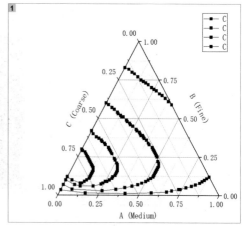

图 4-69 "图表绘制：设置图层中的数据绘图"对话框

图 4-70 绘制的三元图

步骤 08 双击数据线，弹出"绘图细节 - 绘图属性"对话框。在左侧选择对应的曲线，在"符号"选项卡设置符号，如图 4-71 所示。单击"应用"按钮，利用同样的方法修改 4 条线条的线颜色和线形，单击"确定"按钮退出对话框，此时绘制出的三元图如图 4-72 所示。

图 4-71　三元图属性设置

步骤 09　双击右上角的图例修改图例名称，最终绘制出的三元图如图 4-73 所示。

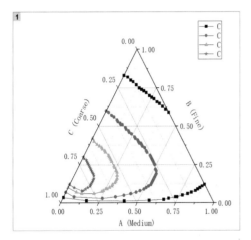

图 4-72　线形颜色调整后的三元图

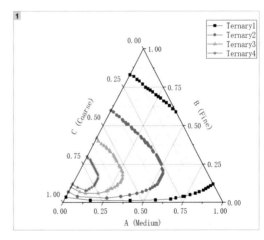

图 4-73　最终的三元图

4.3.4　史密斯图

史密斯图由许多圆周交织而成，主要用于电工与电子工程学传输线的阻抗匹配上，是计算传输线阻抗的重要工具。

Origin 中的史密斯图对工作表数据的要求是至少有一个 Y 列。如果工作表有 X 列，则由该 X 列提供 X 值，如果没有与该列相关的 X 列，则工作表会提供 X 的默认值。

下面通过绘制史密斯图展示电子工程汇总的阻抗。

步骤 01 导入 SmithChart.dat 工作表，如图 4-74 所示，选中工作表中的 A（X）、B（Y）、D（Y）数据列，执行菜单栏中的"绘图"→"专业图"→"史密斯图"命令，或者单击"2D 图形"工具栏中的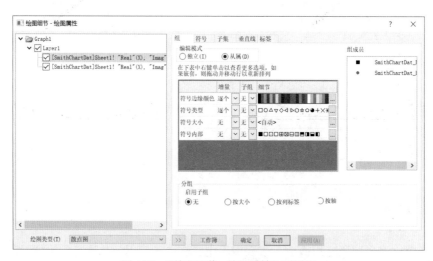（史密斯图）按钮，绘制的图形如图 4-75 所示。

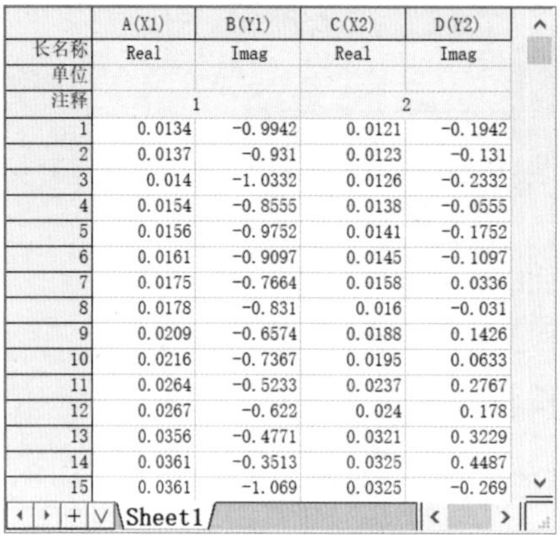

图 4-74 导入数据后的工作表

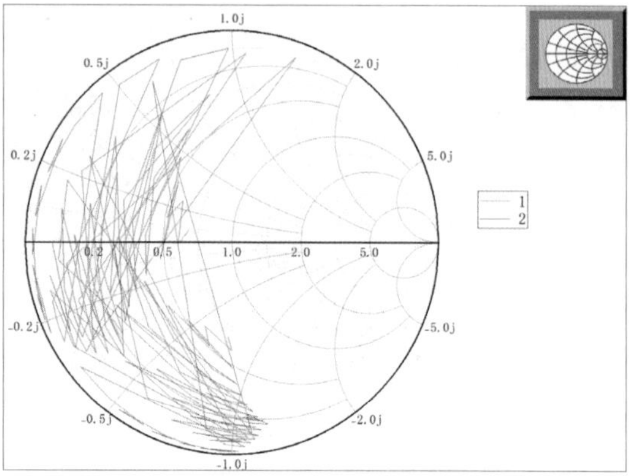

图 4-75 史密斯图

步骤 02 双击数据线，弹出"绘图细节 - 绘图属性"对话框。在下方的"绘图类型"中选择"散点图"，如图 4-76 所示。单击"应用"按钮，得到的图形如图 4-77 所示。

图 4-76 "绘图细节 - 绘图属性"对话框

步骤 03 继续在对话框中的"符号"选项卡下设置符号为★，并对颜色进行设置；在"组"选项卡下设置"编辑模式"为"独立"模式，设置完成后单击"确定"按钮。

步骤 04 双击图中水平轴，打开"X 坐标轴"对话框，对轴参数进行设置。

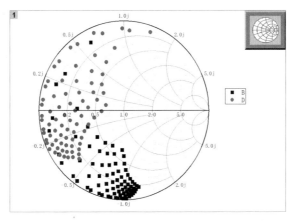

图 4-77　将线图改为散点图

步骤 05　另外，还可以单击图中右上角的图标，打开如图 4-78 所示的"史密斯图"对话框，对该图进行设置。最终绘制的史密斯图如图 4-79 所示。

图 4-78　"史密斯图"对话框

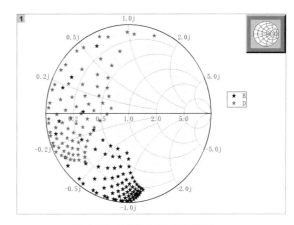

图 4-79　最终绘制的史密斯图

4.3.5　雷达图

雷达图对工作表数据的要求是至少有一个 Y 列（或一个 Y 列中的一部分）数据。如果没有设定与该列相关的 X 列，则工作表会提供 X 的默认值。

本例选择的素材文件是 Radar.opju 数据文件，工作表数据如图 4-80 所示。

选中工作表中所有数据，执行菜单栏中的"绘图"→"专业图"→"雷达图"命令，或者单击"2D 图形"工具栏中的（雷达图）按钮，绘制的图形如图 4-81 所示。

	A(X)	B(Y)	C(Y)	D(Y)
长名称		0~60 mph	0~60 mph	0~60 mph
单位		kw	kw	kw
注释		1992	1998	2004
1	Chrysler	10	13.5	17
2	Kia	14.5	15.5	15
3	Mazda	12.5	15.5	14
4	Mercedes	14	15.5	19
5	Saab	15	18	13
6				
7				
8				

图 4-80 工作表数据

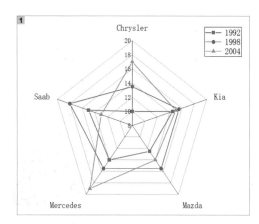

图 4-81 绘制的雷达图

4.3.6 XYAM 矢量图

Origin 的矢量图有 XYAM 矢量图和 XYXY 矢量图两种。XYAM 矢量图中 A 和 M 分别表示角度和长度，全名为 X\Y\Angle\Magnitude Vector，对工作表数据要求是有 3 个 Y 列（或是 3 个 Y 列中的一部分）数据。如果没有设定与该列相关的 X 列，工作表会提供 X 的默认值。在默认状态下，工作表最左边的 Y 列确定矢量末端的 Y 坐标值，第 2 个 Y 列确定矢量的长度，数据列必须是 XYYY 型。

XYAM 矢量图以矢量箭头表示 3 个 Y 列，矢量箭头起点是 X 列数值（横轴），矢量箭头终点是第一列 Y 数值（纵轴），矢量箭头角度是第二列 Y（对应 A，以 X 轴水平线逆时针旋转角度），第三列 Y 决定箭头矢量幅值大小（对应 M，幅值大小不一定就是第三列 Y 数值，但对于各行数据所决定的矢量箭头应同比例）。

采用素材文件 VectorChart.opju 中的数据，用矢量图显示河水流过两个塔标周围的紊流和层流情况，图中矢量箭头用颜色的深浅表示流量的大小。

步骤01 打开 VectorChart.opju 文件中的 Book8E 工作表，数据如图 4-82 所示。选中工作表中所有数据，执行菜单栏中的"绘图"→"专业图"→"XYAM 矢量图"命令，或者单击"2D 图形"工具栏中的 （XYAM 矢量图）按钮，绘制的图形如图 4-83 所示。

步骤02 双击数据线，弹出"绘图细节 - 绘图属性"对话框，对图中矢量进行设置。在"线条"选项卡下将"连接"设置为"无线条"；在"矢量"选项卡下将"颜色"设置为"按点"，"颜色选项"下选择"映射"并将其指定为"col(D): "Direction""，再设置颜色，如图 4-84 所示。单击"确定"按钮完成设置，最终绘制的图形如图 4-85 所示。

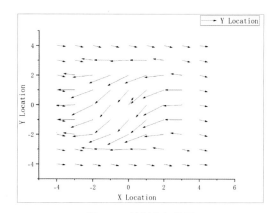

	A(X)	B(Y)	C(Y)	D(Y)
长名称	X Location	Y Location	Field Stre	Direction
单位				
注释				
F(x)=				
1	-4	-4	-0.10362	0.16154
2	-4	-3	-0.19178	0.16
3	-4	-2	-0.21718	0.16
4	-4	-1	-0.20163	0.16
5	-4	0	-0.1892	0.16
6	-4	1	-0.20163	0.16
7	-4	2	-0.21718	0.16
8	-4	3	-0.19178	0.16
9	-4	4	-0.10362	0.16154
10	-3	-4	-0.19178	0.16
11	-3	-3	-0.21017	0.16
12	-3	-2	-0.12411	-0.21361
13	-3	-1	-0.00654	-0.31409
14	-3	0	0.04704	-0.34568
15	-3	-1	-0.00654	-0.31409
16	-3	2	-0.12411	-0.21361

Vector XYAM - Column ord

图 4-82　工作表

图 4-83　绘制的矢量图

图 4-84　"绘图细节 - 绘图属性"对话框

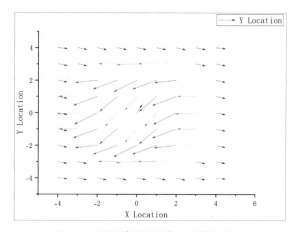

图 4-85　设置线型及颜色之后的矢量图

4.3.7 XYXY 矢量图

XYXY 矢量图对数据的要求是数据列必须是 XYXY 型。该矢量图以矢量箭头表示两组 XY 列，矢量箭头起点是第一组 XY 列坐标值（X1,Y1），矢量箭头终点是第二组 XY 列坐标值（X2,Y2）。如果没有设定与该列相关的 X 列，工作表会提供 X 的默认值。

步骤 01 单击 VectorChart.opju 文件中 Book9E 数据表的 C（Y）列（工作表见图 4-86），在弹出的迷你菜单中选择 X，将其设置为 X 列。

步骤 02 选中工作表中所有数据，执行菜单栏中的"绘图"→"专业图"→"XYXY 矢量图"命令，或者单击"2D图形"工具栏中的 （XYXY 矢量图）按钮，绘制的图形如图 4-87 所示。

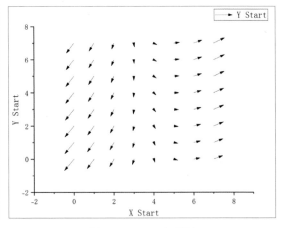

图 4-86 工作表数据　　　　　　　图 4-87 XYXY 矢量图

4.4 绘制分组图

在 Origin 中，分组散点图、桑基图、冲积图、弦图、带装图等都归集为分组图模板。选中数据后，执行菜单栏"绘图"→"分组图"命令，在打开的菜单中选择绘制方式进行绘图，如图 4-88 所示。

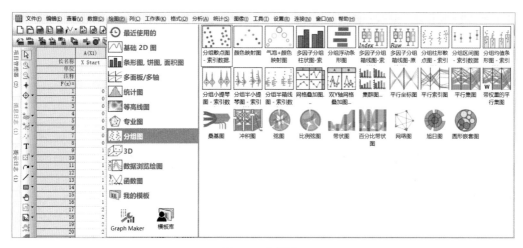

图 4-88　分组图

4.4.1　冲积图

步骤 01　打 开 数 据 文 件 Outlook Poll.opju，选 中 D~H列数据，执行菜单栏中的"绘图"→"分组图"→"冲积图"命令，绘制的图形如图 4-89 所示。

步骤 02　执行菜单栏中的"查看"→"对象管理器"命令，打开"对象管理器"对话框，如图 4-90 所示。调整变量顺序，得到如图 4-91 所示的图形。

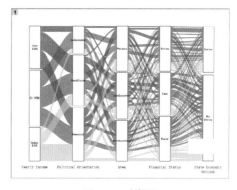

图 4-89　冲积图

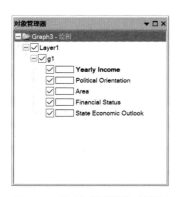

图 4-90　"对象管理器"对话框

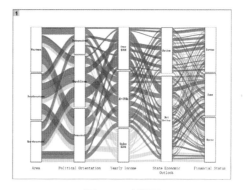

图 4-91　冲积图

步骤 03 双击冲积图，在弹出的"绘图细节 - 绘图属性"对话框中选择"组"选项卡，设置"节点
填充颜色"为"逐个"，如图 4-92 所示。单击"确定"按钮，此时图形如图 4-93 所示。

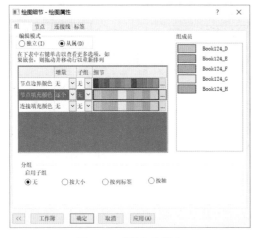

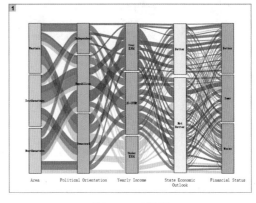

图 4-92 "组"选项卡 　　　　　　　　　　　　　　图 4-93 冲积图

步骤 04 选择"连接线"选项卡，将"填充颜色"设置为"使用源节点的颜色"，将"连接分类按照"
设置为"包括颜色（如果存在）的所有类别"，如图 4-94 所示。单击"确定"按钮，此
时图形如图 4-95 所示。

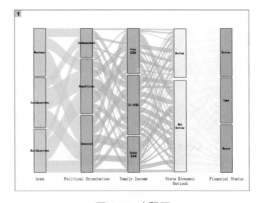

图 4-94 "连接线"选项卡 　　　　　　　　　　　图 4-95 冲积图

4.4.2 弦图

步骤 01 打开数据文件 Global Migration Data.opju，选中 B～D 列数据，执行菜单栏中的"绘图"→"分
组图"→"弦图"命令，绘制的图形如图 4-96 所示。

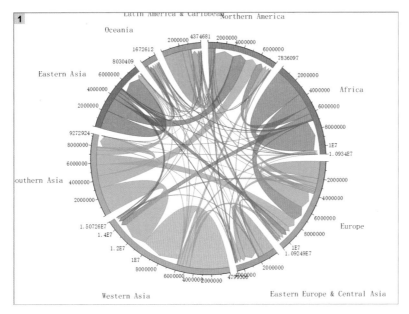

图 4-96　弦图

步骤 02 双击弦图，在弹出的"绘图细节 - 绘图属性"对话框中选择"标签"选项卡，取消勾选"刻度线标签""线和刻度"复选框，"字体"编辑框内的"旋转"选择"角度"，"偏移"输入"50"，勾选"按字数换行"复选框，如图 4-97 所示。单击"确定"按钮，此时图形如图 4-98 所示。

图 4-97　"对象管理器"对话框

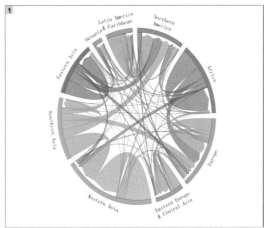

图 4-98　弦图

4.4.3 比例弦图

步骤01 打开数据文件 Chord Diagram with Ratio.opju，选中 A~E数据列，执行菜单栏中的"绘图"→"分组图"→"比例弦图"命令，弹出"Poltting:plot_chord"对话框，如图 4-99 所示进行设置。单击"确定"按钮，绘制的图形如图 4-100 所示。

图 4-99 "Poltting:plot_chord"对话框

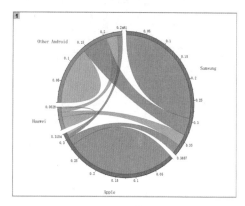

图 4-100 比例弦图

步骤02 双击比例弦图，在弹出的"绘图细节 - 绘图属性"对话框中选择"布局"选项卡，"比例布局"设置为"事后模式"，如图 4-101 所示。单击"确定"按钮，此时图形如图 4-102 所示。

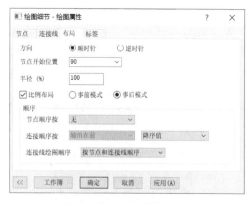

图 4-101 "布局"选项卡

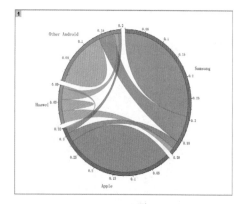

图 4-102 比例弦图

步骤03 选择"节点"选项卡下，"节点宽度"设置为"15"，"节点间的间隙"设置为"2"，如图 4-103 所示。单击"确定"按钮，此时图形如图 4-104 所示。

步骤04 在"标签"选项卡下单击"节点内"单选按钮，在"字体"编辑框中设置"旋转"为"角度"，如图 4-105 所示。单击"确定"按钮，此时图形如图 4-106 所示。

图 4-103　"节点"选项卡

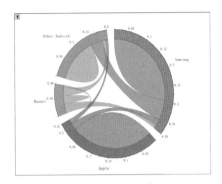

图 4-104　比例弦图（1）

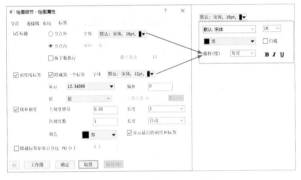

图 4-105　"标签"选项卡

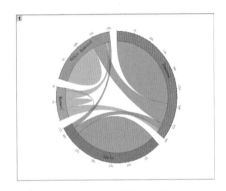

图 4-106　比例弦图（2）

4.4.4　圆形嵌套图

步骤 01　打开数据文件 Circular Packing Graph.opju，选中 A~D 数据列，执行菜单栏中的"绘图"→"分组图"→"圆形嵌套图"命令，弹出"Poltting:plotcpack"对话框，如图 4-107 所示进行设置。单击"确定"按钮，绘制的图形如图 4-108 所示。

图 4-107　"Poltting:plotcpack"对话框

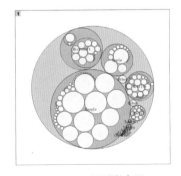

图 4-108　圆形嵌套图

步骤 02 双击圆形嵌套图,在弹出的"绘图细节 - 绘图属性"对话框中选择"标签"选项卡,设置"仅
在指定点显示"为"<L2>",设置"如果百分比小于给定值(%)则隐藏标签"为"1",
如图 4-109 所示。单击"确定"按钮,此时图形如图 4-110 所示。

图 4-109 "标签"选项卡

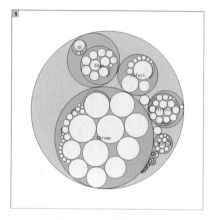

图 4-110 圆形嵌套图

步骤 03 选择圆形嵌套图的图形,在弹出的迷你工具栏中选择"按值给圆排序",如图 4-111 所示,
并设置为"升序",此时图形如图 4-112 所示。

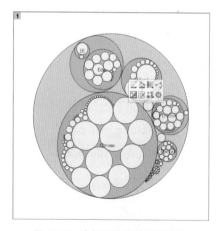

图 4-111 选择"按值给圆排序"

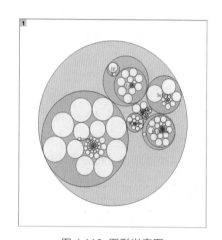

图 4-112 圆形嵌套图

4.4.5 旭日图

步骤 01 打开数据文件 Word Happiness Report.opju,选中 A~D 数据列,执行菜单栏中的"绘
图"→"分组图"→"旭日图"命令,绘制的图形如图 4-113 所示。

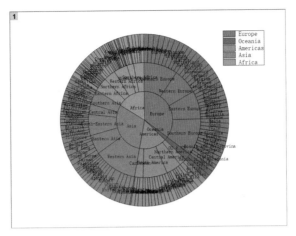

图 4-113　旭日图

步骤 02　双击旭日图，在弹出的"绘图细节 - 绘图属性"对话框中选择"图案"选项卡，在"填充"选项组中设置"颜色"为"映射"，勾选"Col（E）"，如图 4-114 所示。单击"应用"按钮，此时图形如图 4-115 所示。

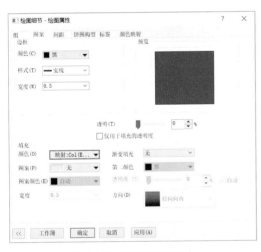

图 4-114　"图案"选项卡

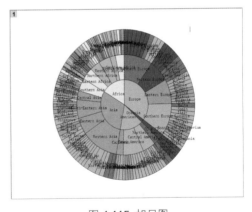

图 4-115　旭日图

步骤 03　选择"标签"选项卡，在"字体"编辑框中设置颜色为"自动"，设置"旋转"为"径向"，如图 4-116 所示。单击"应用"按钮，此时图形如图 4-117 所示。

步骤 04　在"组"选项卡中勾选"独立"复选框，再进入"标签"选项卡，确认在对话框左侧选中 A（Z）数据集，调整最外面一圈的标签显示位置，"径向"设置为"终点外部"，如图 4-118 所示。单击"确定"按钮，此时图形如图 4-119 所示。

图 4-116 "标签"选项卡

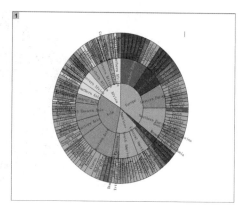

图 4-117 旭日图

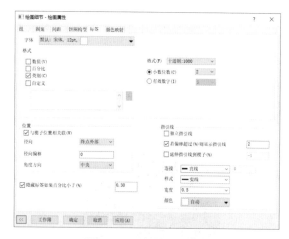

图 4-118 "标签"选项卡

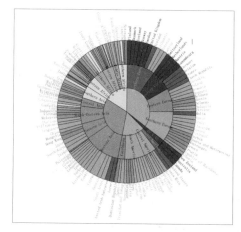

图 4-119 旭日图

4.4.6 网络图

步骤 01 打开数据文件 NETwork Diagram.opju，选中 A~J 数据列，执行菜单栏中的"工作表"→"转置"命令，打开"转置"对话框，如图 4-120 所示进行设置。单击"确定"按钮，转置后的表格如图 4-121 所示。

步骤 02 选中转置表格的 B~Y 数据列，执行菜单栏中的"统计"→"描述统计"→"相关系数"命令，弹出"相关系数"对话框，如图 4-122 所示。单击"确定"按钮，得到一个相关系数表格，如图 4-123 所示。

图 4-120　"转置"对话框

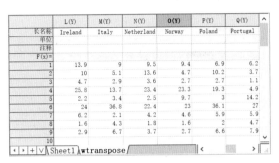

图 4-121　转置结果

图 4-122　"相关系数：corrcoef"对话框

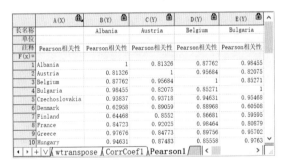

图 4-123　相关系数表格

步骤 03　选中相关系数表格中的所有数据，执行菜单栏中的"绘图"→"分组图"→"网络图"命令，弹出"Plotting:plot_network"对话框，勾选"加权"复选框，"值条件"选择"大于"，"值"设置为"0.95"，"节点行"设置为"列标签"，"列标签"设置为"长名称"，"节点列"设置为"选择范围中的一列"，"方法"设置为"Fruchterman-Reingold"，如图 4-124 所示。单击"确定"按钮，绘制的图形如图 4-125 所示。

步骤 04　双击网络图，在弹出的"绘图细节 - 绘图属性"对话框中选择"线"选项卡，将"颜色"设置为"按点"下的"映射"，勾选"Col（C）"，如图 4-126 所示。单击"确定"按钮，此时图形如图 4-127 所示。

图 4-124 "Plotting:plot_network" 对话框

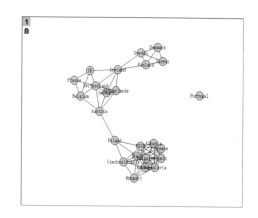

图 4-125 网络图

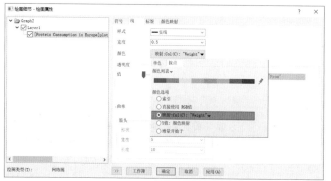

图 4-126 "线"选项卡

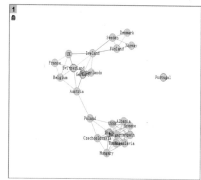

图 4-127 网络图

4.4.7 平行索引图

打开数据文件 Fisher Iris Data.opju，选中 A~E 数据列，执行菜单栏中的"绘图"→"分组图"→"平行索引图"命令，绘制的图形如图 4-128 所示。

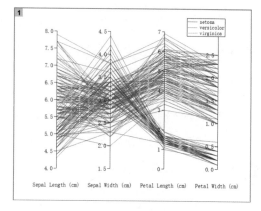

图 4-128 平行索引图

4.4.8　平行坐标图

步骤 01　打开数据文件 Fisher Iris Data.opju，选中 A~D 数据列，执行菜单栏中的"绘图"→"分组图"→"平行坐标图"命令，绘制的图形如图 4-129 所示。

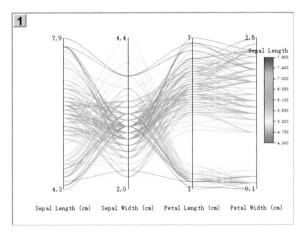

图 4-129　平行坐标图

步骤 02　双击平行坐标图，在弹出的"绘图细节 - 绘图属性"对话框中选择"平行"选项卡，设置"曲率"为"0"，如图 4-130 所示。单击"确定"按钮，此时图形如图 4-131 所示。

图 4-130　"平行"选项卡

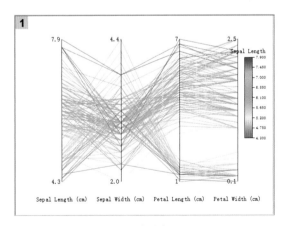

图 4-131　平行坐标图（1）

步骤 03　双击坐标轴，在弹出的"Axis1- 图层 1"对话框中选择"所有"选项卡，取消勾选"各轴各自调整刻度"复选框，如图 4-132 所示。单击"确定"按钮，此时图形如图 4-133 所示。

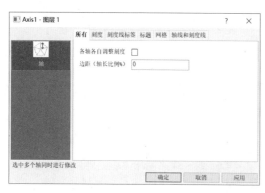

图 4-132 "所有"选项卡

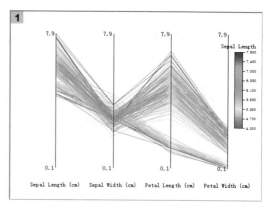

图 4-133 平行坐标图（2）

4.4.9 平行集图

步骤 01 打开数据文件 Parallel.opju，选中 A~D 数据列，执行菜单栏中的"绘图"→"分组图"→"平行集图"命令，绘制的图形如图 4-134 所示。

步骤 02 双击平行集图，在弹出的"绘图细节 - 绘图属性"对话框中选择"平行"选项卡，勾选"组合集"复选框，如图 4-135 所示。单击"确定"按钮，此时图形如图 4-136 所示。

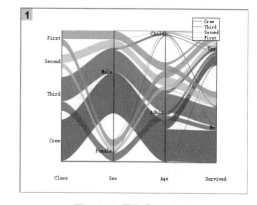

图 4-134 平行集图（1）

图 4-135 "平行"选项卡

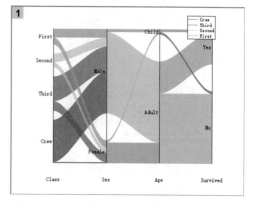

图 4-136 平行集图（2）

步骤 03 执行菜单栏中的"图"→"图层内容"命令，弹出"图层内容：绘图的添加，删除，成组，排序 -Layer1"对话框，在图层管理器中调整坐标轴的顺序，如图 4-137 所示。单击"确定"按钮，此时图形如图 4-138 所示。

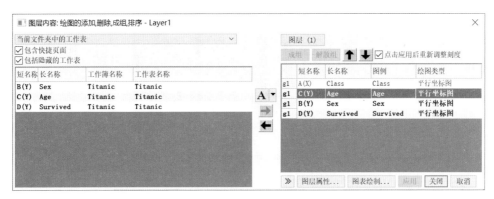

图 4-137　"图层内容：绘图的添加，删除，成组，排序 -Layer1"对话框

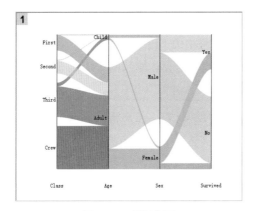

图 4-138　平行集图

4.4.10　带状图 / 百分比带状图

打开数据文件 Ribbon Chart.opju，选中 A~I 数据列，执行菜单栏中的"绘图"→"分组图"→"带状图"命令，绘制的图形如图 4-139 所示。对图层属性、坐标轴属性等进行优化后的图形如图 4-140 所示。

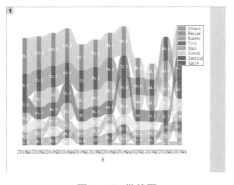

图 4-139　带状图

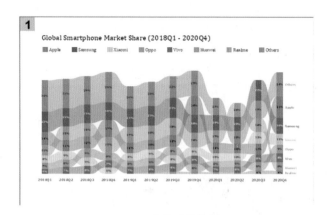

图 4-140 优化后的带状图

4.4.11 桑基图

步骤 01 打 开 数 据 文 件 Energy Flow.opju，选 中 A~C 数据列，执行菜单栏中的"绘图"→ "分组图"→"桑基图"命令，绘制的图 形如图 4-141 所示。

步骤 02 双击桑基图，在弹出的"绘图细节 - 绘图属 性"对话框中选择"节点"选项卡，"显示" 设置为"中间节点"，勾选"显示箭头" 复选框，"箭头比例因子"设置为"1.2"， 如图 4-142 所示。单击"确定"按钮，此时图形如图 4-143 所示。

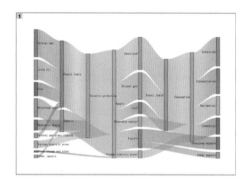

图 4-141 桑基图

图 4-142 "节点"选项卡

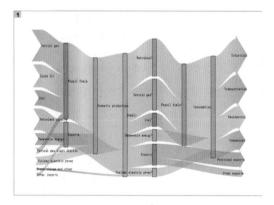

图 4-143 优化后的桑基图

4.5　利用函数绘图

Origin 提供了函数绘图功能，函数可以是 Origin 内置函数，也可以是 Origin C 编程的用户函数。通过绘图函数可以将图形方便地显示在图形窗口中。

4.5.1　2D 函数绘图

1. 在 Origin 图形窗口中利用函数绘图方法一

步骤01　单击"标准"工具栏中的 ■（新建图）按钮，即可打开如图 4-144 所示的图形窗口。

步骤02　执行菜单栏中的"插入"→"函数图"命令，在弹出的"创建2D函数图"对话框中定义要绘图的函数。

在该对话框中的"函数"选项卡下可以选择各种数学函数和统计分析函数，如图 4-145 所示。选择函数后，单击"确定"按钮即可在图形窗口中生成图形。

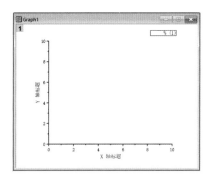

图 4-144　新建图形窗口

图 4-145　在"创建 2D 函数图"对话框中定义函数

135

Origin 科技绘图与数据分析

步骤 03 当然，也可以在文本框中自定义函数，本例定义一个"cos(x)+sin(x)"函数，如图 4-146 所示。单击"确定"按钮，即在图形窗口中生成如图 4-147 所示的函数图形。

图 4-146 "创建 2D 函数图"对话框

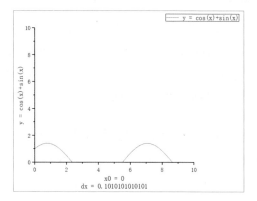

图 4-147 绘图结果

步骤 04 双击图形 Y 轴坐标，在弹出的"Y 坐标轴 - 图层 1"对话框中选择"刻度"选项卡，调整 Y 轴坐标范围（起始－结束）为"−2"至"2"，如图 4-148 所示。单击"确定"按钮，绘图效果如图 4-149 所示。

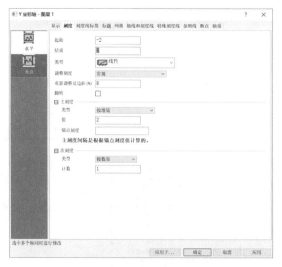

图 4-148 "刻度"选项卡参数设置

提示 要调节坐标轴范围也可以单击坐标轴并停留，在出现的如图 4-150 所示的迷你菜单中单击 （轴刻度）按钮，然后在出现的"轴刻度"对话框中设置起始坐标轴，如图 4-151 所示。

136

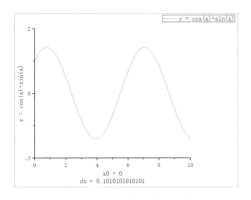

图 4-149　调整坐标后的绘图结果

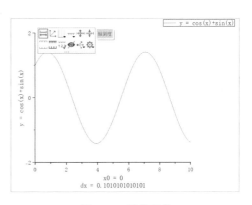

图 4-150　迷你菜单

步骤 05 单击"图形"工具栏上的 （添加上 -X 轴右 -Y 轴图层）
按钮添加具有顶部 X 轴和右侧 Y 轴的图层 2。

步骤 06 在图例上按住鼠标左键拖动，将图例拖动到合适的位
置，在图例上单击并停留，在出现的迷你工具栏中单
击 （框架）按钮，如图 4-152 所示，取消边框的显示，
效果如图 4-153 所示。

图 4-151　"轴刻度"对话框

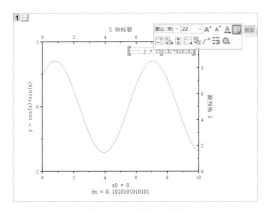

图 4-152　迷你工具栏

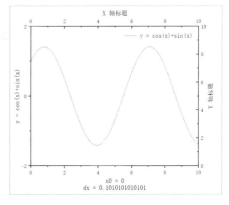

图 4-153　修改图例后的效果

步骤 07 双击新添加的 X 轴或 Y 轴，在弹出的对话框中选择"标题"选项卡，并在左侧选择"上轴"，
然后取消勾选"显示"复选框。同样地将"右轴"也设置为取消勾选"显示"复选框。
单击"应用"按钮。

提示 要隐藏坐标轴标题也可以单击坐标轴标题并停留，在出现的迷你菜单中单击
（隐藏所选对象）按钮将坐标轴标题隐藏。

步骤 08 利用同样的方法取消勾选"刻度线标签"选项卡下的"上轴"与"右轴"的"显示"复选框，单击"应用"按钮。

提示 要隐藏坐标轴刻度线标签也可以单击坐标轴并停留，在出现的迷你菜单中单击 (显示刻度线标签) 按钮将刻度线标签隐藏。

步骤 09 继续选择"轴线和刻度线"选项卡下的"上轴"与"右轴"，将"主刻度"与"次刻度"下的样式设置为"无"，如图 4-154 所示。

图 4-154 "轴线和刻度线"选项卡

提示 要隐藏坐标轴刻度线也可以单击坐标轴并停留，在出现的迷你菜单中单击"刻度样式"下的 无 (无) 按钮将坐标轴刻度线隐藏。

步骤 10 单击"确定"按钮，调整后的图形如图 4-155 所示。

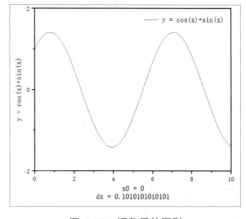

图 4-155 调整后的图形

2．在 Origin 图形窗口中利用函数绘图方法二

步骤 01 执行菜单栏中的"文件"→"新建"→"函数图"→"2D 函数图"命令，在打开的"创建 2D 函数图"对话框中定义要绘图的函数。

步骤 02 本例定义了一个"sin(x)"函数，如图 4-156 所示。单击"确定"按钮，即可在图形窗口中生成如图 4-157 所示的函数图形。

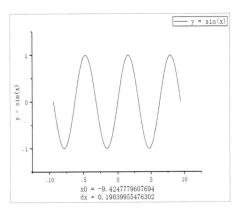

图 4-156　"创建 2D 函数图"对话框

图 4-157　绘图结果（1）

步骤 03 再次执行菜单栏中的"文件"→"新建"→"函数图"→"2D 函数图"命令，定义一个"cos(x)"函数，且选择"加入当前图"，如图 4-158 所示。单击"确定"按钮，绘制结果如图 4-159 所示。

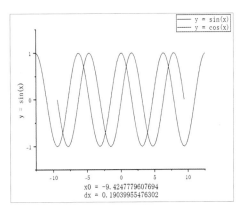

图 4-158　"创建 2D 函数图"对话框

图 4-159　绘图结果（2）

步骤 04 双击图形 Y 轴坐标，弹出"Y 坐标轴 - 图层 1"对话框中，在"刻度"选项卡中调整 Y 轴坐标范围（起始－结束）为从－1.25 至 1.25，"主刻度"下设置"类型"为"按增量"，

"值"为"0.5",如图 4-160（a）所示。在"标题"选项卡中取消勾选"显示"复选框,如图 4-160（b）所示,单击"应用"按钮。

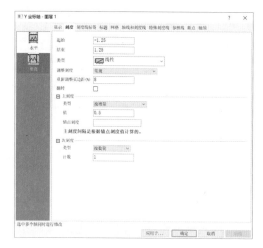

（a）"刻度"选项卡　　　　　　　（b）"刻度线标签"选项卡

图 4-160　Y 轴参数设置

步骤 05 同样地,在左侧选中"上轴",在"刻度"选项卡下对"起始""结束"进行设置,如图 4-161（a）所示。在"刻度线标签"选项卡下的"显示"组的"显示"选项中选择"自定义",并输入"#/2 'pi'",如图 4-161（b）所示。单击"确定"按钮,绘制图形如图 4-162 所示。

（a）"刻度"选项卡　　　　　　　（b）"刻度线标签"选项卡

图 4-161　X 轴参数设置

步骤 06　图 单击"图形"工具栏上的 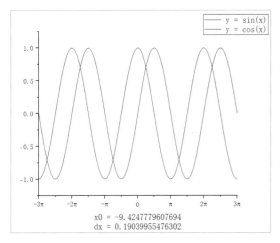（添加上 -X 轴右 -Y 轴图层）按钮添加具有顶部 X 轴和右
侧 Y 轴的图层 2，在图例上按住鼠标左键拖动，将图例拖动到合适的位置，并调整大小
为 18，效果如图 4-163 所示。

图 4-162 优化后绘制的图形

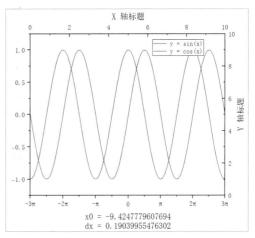

图 4-163 添加顶部 X 轴和右侧 Y 轴

步骤 07　双击新添加的 X 轴或 Y 轴，在弹出的对话框中选择"标题"选项卡，并在左侧选择"上轴"，
然后取消勾选"显示"复选框。同样地将"右轴"也设置为取消勾选"显示"复选框，
单击"应用"按钮。

提示　要隐藏坐标轴标题也可以单击坐标轴标题并停留，在出现的迷你菜单中单击
👁（隐藏所选对象）按钮将坐标轴标题隐藏。

步骤 08　利用同样的方法取消勾选"刻度线标签"选项卡下的"上轴"与"右轴"的"显示"复选框，
单击"应用"按钮。

提示　要隐藏坐标轴刻度线标签也可以单击坐标轴并停留，在出现的迷你菜单中单
击 🔢（显示刻度线标签）按钮将刻度线标签隐藏。

步骤 09　继续选择"轴线和刻度线"选项卡下的"上轴"与"右轴"，将"主刻度"与"次刻度"
下的样式设置为"无"，如图 4-164 所示。

提示　要隐藏坐标轴刻度线也可以单击坐标轴并停留，在出现的迷你菜单中单击"刻
度样式"下的 ─无（无）按钮将坐标轴刻度线隐藏。

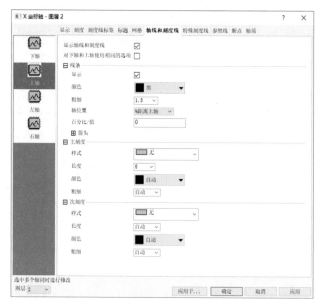

图 4-164 "轴线和刻度线"选项卡

步骤⑩ 单击"确定"按钮，调整后的图形如图 4-165 所示。后续经过绘图属性和坐标轴的调整，最终优化后的图形如图 4-166 所示，限于篇幅，这里不再讲解。

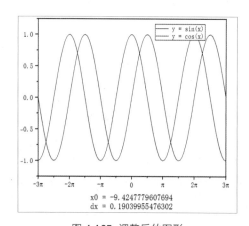

图 4-165 调整后的图形

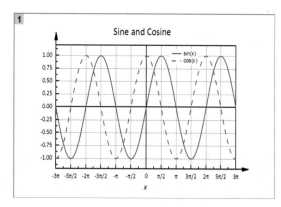

图 4-166 优化后的图形

4.5.2 创建函数数据

在"创建 2D 函数图"对话框中，单击 🔲（显示在单独的窗）按钮，此时会弹出如图 4-167 所示的函数显示窗口，窗口右侧即为绘图数据。

图 4-167　函数显示窗口

在图形窗口中双击曲线图，在弹出的如图4-168所示的"绘图细节-绘图属性"对话框的"函数"选项卡中单击"工作簿"按钮，即可弹出如图4-169所示的工作簿窗口，窗口中给出了函数数据。

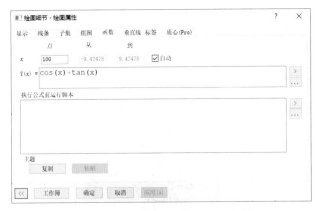

图 4-168　"绘图细节-绘图属性"对话框

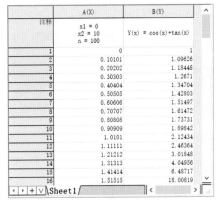

图 4-169　创建的函数数据工作表

4.5.3　2D 参数函数绘图

步骤01 执行菜单栏中的"文件"→"新建"→"函数图"→"2D 参数函数图"命令，在打开的"创建 2D 参数函数图"对话框中定义要绘图的函数。

步骤02 在对话框中定义 X(t) = sin(t)*(exp(sin(t))-3*(sin(3*t))^2-(sin(t))^2) 和 Y(t) = cos(t)*(exp(sin(t)) − 3*(sin(3*t))^2 − (sin(t))^2) 函数，如图 4-170 所示。单击"确定"按钮，即在图形窗口中生成如图 4-171 所示的函数图形。

图 4-170 "创建 2D 参考函数图"对话框

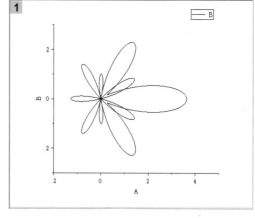

图 4-171 绘图结果

步骤 03 双击图形，弹出"绘图细节 - 绘图属性"对话框，选择"线条"选项卡，勾选"启用"复选框，并选择"填充区域内部 - 在缺失值处断开"，如图 4-172 所示。单击"应用"按钮，即在图形窗口中生成如图 4-173 所示的函数图形。

图 4-172 "线条"选项卡参数设置

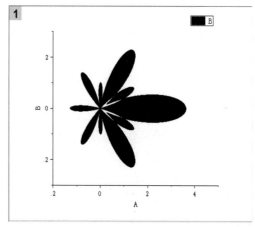

图 4-173 绘图结果

步骤 04 继续选择"图案"选项卡，在"填充"选项组中设置"颜色"为"洋红"，"渐变填充"为"双色"，"第二颜色"为"青"，如图 4-174 所示。单击"确定"按钮，绘图结果如图 4-175 所示。

步骤 05 对图层属性及坐标轴属性进一步优化可得如图 4-176 所示的结果。

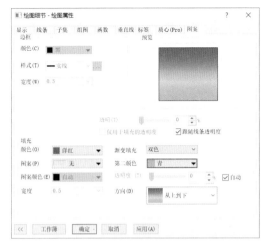

图 4-174　"图案"选项卡参数设置

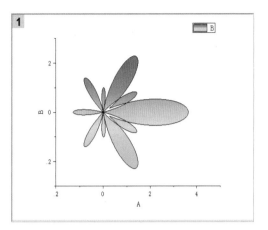

图 4-175　调整后的图形

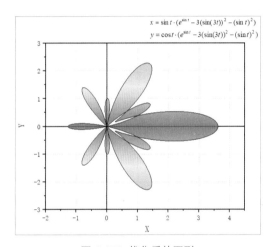

图 4-176　优化后的图形

4.6　主题绘图基础

Origin 将一个内置或用户定义的图形格式信息集合成为主题。它可以将一整套预先定义的绘图格式应用于图形对象、图形线段、一个或多个图形窗口，改变原来的绘图格式。

有了主题图绘图功能，读者就可以方便地将一个图形窗口中用主题定义过的图形元素的格式部分或全部应用于其他图形窗口，这样非常便利于立即更改图形视图，保证绘制出的图形之间的格式一致性。

Origin 除了主题绘图外，还将主题的含义扩充和增加到主题工作簿、主题分析对话框等，由于篇幅限制，这里仅介绍主题绘图。

Origin 提供了大量的内置主题绘图格式和系统主题绘图格式。这些主题文件存放在子目录下，读者可以直接使用或对现有的主题绘图格式进行修改。

读者还可以根据需要重新定义一个系统主题绘图格式，系统主题绘图格式将应用于所有由用户创建的图形中。主图长廊允许快捷地选择编辑及医用主题。

分株排列表是主题绘图的一个子集，读者可以根据组排序列表定义一列特定的图形元素（如图形颜色、图形填充方式等）排序，并采用嵌套或协同的排序方式应用于用户图形中。

4.6.1 创建和应用主题绘图

下面采用数据文件 Template.dat 来讲解如何进行主题绘图。具体操作步骤如下：

步骤 01 创建一个新的工作表，导入 Template.opju 数据文件。选中该工作表中的 B（Y）数据列，执行菜单栏中的"绘图"→"基础 2D 图"→"折线图"命令，或者单击"2D 图形"工具栏中的 ╱（折线图）按钮，绘制的图形如图 4-177 所示。

步骤 02 将图中坐标轴的字号改为 26 号字，更改之后的图形如图 4-178 所示。

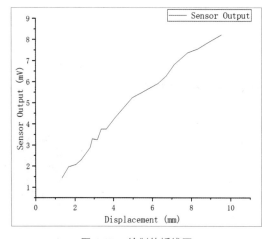

图 4-177 绘制的折线图

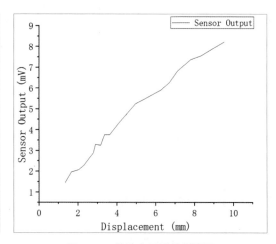

图 4-178 修改字号后的折线图

步骤 03 选中该图并右击，在弹出的快捷菜单中选择"保存格式为主题"命令，在弹出的"保存格式为主题"对话框中，将"新主题的名称"设置为"调整字号"，如图 4-179 所示。单击"确定"按钮，此时就创建了一个"调整字号"的主题。

图 4-179 "保存格式为主题"对话框

步骤 04 选择工作表中的 C（Y）数据列，执行菜单栏中的"绘图"→"基础 2D 图"→"折线图"命令，或者单击"2D图形"工具栏中的 ∕（折线图）按钮，绘制的图形如图 4-180 所示。

步骤 05 执行菜单栏中的"设置"→"主题管理器"命令，弹出"主题管理器"对话框，可以发现在该对话框中已有刚建立的"调整字号"主题，如图 4-181 所示。选中该主题，单击"立即应用"按钮，此时"调整字号"主题应用到当前绘图中。

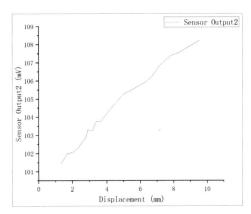

图 4-180 绘制折线图

图 4-181 "主题管理器"对话框

步骤 06 此时的坐标轴显示范围并不是该图的显示范围，如图 4-182 所示，因此需要调整坐标轴的显示范围。双击 Y 坐标轴，在弹出的"Y 坐标轴"对话框中设置"刻度"选线卡下的"起始"为 100，"终止"为 110，"主刻度"下"类型"选择"按数量"，"计数"选择 7，单击"确定"按钮完成设置，最终绘制的图形如图 4-183 所示。

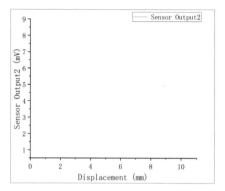

图 4-182 应用"调整字号"主题后的图形界面

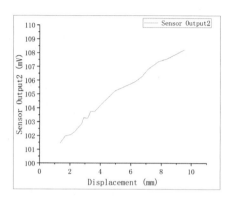

图 4-183 调整后的图形

4.6.2 主题管理器和系统主题

主题管理器是 Origin 存放内置的主题绘图格式、自定义主题和系统主题的地方。执行菜单栏中的"设置"→"主题管理器"命令，弹出"主题管理器"对话框，在打开的对话框中，读者可以通过选中一个主题，右击，打开快捷菜单，进行复制、删除、编辑或将其设置为系统主题等操作。

读者还可以在该对话框右边的"应用主题到"下拉列表框中选择主题的应用范围，即"当前图形""在文件夹里的图""项目中的图"或"指定"等，如图 4-184 所示。通过使用主题管理器可以大大提高绘图效率，保证图形之间格式的一致性。

下面以刚刚创建的调整字号主题为例，结合其他主题，创建一个新的系统主题。

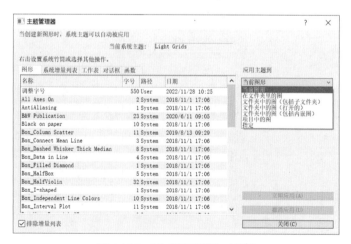

图 4-184 "主题管理器"对话框

步骤 01 选中"调整字号"主题，右击，打开快捷菜单，选择"创建副本"命令复制一个主题，双击该主题名称后修改主题名称为"调整字号主题"。

步骤 02 双击该主题其余位置可打开"编辑主题"对话框，在"描述"中输入"常用调整字号主题"，然后单击"保存"按钮，如图 4-185 所示。

图 4-185　"编辑主题"对话框

步骤 03 右击"调整字号主题"，在弹出的快捷菜单中选择"设置为系统主题"命令，可以将"调整字号主题"设置为新的系统主题。此时"主题管理器"对话框中该主题变为系统主题（字体加黑，以示区分），如图 4-186 所示。

图 4-186　"主题管理器"对话框

同时在状态栏右下角可以看到当前的系统主题已经改变为"调整字号主题"。这时在默认的情况下，系统就按照此主题进行绘图。

4.7　本章小结

在科技图形的制作过程中，二维图形的使用频率最高，因此掌握二维图形的绘制方法尤为关键。本章及前一章以列表和图形的形式将 Origin 中各类二维图形罗列了出来，详细地介绍了二维图绘制功能及其绘制过程，帮助读者掌握利用 Origin 进行绘图的方法，实现方便快速作图。

第5章

三维图形绘制

Origin 存放数据的工作表主要有工作簿中的工作表和矩阵簿中的矩阵表。其中，工作表数据结构主要支持二维绘图和某些简单的三维绘图，但要进行三维表面图和三维等高图的绘制则必须采用矩阵表存放数据。

为了能进行三维表面图等复杂三维图形的绘制，Origin 提供了将工作表转换成矩阵表的工具。在 Origin 中有大量的三维图形内置模板，掌握这些模板的用法对于绘制三维图形至关重要，既能节约作图时间，又能提高作图效率。

学习目标：

★ 了解矩阵数据窗口的功能及应用

★ 掌握三维数据的转换

★ 掌握三维作图的定制与设置

★ 掌握三维图形的内置模板的应用

5.1　矩阵数据窗口

三维立体图形可以分成两种：一种是具有三维外观的二维图形，如 3D 条状图、3D 彩色饼图；另一种是具有三维空间数据即必须有 XYZ 三维数据的图形，如 3D 面图等。

三维图的建立通常需要使用矩阵数据，而矩阵数据通常从 XYZ 数据转换而来，因此，在介绍 3D 绘图前，必须先熟悉矩阵簿及其操作。

5.1.1　创建矩阵簿

执行菜单栏中的"文件"→"新建"→"矩阵"→"构造"命令，在弹出的如图 5-1 所示的"新建矩阵"对话框中设置构建矩阵的参数后，单击"确定"按钮即可新建一个矩阵簿。

也可以单击"标准"工具栏中的 （新建矩阵）按钮，直接创建新的矩阵簿。矩阵簿中的矩阵表默认大小为 32×32，在列和行中输入"50"，在矩阵表中自行输入数据即可，如图 5-2 所示。

图 5-1　"新建矩阵"对话框

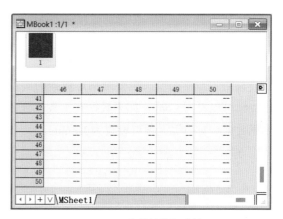

图 5-2　一个简单的矩阵簿

5.1.2　行列数 / 标签设置

执行菜单栏中的"矩阵"→"行列数 / 标签设置"命令，可以弹出如图 5-3 所示的"矩阵的行列数和标签"对话框，利用该对话框可以设置矩阵表的大小及标签。

其中"矩阵行列数"参数用于设置矩阵表的大小,"xy 映射"选项卡用于设置匹配的区域。设置完成之后,执行菜单栏中的"查看"→"显示 X/Y"命令,可以观察和确认矩阵的设置,如图 5-4 所示。

图 5-3 "矩阵的行列数和标签"对话框

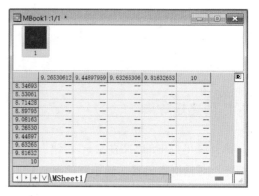

图 5-4 观察和确认矩阵设置

5.1.3 属性设置

执行菜单栏中的"矩阵"→"设置属性"命令,弹出如图 5-5 所示的"矩阵属性"对话框,利用该对话框可以设置矩阵表的属性,包括"列宽""数据类型""位数"等。

其中"数据类型"主要是指定数据的类型,譬如数据是正数则可以设为 Long,如果数据有小数部分则可设为 Real,如果数据绝对值很大则可设置为 Double。

图 5-5 "矩阵属性"对话框

5.1.4 设置值

执行菜单栏中的"矩阵"→"设置值"命令,弹出如图 5-6 所示的"设置值"对话框,利用该对话框可以对矩阵表的值进行设置来填充矩阵表。其中 x 代表 x 轴上的比例,y 代表 y 轴上的比例,取值范围为 1~10,i 代表行号,j 代表列号。

在"设置值"对话框中,输入"nlf_Allometric1(x,1,1)",单击"确定"按钮,即可得到如图 5-7 所示的填充后的矩阵表。

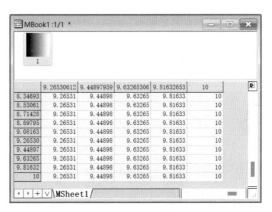

图 5-6　"设置值"对话框　　　　　　　　图 5-7　通过公式填充数据

5.1.5　矩阵基本操作

1. 转置

执行菜单栏中的"矩阵"→"转置"命令，弹出如图 5-8 所示的"转置"对话框，实现对矩阵的转置，即纵横数值反转。在"输入矩阵"中选择需要设置转置的数据区域，单击"确定"按钮，即可完成对数据的转置操作，如图 5-9 所示。

图 5-8　"转置"对话框

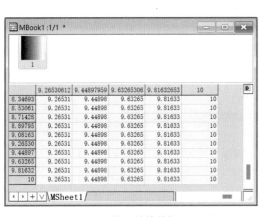

（a）转置前的数据　　　　　　　　　　（b）转置后的数据

图 5-9　数据转置

2. 水平 / 垂直翻转

执行菜单栏中的"矩阵"→"翻转"→"水平"命令，可以实现矩阵的水平翻转，如图 5-10 所示。

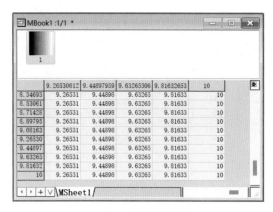
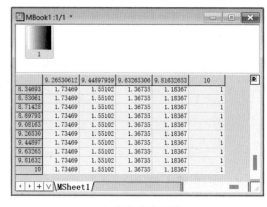

（a）翻转前的数据　　　　　　　　　　　（b）翻转后的数据

图 5-10　水平翻转

执行菜单栏中的"矩阵"→"翻转"→"垂直"命令，可以实现矩阵的垂直翻转，如图 5-11 所示。

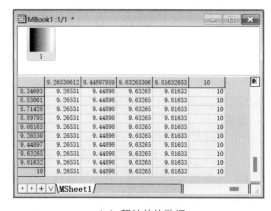
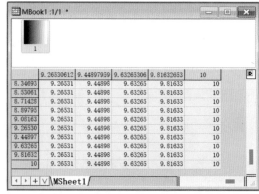

（a）翻转前的数据　　　　　　　　　　　（b）翻转后的数据

图 5-11　垂直翻转

3. 旋转 90°

Origin 中的旋转 90° 功能可以将矩阵向多个方向旋转，包括"逆时针 90°""逆时针 180°""顺时针 90°"等。

执行菜单栏中的"矩阵"→"旋转 90°"→"逆时针 90°"命令,可以实现矩阵的逆时针 90°旋转,如图 5-12 所示。

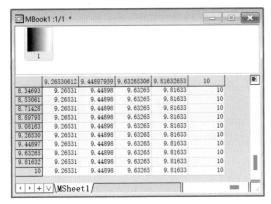
（a）旋转前的数据

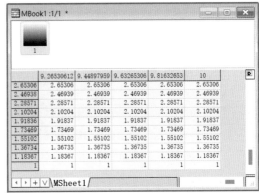
（b）旋转后的数据

图 5-12　数据旋转

4．扩展与收缩

执行菜单栏中的"矩阵"→"扩展"命令,弹出如图 5-13 所示的"扩展"对话框,用于实现矩阵的扩展。在该对话框中设置"列因子"为 2、"行因子"为 2,单击"确定"按钮,扩展后的矩阵如图 5-14 所示。

图 5-13　"扩展"对话框

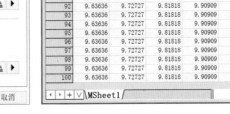

图 5-14　扩展矩阵数据

执行菜单栏中的"矩阵"→"收缩"命令,弹出如图 5-15 所示的"收缩"对话框,用于实现矩阵的收缩。在该对话框中设置"列因子"为 2、"行因子"为 2,单击"确定"按钮,收缩后的矩阵如图 5-16 所示。

图 5-15 "收缩"对话框

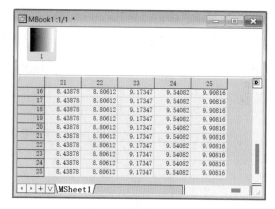

图 5-16 收缩矩阵数据

5．转化为工作表

对作图来说，矩阵数据与工作表数据之间的转化是一项很重要的操作。

执行菜单栏中的"矩阵"→"转换为工作表"命令，弹出如图 5-17 所示的"转换为工作表"对话框，用于实现矩阵到工作表的转换。

图 5-17 "转换为工作表"对话框

5.2 三维数据转换

在 Origin 中，将工作表中的数据转换为矩阵，可以采用"直接转换""扩展""XYZ 网格化"和"XYZ 对数网格化"算法。实际应用时，需要根据工作中数据的特点选择转换方法。

激活工作表窗口，执行菜单栏中的"工作表"→"转换为矩阵"下的相关命令，可以弹出对应的对话框，实现工作表转换为矩阵的操作。下面通过示例介绍如何将工作表转换为矩阵表。

5.2.1 导入数据到工作表

采用素材文件 XYZ.opju 数据文件，工作表如图 5-18 所示。要转换为矩阵格式，需要把导入工作表的数据列格式变换为 XYZ。操作方法有以下几种：

（1）单击 C（Y）列的标题栏并停靠，在弹出的如图 5-19 所示的迷你菜单中单击 **Z** 按钮，即可将 C（Y）列转换为 C（Z）。

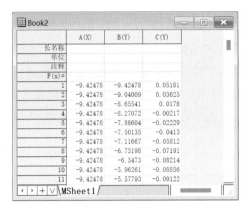

图 5-18　数据工作表

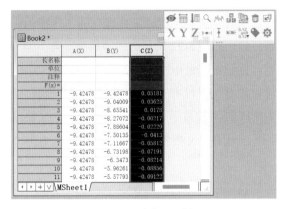

图 5-19　迷你工具栏

（2）或在 C（Y）列标题栏上右击，在弹出的快捷菜单中执行"设置为"→"Z"命令，将 C（Y）列转换为 C（Z）。

（3）或在 C（Y）列标题栏上右击，执行快捷菜单中的"属性"命令，在弹出的"列属性"对话框中设置"绘图设定"为"Z"，单击"确定"按钮即可将 C（Y）列改变为 C（Z）列，如图 5-20 所示。

数据列格式变换为 XYZ 后的工作表如图 5-21 所示。

图 5-20　"属性"对话框

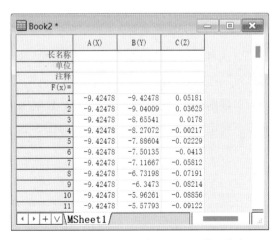

图 5-21　数据列格式变换为 XYZ 后的工作表

5.2.2 将工作表中的数据转换为矩阵

执行菜单栏中的“工作表”→“转换为矩阵”→“直接转换”→“打开对话框”命令，即可弹出如图 5-22 所示的“转换为矩阵 > 直接转换”对话框。

在该对话框中，“转换选项”包括“数据格式”及“排除缺失值”选项，其中“数据格式”可以设置为“没有 X 和 Y 数据”（用于转换整个工作表）、“X 数据跨列”（将第一列作为矩阵的 Y 轴显示）及“Y 数据跨列”（将第一行作为矩阵的 X 轴显示）三个选项。

当选择“X 数据跨列”时，对话框中会出现如下选项（见图 5-23）：

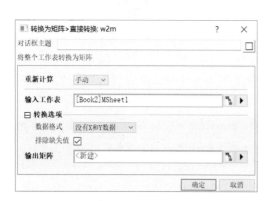

图 5-22 “转换为矩阵 > 直接转换”对话框

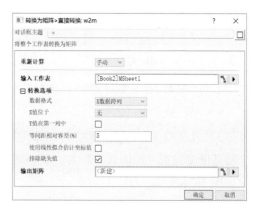

图 5-23 选择“X 数据跨列”的对话框

- “X 值位于”选项：用于选择数据来源。
- “Y 值在第一列中”复选框：用于设定是否把第一列的值设置到 X 轴上面。
- “等间距相对容差”选项：用于设置矩阵轴的刻度容差。

当选择“Y 数据跨列”时与选择“X 数据跨列”有类似的选项。

“数据格式”设置为“没有 X 和 Y 数据”，单击“确定”按钮完成转换，弹出如图 5-24 所示的矩阵表。

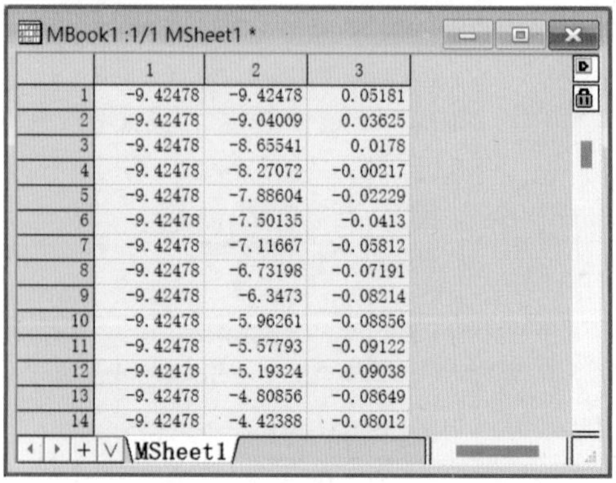

	1	2	3
1	-9.42478	-9.42478	0.05181
2	-9.42478	-9.04009	0.03625
3	-9.42478	-8.65541	0.0178
4	-9.42478	-8.27072	-0.00217
5	-9.42478	-7.88604	-0.02229
6	-9.42478	-7.50135	-0.0413
7	-9.42478	-7.11667	-0.05812
8	-9.42478	-6.73198	-0.07191
9	-9.42478	-6.3473	-0.08214
10	-9.42478	-5.96261	-0.08856
11	-9.42478	-5.57793	-0.09122
12	-9.42478	-5.19324	-0.09038
13	-9.42478	-4.80856	-0.08649
14	-9.42478	-4.42388	-0.08012

图 5-24 将工作表中的数据转换为矩阵

5.2.3　XYZ 网格化

选中工作表中的 A（X）、B（Y）、C（Z）数据列，执行菜单栏中的"工作表"→"转换为矩阵"→"XYZ 网格化"命令，即可弹出如图 5-25 所示的"XYZ 网格化：将工作表转换为矩阵"对话框。

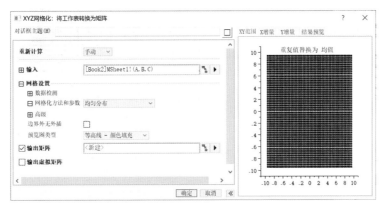

图 5-25　"XYZ 网格化：将工作表转换为矩阵"对话框

在该对话框中进行网格设置，设置完成之后，单击"确定"按钮即可完成转换，如图 5-26 所示。

	1	2	3	4	5	6	7
1	0.05181	0.03625	0.0178	-0.00217	-0.02229	-0.0413	-0.0581
2	0.03625	0.01694	-0.00406	-0.02518	-0.04498	-0.0622	-0.0758
3	0.0178	-0.00406	-0.02615	-0.0468	-0.06456	-0.07831	-0.0872
4	-0.00217	-0.02518	-0.0468	-0.06534	-0.07946	-0.08826	-0.0913
5	-0.02229	-0.04498	-0.06456	-0.07946	-0.08856	-0.09131	-0.0876
6	-0.0413	-0.0622	-0.07831	-0.08826	-0.09131	-0.08729	-0.0766
7	-0.05812	-0.07587	-0.08728	-0.09132	-0.08766	-0.07667	-0.0593
8	-0.07191	-0.08537	-0.09116	-0.08867	-0.07811	-0.06039	-0.0370
9	-0.08214	-0.09042	-0.08998	-0.08075	-0.06351	-0.03978	-0.0116
10	-0.08856	-0.09107	-0.08416	-0.06836	-0.04506	-0.01638	0.0150
11	-0.09122	-0.08766	-0.07437	-0.05249	-0.02406	0.00821	0.0412
12	-0.09038	-0.08075	-0.06145	-0.03427	-0.00187	0.03251	0.0654
13	-0.08649	-0.07105	-0.04634	-0.01481	0.02027	0.05523	0.0863
14	-0.08012	-0.05931	-0.02997	0.00482	0.04129	0.07538	0.1032
15	-0.07191	-0.04634	-0.01323	0.02376	0.06038	0.09231	0.1156
16	-0.06249	-0.03285	0.00314	0.04129	0.07699	0.10573	0.1238
17	-0.05249	-0.01949	0.01853	0.05695	0.09086	0.11565	0.1276

图 5-26　转换结果

5.2.4　XYZ 对数网格化

XYZ 对数网格化方法与 XYZ 网格化方法基本一致，只是其坐标轴以 Log 形式存在。

选中工作表中的 A（X）、B（Y）、C（Z）数据列，执行菜单栏中的"工作表"→"转换为矩阵"→"XYZ 对数网格化"命令，即可弹出如图 5-27 所示的"XYZ 对数网格化：将工作表转换为矩阵"对话框。

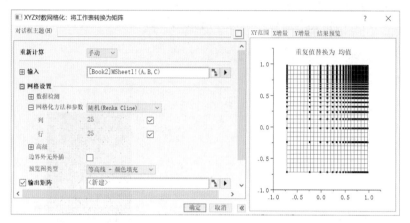

图 5-27 "XYZ 对数网格化：将工作表转换为矩阵"对话框

设置完成之后，单击"确定"按钮即可完成转换，如图 5-28 所示。

	1	2	3	4	5	6	7	8	9
1	0.96771	0.9854	0.98241	0.97813	0.97192	0.96318	0.95127	0.93554	0.91398
2	0.9854	0.98283	0.97964	0.97515	0.96874	0.95976	0.94659	0.93145	0.91031
3	0.98241	0.97963	0.97649	0.9721	0.96516	0.95378	0.94248	0.92775	0.90728
4	0.97813	0.97514	0.9721	0.96695	0.95738	0.94803	0.93825	0.92359	0.90362
5	0.97192	0.96873	0.96515	0.95737	0.94982	0.94271	0.93272	0.91813	0.89757
6	0.96318	0.95975	0.95377	0.94801	0.94271	0.93541	0.92505	0.91052	0.88905
7	0.95127	0.94657	0.94245	0.93823	0.93271	0.92504	0.91438	0.8999	0.87879
8	0.93554	0.93144	0.92773	0.92357	0.91812	0.91052	0.89991	0.88524	0.86422
9	0.91398	0.91031	0.90728	0.90363	0.89759	0.88906	0.8788	0.86422	0.84329
10	0.88412	0.88089	0.87724	0.87264	0.86758	0.86031	0.83489	0.83489	0.81332
11	0.84379	0.84051	0.83759	0.83412	0.82917	0.8218	0.81109	0.79611	0.77598
12	0.79005	0.78741	0.78528	0.78195	0.77647	0.76913	0.75872	0.74416	0.72482
13	0.71899	0.71659	0.71429	0.71126	0.70667	0.69969	0.68949	0.67528	0.65688
14	0.62673	0.62489	0.6231	0.62015	0.61563	0.60893	0.59935	0.58618	0.5691
15	0.51007	0.50851	0.50688	0.50447	0.50059	0.49451	0.48558	0.47364	0.45854
16	0.36816	0.36695	0.36553	0.36335	0.35989	0.35467	0.34716	0.33691	0.324
17	0.20528	0.20447	0.20334	0.20152	0.19864	0.19441	0.18847	0.1804	0.17016	7.43
18	0.03501	0.03459	0.03377	0.0324	0.03045	0.02748	0.023	0.01749	0.01023

图 5-28 转换结果

5.3 构造矩阵三维作图

将数据导入矩阵表之后，即可利用这些数据进行三维作图，下面就来介绍如何从矩阵窗口创建三维图形、三维图形的参数设置等内容。

5.3.1　从矩阵窗口创建三维图形

下面以球形方程为例，介绍从矩阵窗口创建三维图形的过程。球形方程为 $z=\sqrt{r^2-x^2-y^2}$（此处取正值）。

由前面的内容可知，x、y 分别代表在 X 轴、Y 轴上的比例，取值范围为 1~10。设球形半径 $r=20$，并把 x、y 代入球形方程得到公式 $z=\sqrt{400-x^2-y^2}$，在 Origin 中该球形方程可以表示为：

$$z=sqrt(400-x^2-y^2)$$

有了以上分析，下面开始讲解从矩阵窗口创建三维图形的操作步骤。

步骤 01　新建一个项目，执行菜单栏中的"文件"→"新建"→"矩阵"→"构造"命令，在弹出的"新建矩阵"对话框中设置相关参数，如图 5-29 所示，创建一个 50×50 的矩阵，并将 X 轴和 Y 轴的范围设置为 -20~20。单击"确定"按钮完成矩阵的创建。

步骤 02　执行菜单栏中的"矩阵"→"设置值"命令，在弹出的"设置值"对话框中的"Cell(i,j)="文本框中输入 sqrt(400-x^2-y^2)，如图 5-30 所示。单击"确定"按钮，即可得到一个如图 5-31 所示的矩阵。

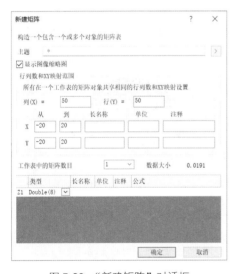

图 5-29　"新建矩阵"对话框

图 5-30　"设置值"对话框

> **注意**　由于限定 Z 轴为正，因此该数据实际上只是一个半球的数据。

步骤 03 执行菜单栏中的"绘图"→"3D"→"3D 颜色映射曲面"命令，绘制的三维图形如图 5-32 所示。该图中，X 轴与 Y 轴的范围是 -20~20，而 Z 轴是 0~20，因此半球出现了变形。

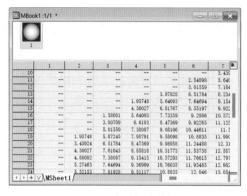

图 5-31 半球矩阵数据

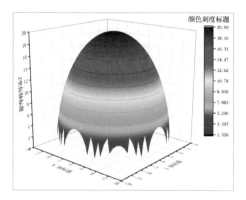

图 5-32 三维半球图形

步骤 04 图形窗口置于当前，执行菜单栏中的"图"→"快速模式"命令，在弹出的"快速模式"对话框中设置"快速模式"为"关闭"，如图 5-33 所示，此时可以提高图形的显示平滑度。

🎮➕ 说明 在大数据量情况下，绘图过程开启快速模式，可以提高作图效率，但是图形会显得过于粗糙。关闭快速模式可以得到更精细的图形。

步骤 05 双击 Z 轴坐标，在弹出的"Z 坐标轴"对话框"刻度"选项卡下设置 Z 轴的坐标刻度为 -20~20，此时的半球显示如图 5-34 所示。

图 5-33 "快速模式"对话框

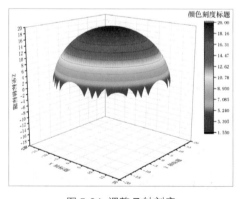

图 5-34 调整 Z 轴刻度

步骤 06 将矩阵簿窗口置前，在 Msheet1 上右击，在弹出的快捷菜单中执行"插入"命令，添加一个新的矩阵表 Msheet2，其设置与前面相同。在"设置值"对话框中设置公式为 -sqrt(400 - x^2 - y^2)，以得到另一个半球的数据。

步骤 07　将图形窗口置前，单击左上角第 1 层的图层图标 **1**，在弹出的"图层内容：绘图的添加，
删除，成组，排序 - Layer1"对话框中将 Msheet2 中的数据也添加到图形当中，如
图 5-35 所示。

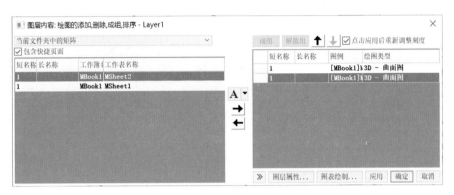

图 5-35　"图层内容：绘图的添加,删除,成组,排序"对话框

步骤 08　单击"确定"按钮，最后作图得到的球体如图 5-36 所示。

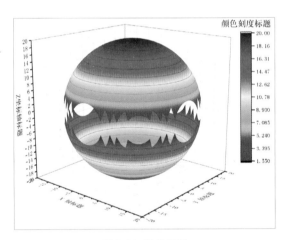

图 5-36　最终图形

5.3.2　通过数据转换建立三维图形

采用素材文件 XYZGaussian.dat 数据文件，通过数据转换建立三维图形。

步骤 01　选中工作表中的 A（X）、B（Y）、C（Z）数据列，执行菜单栏中的"工作表"→"转
换为矩阵"→"XYZ 网格化"命令，即可弹出如图 5-37 所示的"XYZ 网格化：将工作表
转换为矩阵"对话框，将数据网格化。

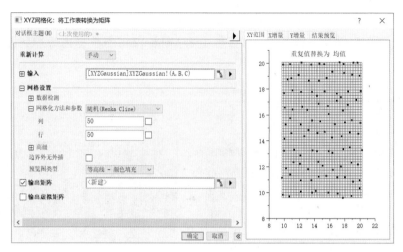

图 5-37 "XYZ 网格化：将工作表转换为矩阵"对话框

步骤 02 在该对话框中的"网格设置"选项组中设置"列"为 50，"行"为 50，设置完成之后，单击"确定"按钮即可完成转换，得到的矩阵窗口如图 5-38 所示。

步骤 03 执行菜单栏中的"绘图"→"3D"→"3D 线框面"命令，绘制的三维线框图如图 5-39 所示。

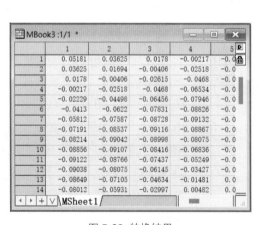

图 5-38 转换结果

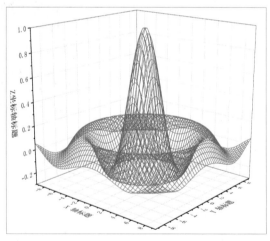

图 5-39 三维线框图

5.3.3 三维图形设置

三维图形的参数设置与二维图形的参数设置相同，右击左上角图层图标，然后执行相应的快捷菜单命令即可，如图 5-40 所示。

在快捷菜单中执行"图层属性"命令，会弹出如图 5-41 所示的"绘图细节 - 图层属性"对话框，该对话框用于设置显示参数。

提示　读者也可以在空白区域双击，也会弹出"绘图细节 - 图层属性"对话框。

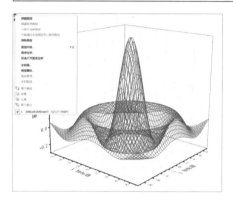

图 5-40　图形设置

图 5-41　"绘图细节 -图层属性"对话框

双击三维图形的某个坐标轴，例如双击 X 坐标轴，可进入"X 坐标轴"对话框，如图 5-42 所示，该对话框用于设置坐标轴参数，这与二维图形的设置形式基本一致。

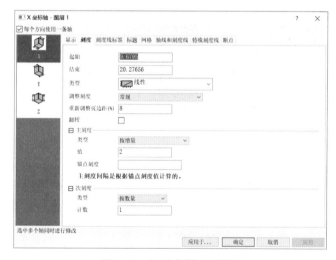

图 5-42　"X 坐标轴"对话框

单击图形空白区域，图形区域会显示三维框架，移动鼠标，当鼠标变为 ✛ 时，按住鼠标左键可以拖动三维图在图形窗口中移动。

单击图形空白区域，短暂停留后会同时出现迷你工具栏，如图 5-43 所示。迷你工具栏中每个工具均能实现不同的功能。

将鼠标移至图形区域的三维框架的控点，拖动控点以调整图像的大小，实现图形整体缩放，也可以调整长宽比等，如图 5-44 所示。

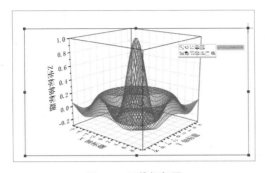

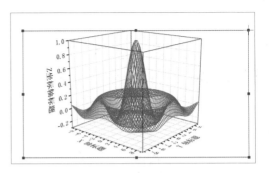

图 5-43 三维框架图

图 5-44 整体缩放控点

单击迷你工具栏中的 （调整大小模式）按钮，在图形显示中心会出现一个三维坐标，在坐标控点上按住鼠标并拖动可以实现沿不同坐标轴缩放的功能，如图 5-45 所示。

单击迷你工具栏中的 （旋转模式）按钮，可以实现图形的全方位旋转，如图 5-46 所示。

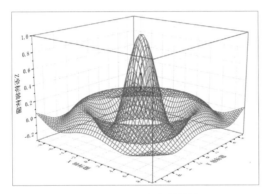

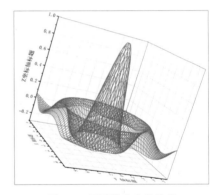

图 5-45 沿不同坐标轴缩放

图 5-46 图形的全方位旋转

双击曲线的线框，会弹出如图 5-47 所示的"绘图细节 - 绘图属性"对话框，在该对话框中可以进行图形细节设置。不同的三维图形，需要设置的参数会略有不同。

图 5-47 "绘图细节 - 绘图属性"对话框

5.3.4　三维图形旋转

当三维图形处于当前状态时，"3D 旋转"工具栏中的各工具按钮会处于激活状态，如图 5-48 所示。利用该工具栏可以对图形画布进行旋转、适应框架到图层、增加 / 减少透视等操作，各工具的功能含义与其名称匹配，这里不再赘述。

图 5-48　3D 旋转工具栏

5.4　内置三维图类型

Origin 提供了多种内置三维绘图模板用于科学实验中的数据分析，实现数据的多用途处理。在 Origin 中，可以绘制的三维图形包括颜色填充曲面图、条状 / 符号图、数据分析图、等高线图、图像绘图等多种绘图形式。

选择工作簿或者选择矩阵簿中的数据进行绘图时，Origin 默认的 3D 菜单绘图命令会有所不同，如图 5-49 所示。

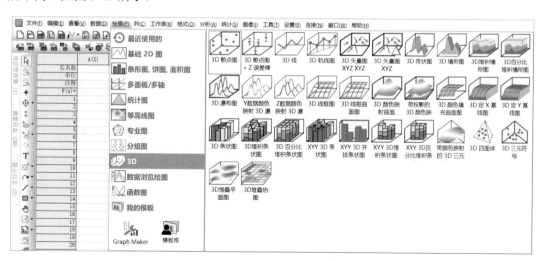

（a）选择工作簿数据时的 3D 绘图命令

图 5-49　菜单中的三维绘图命令

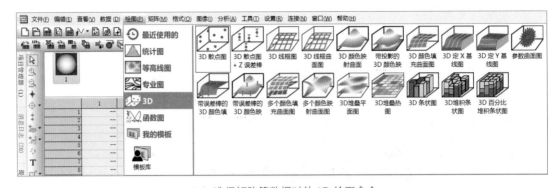

（b）选择矩阵簿数据时的 3D 绘图命令

图 5-49 菜单中的三维绘图命令（续）

5.4.1 三维曲面图

Origin 的三维曲面图有 3D 颜色填充曲面图、3D 定 X 基线图、3D 颜色映射曲面图、带误差棒的 3D 颜色填充曲面图等多种绘图模板。

执行菜单栏中的"绘图"→"3D"命令，在打开的菜单中选择绘制方式进行绘图；或者单击"3D 和等高线图形"工具栏中三维曲面图绘图组旁的 ▾ 按钮，在打开的菜单中选择绘图方式进行绘图，如图 5-50 所示。

图 5-50 三维曲面图绘图工具

1．3D 颜色填充曲面图

采用数据文件 Sur.opju 建立三维图形，数据矩阵表如图 5-51 所示。

选中矩阵中的所有数据，执行菜单栏中的"绘图"→"3D"→"3D 颜色填充曲面图"命令，或者单击"3D 和等高线图形"工具栏中的 ⬚（3D 颜色填充曲面图）按钮，绘制的图形如图 5-52 所示。

在实际科技作图过程中，使用模板绘制三维颜色填充曲面图的过程比较复杂。下面采用素材文件 Sur.opju 向读者介绍复杂曲面图的绘制过程。

步骤 01　在工作表中导入 Sur.opju 数据，此时的工作表如图 5-53 所示。将 C（Y）列转换为 C（Z）。

步骤 02　执行菜单栏中的"工作表"→"转换为矩阵"→"XYZ 网格化"命令，即可弹出的"XYZ 网格化：将工作表转换为矩阵"对话框，将数据网格化。

	7	8	9	10	11	12
1	-4.14399	-4.25726	-4.38269	-4.59773	-4.96309	-5.51143
2	-2.66143	-2.08418	-1.53124	-1.15752	-1.08445	-1.37733
3	-1.01669	0.27426	1.52872	2.51437	3.04904	3.03479
4	0.62227	2.62609	4.58126	6.17801	7.17347	7.43701
5	2.08801	4.77995	7.41108	9.59418	11.02567	11.54226
6	3.22754	6.561	9.82149	12.54435	14.36527	15.08831
7	3.91521	7.82564	11.65094	14.849	16.99479	17.85974
8	4.06318	8.47348	12.78648	16.38263	18.77621	19.70596
9	3.62876	8.45573	13.17324	17.0843	19.64246	20.55381
10	2.61803	7.77935	12.81904	16.96267	19.60308	20.4137
11	1.08531	6.50639	11.79369	16.09532	18.74341	19.37873
12	-0.87143	4.74886	10.22319	14.62225	17.21745	17.6169
13	-3.11868	2.6593	8.27916	12.73415	15.23495	15.35703
14	-5.49865	0.41806	6.16449	10.65645	13.04389	12.86963

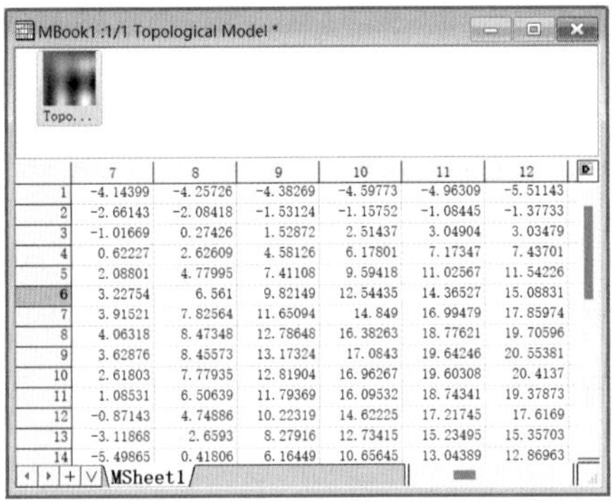

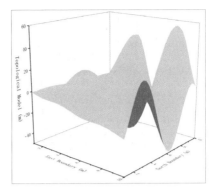

图 5-51　矩阵表

图 5-52　3D 颜色填充曲面图

步骤 03 在该对话框的“网格设置”选项组中设置“网格化方法和参数”为“随机（Renka Cline）”，“列”为 50，“行”为 50，设置完成之后，单击“确定”按钮即可完成转换，得到的矩阵表如图 5-54 所示。

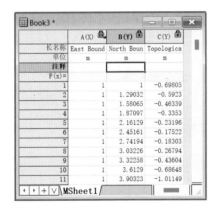

	A(X)	B(Y)	C(Y)
长名称	East Bound	North Boun	Topologica
单位	m	m	m
注释			
F(x)=			
1	1	1	-0.69805
2	1	1.29032	-0.5923
3	1	1.58065	-0.46339
4	1	1.87097	-0.3353
5	1	2.16129	-0.23196
6	1	2.45161	-0.17522
7	1	2.74194	-0.18303
8	1	3.03226	-0.26794
9	1	3.32258	-0.43604
10	1	3.6129	-0.68648
11	1	3.90323	-1.01149

图 5-53　工作表

	1	2	3	4	5	6
1	-0.69805	-1.2987	-1.87769	-2.39914	-2.86015	-3.24873
2	-0.63081	-1.28786	-1.91383	-2.44928	-2.88313	-3.19909
3	-0.56174	-1.27827	-1.93614	-2.47551	-2.86921	-3.10551
4	-0.47688	-1.24541	-1.93556	-2.47308	-2.83034	-2.97929
5	-0.39317	-1.20753	-1.93154	-2.46908	-2.78498	-2.84837
6	-0.31675	-1.18699	-1.94198	-2.48246	-2.75912	-2.74205
7	-0.24932	-1.17968	-1.97935	-2.5287	-2.77851	-2.68378
8	-0.20078	-1.19816	-2.05446	-2.62382	-2.85305	-2.69593
9	-0.17411	-1.25973	-2.17878	-2.78368	-3.00649	-2.79954
10	-0.17182	-1.3559	-2.36453	-3.01915	-3.25498	-3.01343
11	-0.20248	-1.50817	-2.61648	-3.34084	-3.60664	-3.3509
12	-0.26233	-1.70979	-2.94146	-3.75643	-4.07272	-3.82211
13	-0.35615	-1.95703	-3.34261	-4.26732	-4.65431	-4.43174
14	-0.48687	-2.278	-3.81766	-4.87638	-5.35644	-5.181
15	-0.64395	-2.6375	-4.36826	-5.58037	-6.17511	-6.06694
16	-0.83683	-3.04246	-4.98927	-6.37191	-7.09809	-7.07963
17	-1.05776	-3.51282	-5.66921	-7.24413	-8.11973	-8.20619
18	-1.29534	-4.00321	-6.40477	-8.18414	-9.22608	-9.43179
19	-1.56022	-4.53025	-7.18316	-9.178	-10.39767	-10.73474
20	-1.83371	-5.08621	-7.98997	-10.21107	-11.61485	-12.09336

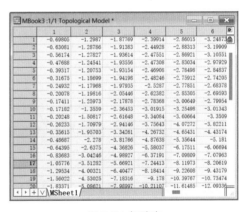

图 5-54　矩阵表

步骤 04 选中矩阵表中的数据，执行菜单栏中的“绘图”→“3D”→“3D 散点图”命令，或者单击“3D 和等高线图形”工具栏中的（3D 散点图）按钮，绘制的三维图形如图 5-55 所示。

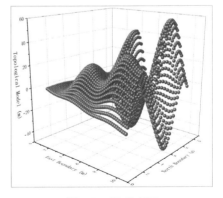

图 5-55　3D 散点图

下面将 3D 颜色填充曲面图添加到该三维散点图中。

步骤 05 双击左上角第 1 层的图层图标 **1**，弹出"图层内容：绘图的添加，删除，成组，排序 -Layer1"对话框，在左上角的下拉菜单中选择"当前文件夹中的矩阵"。

步骤 06 在左侧面板中，选择 MBook3，单击中间的倒三角形按钮，并选择"3D- 曲面图"选项，如图 5-56 所示，然后单击 ➡ 按钮将它添加到右边面板中，如图 5-57 所示。设置完成后，单击"确定"按钮，绘制的图形如图 5-58 所示。

图 5-56 "图层内容：绘图的添加，删除，成组，排序 -Layer1"对话框

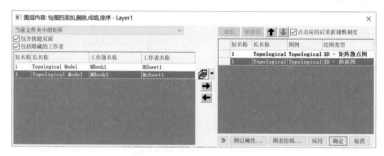

图 5-57 添加 MBook3 数据

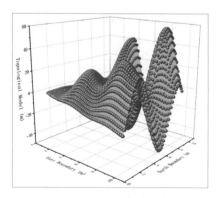

图 5-58 添加三维彩色填充表面图

步骤 ⑦　双击图形打开"绘图细节 - 绘图属性"对话框，在左边的面板中选择"原始数据"选项，在右边选择"符号"选项卡，将"形状"设置为"球体"，"大小"设置为"5"，"颜色"设置为"洋红"，如图 5-59 所示。单击"应用"按钮完成设置，此时的图形如图 5-60 所示。

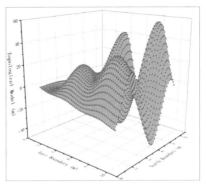

图 5-59 "绘图细节 - 绘图属性"对话框　　　　　图 5-60 设置完成后的图形

步骤 ⑧　继续在左侧面板中选择下方的"Mbook3"标签，然后选中右侧面板中的"填充"选项卡，将"逐块填充"修改为"绿"，取消勾选"自动"复选框，然后设置"透明"为 60，如图 5-61 所示。单击"应用"按钮完成设置，此时图形如图 5-62 所示。

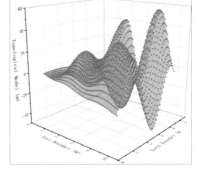

图 5-61 更改三维彩色填充表面图的属性　　　　　图 5-62 更改设置后的图形

步骤 ⑨　继续选中"网格"选项卡，设置"线条宽度"为 1，单击"设置主网格线总数"单选按钮，设置 X 为 12、Y 为 12，如图 5-63 所示。单击"应用"按钮完成设置，此时图形如图 5-64 所示。

步骤 ⑩　添加垂线。在左边的面板中选择"原始数据"选项，在右边选择"垂直线"选项卡，勾选"平行于 Z 轴"复选框，"宽度"设置为 0.1，"下垂至"设置为"Z= 轴的起始面"，如图 5-65 所示。单击"应用"按钮完成设置，此时图形如图 5-66 所示。

图 5-63 设置网格属性

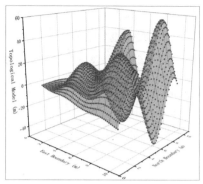

图 5-64 设置完成后的图形

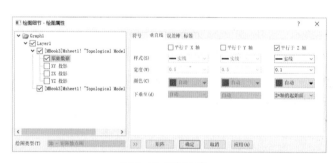

图 5-65 添加垂线

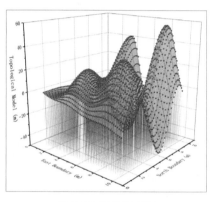

图 5-66 最终完成图

步骤⑪ 单击"确定"按钮退出对话框，完成对图形的设置。读者还可以根据绘图要求对标题、坐标轴等进行美化处理，这里不再讲解。

2．3D 定 X 基线图

3D 定 X 基线图是不同的 X 轴确定了平行于 YZ 面的一系列平面，在每个平面上，用不同的 Z 值描述的点连接成直线，这些直线形成了三维曲面，默认情况下图形颜色为蓝色。

采用数据文件 Elevation.opju 创建 3D 定 X 基线图，具体操作步骤如下：

步骤① 打开数据文件 Elevation.opju，如图 5-67 所示。

步骤② 执行菜单栏中的"绘图"→"3D"→"3D 定 X 基线图"命令，或者单击"3D 和等高线图形"工具栏中的 （3D 定 X 基线图）按钮，绘制的图形如图 5-68 所示。

步骤③ 单击图形，打开"绘图细节 - 绘图属性"对话框，在"填充"选项卡下设置"逐块填充"为"按点"下的"颜色映射"下的 Mat(1)，如图 5-69 所示，单击"应用"按钮。

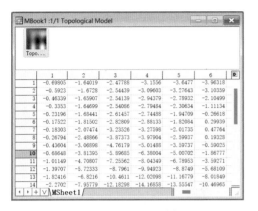

图 5-67 Elevation 数据

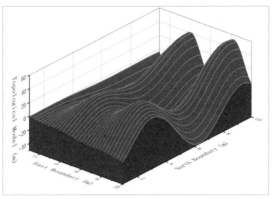

图 5-68 3D 定 X 基线图

图 5-69 "填充"选项卡

步骤 04 续在"颜色映射／等高线"选项卡下单击"级别"按钮，在弹出的"设置级别"对话框中单击下方的"查找最小值／最大值"按钮，然后单击"增量"单选按钮，并将它设置为 1，设置"次级别数"为 12，如图 5-70 所示，单击"确定"按钮完成设置。

步骤 05 继续在"颜色映射／等高线"选项卡下单击"填充"按钮，弹出"填充"对话框，在"内插法颜色生成"选项组中单击"加载调色板"单选按钮，然后单击"选择调色板"按钮，在弹出的调色板中选择"Watermelon"，如图 5-71 所示，单击"确定"按钮完成设置。

图 5-70 "设置级别"对话框

> 🎮➕**注意** 如果没有 Watermelon 选项，请单击"更多调色板"进行加载。

步骤 06 设置完成后，"颜色映射／等高线"选项卡如图 5-72 所示，单击"应用"按钮，绘制的图形如图 5-73 所示。

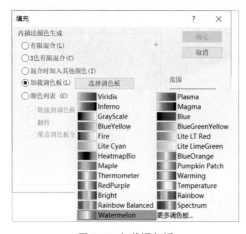

图 5-71 加载调色板

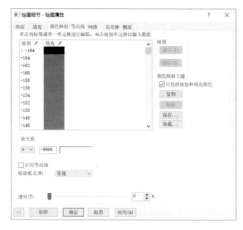

图 5-72 "颜色映射／等高线"选项卡

步骤 07 在"网格"选项卡下取消勾选"启用"复选框，单击"应用"按钮，此时的图形如图 5-74 所示。

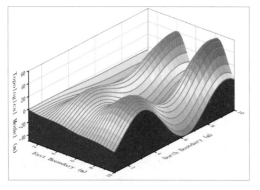

图 5-73 更改填充颜色后的图形

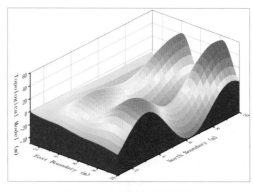

图 5-74 去掉网格后的图形

步骤 08 在"侧面"选项卡下勾选"启用"复选框，然后设置 X 颜色为"浅灰"，Y 颜色为"灰"，单击"应用"按钮完成设置。

步骤 09 在"绘图细节 - 图层属性"对话框左侧面板内选择 Layer1，然后在右侧"光照"选项卡下的"模式"选项组下单击"定向光"单选按钮，如图 5-75 所示。单击"应用"按钮，完成设置，此时的图形如图 5-76 所示。

图 5-75　"光照"选项卡

步骤⑩ 在"绘图细节 - 绘图属性"对话框中
单击"确定"按钮，退出对话框，完
成 3D 定 X 基线图图形的绘制。

3. 3D 定 Y 基线图

3D 定 Y 基线图是不同的 Y 轴确定了平
行于 XZ 面的一系列平面，在每个平面上，
用不同的 Z 值描述的点连接成直线，这些直
线形成了三维曲面，默认情况下图形颜色为
蓝色。

继续采用 Elevation.opju 数据绘制 3D 定
Y 基线图，其绘制过程与 3D 定 X 基线图的
绘制基本一样，绘制的图形如图 5-77 所示。

4. 3D 颜色映射曲面图

3D 颜色映射曲面图是根据 XYZ 的坐标
确定点在三维空间内的位置，然后各点以直
线连接，这些栅格线就确定了三维表面。

采用数据文件 Elevation.opju 绘制 3D 颜
色映射曲面图，操作步骤如下：

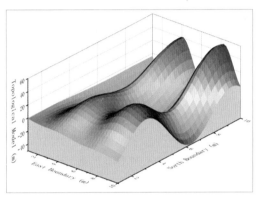

图 5-76　3D 定 X 基线图

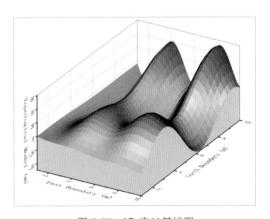

图 5-77　3D 定 Y 基线图

步骤① 打开数据文件 Elevation.opju，如图 5-78 所示。

步骤② 执行菜单栏中的"绘图"→"3D"→"3D 颜色映射曲面"命令，或者单击"3D 和等高线图形"
工具栏中的（3D 颜色映射曲面）按钮，绘制的图形如图 5-79 所示。

Origin 科技绘图与数据分析

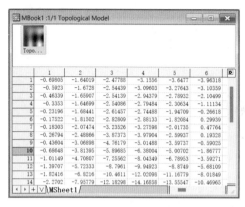

图 5-78 Elevation 文件矩阵数据

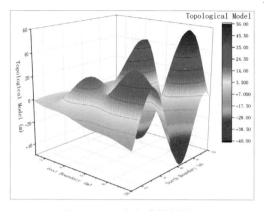

图 5-79 3D 颜色映射曲面图

5. 带误差棒的 3D 颜色填充曲面图

采用数据文件 ErrotBrsA.dat 及 ErrotBrsB.dat 绘制带误差棒的 3D 颜色填充曲面图，绘制步骤如下：

步骤 01 导入数据。新建项目文件后，单击 （新建矩阵）按钮，弹出矩阵簿窗口。

步骤 02 执行菜单栏中的"数据"→"从文件导入"→"单个 ASIIC 文件"命令，在弹出的快捷菜单中选择 ErrotBrsA.dat 文件，按照前面的方法导入 ErrotBrsA 数据文件。

步骤 03 矩阵簿窗口右上角单击 符号，在弹出的快捷菜单中选择"插入"命令，如图 5-80 所示，插入一张新的矩阵表，利用同样的方法将数据文件 ErrotBrsB.dat 导入该表中。此时矩阵表上方出现两套数据。

步骤 04 第 2 张矩阵表上右击，在弹出的快捷菜单中执行"移到最前"命令，如图 5-81 所示，调整两张矩阵表的顺序。

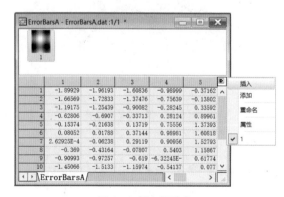

图 5-80 插入矩阵表

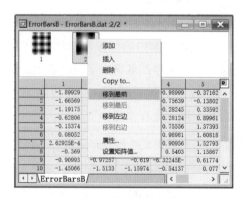

图 5-81 "移到最前"命令

步骤 05　将矩阵表 1 置于当前，执行菜单栏中的"绘图"→"3D"→"带误差棒的 3D 颜色填充曲面图"命令，或者单击"3D 和等高线图形"工具栏中的 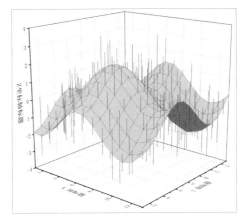（带误差棒的 3D 颜色填充曲面图）按钮，绘制的图形如图 5-82 所示。

步骤 06　双击图形，打开"绘图细节 - 绘图属性"对话框，在"填充"选项卡下勾选"启用"复选框，同时选中"来源矩阵的等高线填充数据"选项，勾选其后的"自身"复选框，如图 5-83 所示，单击"应用"按钮。

图 5-82　带误差棒的 3D 颜色填充曲面图

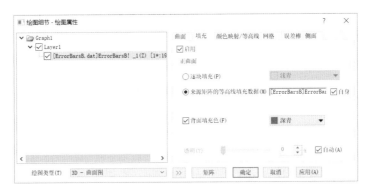

图 5-83　"填充"选项卡

步骤 07　在"网格"选项卡下设置"线条宽度"为 1，单击"应用"按钮，绘制的图形如图 5-84 所示。

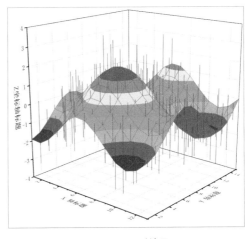

图 5-84　图形效果

步骤 08 在"误差棒"选项卡下设置"颜色"为"洋红","线帽"为"X Y 线",如图 5-85 所示。单击"应用"按钮,绘制的图形如图 5-86 所示。

图 5-85 "误差棒"选项卡

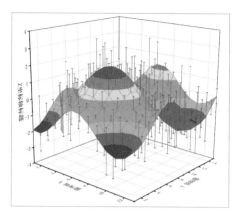

图 5-86 设置完成之后的图形

步骤 09 在"绘图细节 - 绘图属性"对话框中单击"确定"按钮,退出对话框,完成带误差棒的 3D 颜色填充曲面图的绘制。

6. 带误差棒的 3D 颜色映射曲面图

带误差棒的 3D 颜色映射曲面图与带误差棒的 3D 彩色填充曲面图有一定的差异,颜色映射图是用不同的颜色代表变量。

继续采用数据文件 ErrotBrsA.dat 及 ErrotBrsB.dat,沿用上面的操作绘制带误差棒的 3D 颜色映射曲面图,操作步骤如下:

步骤 01 将矩阵表 1 置于当前,执行菜单栏中的"绘图"→"3D"→"带误差棒的 3D 颜色映射曲面图"命令,或者单击"3D 和等高线图形"工具栏中的 (带误差棒的 3D 颜色映射曲面图) 按钮,绘制的图形如图 5-87 所示。

步骤 02 双击图形,打开"绘图细节 - 绘图属性"对话框,在"误差棒"选项卡下设置"颜色"为"洋红","线帽"为"X Y 线",如图 5-88 所示。单击"应用"按钮,绘制的图形如图 5-89 所示。

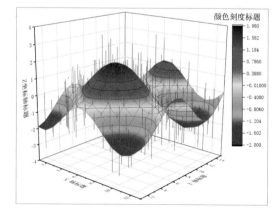

图 5-87 带误差棒的 3D 颜色映射曲面图

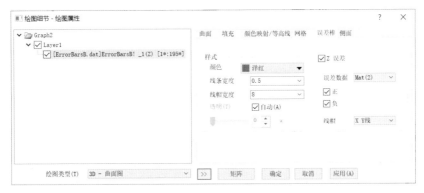

图 5-88　“误差棒”选项卡设置

步骤 03　“绘图细节 - 绘图属性”对话框中单击“确定”按钮，退出对话框，完成带误差棒的 3D 颜色映射曲面图的绘制。

图 5-89　设置后的图形

7. 多个颜色填充曲面图

采用数据文件 Intersect.ogmu，矩阵数据如图 5-90 所示。

将矩阵表 1 置于当前，执行菜单栏中的“绘图”→“3D”→“多个颜色填充曲面图”命令，或者单击“3D 和等高线图形”工具栏中的（多个颜色填充曲面图）按钮，绘制的图形如图 5-91 所示。

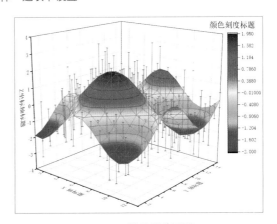

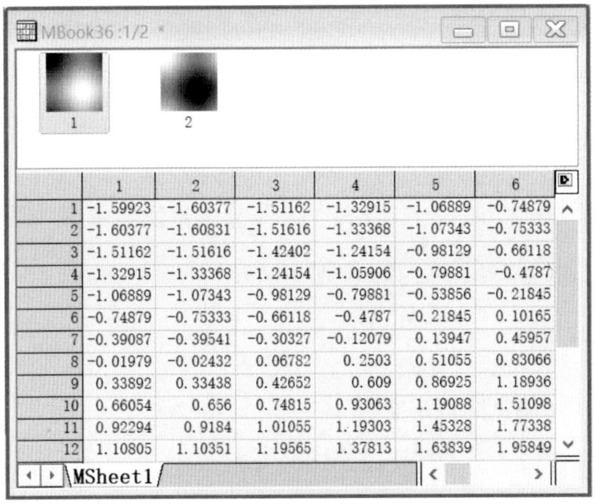

	1	2	3	4	5	6
1	-1.59923	-1.60377	-1.51162	-1.32915	-1.06889	-0.74879
2	-1.60377	-1.60831	-1.51616	-1.33368	-1.07343	-0.75333
3	-1.51162	-1.51616	-1.42402	-1.24154	-0.98129	-0.66118
4	-1.32915	-1.33368	-1.24154	-1.05906	-0.79881	-0.4787
5	-1.06889	-1.07343	-0.98129	-0.79881	-0.53856	-0.21845
6	-0.74879	-0.75333	-0.66118	-0.4787	-0.21845	0.10165
7	-0.39087	-0.39541	-0.30327	-0.12079	0.13947	0.45957
8	-0.01979	-0.02432	0.06782	0.2503	0.51055	0.83066
9	0.33892	0.33438	0.42652	0.609	0.86925	1.18936
10	0.66054	0.656	0.74815	0.93063	1.19088	1.51098
11	0.92294	0.9184	1.01055	1.19303	1.45328	1.77338
12	1.10805	1.10351	1.19565	1.37813	1.63839	1.95849

图 5-90　Intersect 矩阵数据

图 5-91　多个颜色填充曲面图

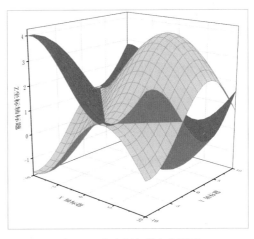

8. 多个颜色映射曲面图

采用数据文件 Intersect.ogmu，多个颜色映射曲面图的绘制方法如下：

将矩阵表 1 置于当前，执行菜单栏中的"绘图"→"3D"→"多个颜色映射曲面图"命令，或者单击"3D 和等高线图形"工具栏中的 （多个颜色映射曲面图）按钮，绘制的图形如图 5-92 所示。

9. 带投影的 3D 颜色映射曲面图

采用数据文件 HFT.opju，带投影的 3D 颜色映射曲面图的绘制方法如下：

将矩阵表 1 置于当前，执行菜单栏中的"绘图"→"3D"→"带投影的 3D 颜色映射曲面图"命令，或者单击"3D 和等高线图形"工具栏中的 （带投影的 3D 颜色映射曲面图）按钮，绘制的图形如图 5-93 所示。

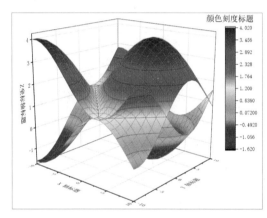
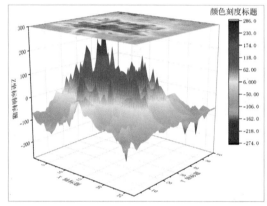

图 5-92 多个颜色映射曲面图　　　　　　图 5-93 带投影的 3D 颜色映射曲面图

10. 3D 线框图

采用数据文件 Elevation.opju，3D 线框图的绘制方法如下：

将矩阵表 1 置于当前，执行菜单栏中的"绘图"→"3D"→"3D 线框图"命令，或者单击"3D 和等高线图形"工具栏中的 （3D 线框图）按钮，绘制的图形如图 5-94 所示。

11. 3D 线框曲面图

采用数据文件 Elevation.opju，3D 线框曲面图的绘制方法如下：

将矩阵表 1 置于当前，执行菜单栏中的"绘图"→"3D"→"3D 线框曲面图"命令，或者单击"3D 和等高线图形"工具栏中的 （3D 线框曲面图）按钮，绘制的图形如图 5-95 所示。

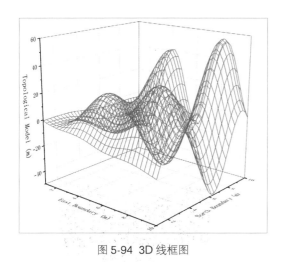

图 5-94 3D 线框图

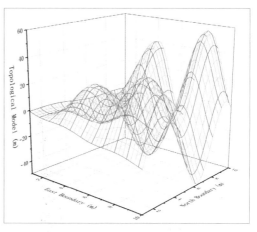

图 5-95 3D 线框曲面图

5.4.2 三维 XYY 图

Origin 的三维 XYY 图有 3D 条状图、3D 堆积条状图、3D 百分比堆积条状图等绘图模板。三维 XYY 图是对工作簿中的数据表进行绘图操作。

执行菜单栏中的"绘图"→"3D"命令，在打开的菜单中选择绘制方式进行绘图；或者单击"3D 和等高线图形"工具栏中三维 XYY 图绘图组旁的▾按钮，在打开的菜单中选择绘图方式进行绘图，如图 5-96 所示。

图 5-96 三维 XYY 图绘图工具

1. 3D 条状图

3D 条状图对数据的要求是每列 Y 数据为图形棒的高度，Y 列的标题标在 Z 轴，如果没有设定与该列相关的 X 列，则工作表取 X 的默认值。

采用 GDP3.opju 数据文件建立三维图形，选中 A（X）、B（Y）、C（Y）、D（Y）数据列，执行菜单栏中的"绘图"→"3D"→"3D 条状图"命令，或者单击"3D 和等高线图形"工具栏中的⚄（3D 条状图）按钮，绘制的图形如图 5-97 所示。

2. 3D 堆积条状图

3D 堆积条状图对数据的要求是每列 Y 数据为图形棒的高度，Y 列的标题标在 Z 轴，如果没有设定与该列相关的 X 列，则工作表取 X 的默认值。

采用 3D bar.opju 数据文件建立三维图形，选中 A（X）、B（Y）、C（Z）、D（Z）数据列，执行菜单栏中的"绘图"→"3D"→"3D 堆积条状图"命令，或者单击"3D和等高线图形"工具栏中的 ⊞（3D 堆积条状图）按钮，绘制的图形如图 5-98 所示。

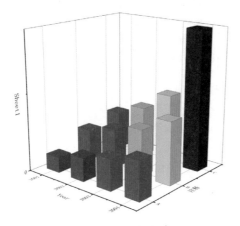

图 5-97　3D 条状图

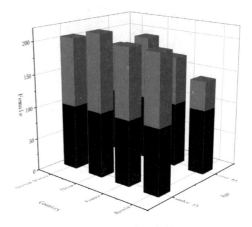

图 5-98　3D 堆积条状图

3. 3D 带状图

3D 带状图对数据的要求是每列 Y 数据为图形条带的高度，Y 列的标题标在 Z 轴，如果没有设定与该列相关的 X 列，则工作表取 X 的默认值。

采用 3D Ribbons.opju 数据文件建立三维图形，数据表如图 5-99 所示，选中 A（X）、B（Y）~ G（Y）数据列，执行菜单栏中的"绘图"→"3D"→"3D 带状图"命令，或者单击"3D 和等高线图形"工具栏中的 ⊠（3D 带状图）按钮，绘制的图形如图 5-100 所示。

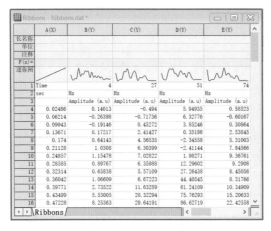

图 5-99　Ribbons 数据

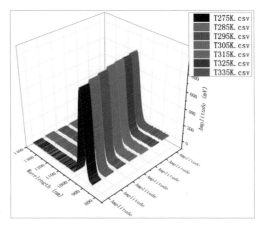

图 5-100　3D 带状图

4．3D 墙形图

采用 3D Ribbons.opju 数据文件建立三维图形，选中所有数据，执行菜单栏中的"绘图"→"3D"→"3D 墙形图"命令，或者单击"3D 和等高线图形"工具栏中的 (3D 墙形图) 按钮，绘制的图形如图 5-101 所示。

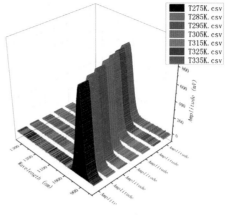

图 5-101　3D 墙形图

5.4.3　三维符号、条状、矢量图

Origin 中的三维符号、条状、矢量图有 3D 散点图、3D 轨线图、3D 散点图 +Z 误差棒、3D 矢量图 XYZ XYZ、3D 矢量图 XYZ dXdYdZ 等绘图模板。

执行菜单栏中的"绘图"→"3D"命令，在打开的菜单中选择绘制方式进行绘图；或者单击"3D 和等高线图形"工具栏中三维符号、条状、矢量图绘图组旁的▼按钮，在打开的菜单中选择绘图方式进行绘图，如图 5-102 所示。限于篇幅，这里只简单介绍其中的几种。

图 5-102　三维符号、条状、矢量图绘图工具

1．3D 轨线图

采用 A3Dbar.opju 数据文件建立三维图形，导入数据后，将 C（Y）、D（Y）数据列转换为 C（Z）、D（Z）并选中 C（Z）数据列，执行菜单栏中的"绘图"→"3D"→"3D 轨线图"命令，或者单击"3D 和等高线图形"工具栏中的 (3D 轨线图) 按钮，绘制的图形如图 5-103 所示。

2．3D 散点图 +Z 误差棒

继续采用 A3Dbar.opju 数据文件建立三维图形，导入数据后，将 C（Y）、D（Y）数据列转换为 C（Z）、D（Z）并将它们选中，执行菜单栏中的"绘图"→"3D"→"3D 散点图 +Z 误差棒"命令，或者单击"3D 和等高线图形"工具栏中的 (3D 散点图 +Z 误差棒) 按钮，绘制的图形如图 5-104 所示。

183

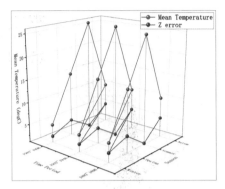

图 5-103 3D 轨线图

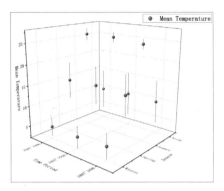

图 5-104 3D 散点图 +Z 误差棒

3. 3D 矢量图 XYZ XYZ

采用 3D Vector.opju 数据文件建立三维图形，选中所有数据后，执行菜单栏中的"绘图"→"3D"→"3D 矢量图 XYZ XYZ"命令，或者单击"3D 和等高线图形"工具栏中的 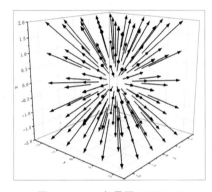（3D 矢量图 XYZ XYZ）按钮，对相应参数进行设置，绘制的图形如图 5-105 所示。

图 5-105 3D 矢量图 XYZ XYZ

5.4.4 等高线图

Origin 内置的等高线图绘图模板有等高线图-颜色填充、等高线 - 黑白线条 + 标签、灰度映射图、热图、极坐标等高线图 θ(X) r(Y)、三元等高线相图等绘图模板。

执行菜单栏中的"绘图"→"3D"命令，在打开的菜单中选择绘制方式进行绘图；或者者单击"3D 和等高线图形"工具栏中等高线图绘图组旁的▾按钮，在打开的菜单中选择绘图方式进行绘图，如图 5-106 所示。限于篇幅，这里只简单介绍其中的几种。

图 5-106 等高线图绘图工具

1. 等高线图 - 颜色填充

采用 Contour Plot.opju 数据文件建立等高线图。选中所有数据后，执行菜单栏中的"绘图"→"等高线图"→"等高线图 - 颜色填充"命令，或者单击"3D 和等高线图形"工具栏中的▦（等高线图 - 颜色填充）按钮，对相应参数进行设置，绘制的图形如图 5-107 所示。

2．热图

采用 Heatmap.opju 数据文件建立热图。选中所有数据后，执行菜单栏中的"绘图"→"等高线图"→"热图"命令，或者单击"3D 和等高线图形"工具栏中的▦（热图）按钮，对相应参数进行设置，绘制的图形如图 5-108 所示。

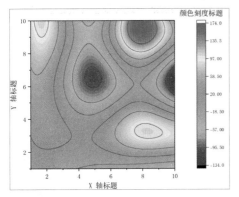

图 5-107　等高线图 - 颜色填充

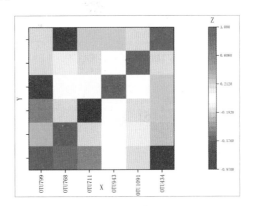

图 5-108　热图

3．极坐标等高线图

Origin 的极坐标等高线图对工作表数据的要求是至少要有 1 对 XYZ 数据。

极坐标图有两种绘图方式：一种是 X 为极坐标的半径坐标位置，Y 为角度（单位为°），即极坐标等高线图 θ(X) r(Y)；另一种是 Y 为极坐标的半径坐标位置，X 为角度（单位为°），即极坐标等高线图 r(X) θ(Y)。

采用 PolarContour.opj 项目中的数据文件建立极坐标等高线图。选中所有数据后，执行菜单栏中的"绘图"→"等高线图"→"极坐标等高线图 θ(X) r(Y)"命令，或者单击"3D和等高线图形"工具栏中的▦（极坐标等高线图 θ(X) r(Y)）按钮，对相应参数进行设置，绘制的图形如图 5-109 所示。

4．三元等高线相图

采用 TernaryContour.opj 项目中的数据文件建立三元等高线相图。

选中所有数据后，执行菜单栏中的"绘图"→"等高线图"→"三元等高线相图"命令，或者单击"3D 和等高线图形"工具栏中的▲（三元等高线相图）按钮，对相应参数进行设置，绘制的图形如图 5-110 所示。

185

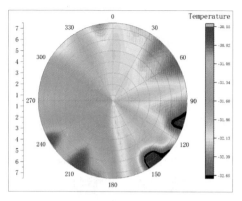

图 5-109　极坐标等高线图

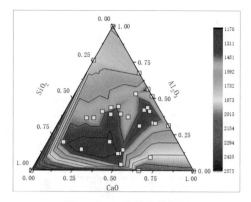

图 5-110　三角等高线相图

5.5　函数绘图

本节介绍 Origin 的函数绘图。

5.5.1　3D 函数绘图

步骤 01　执行菜单栏中的"文件"→"新建"→"函数图"→"3D 函数图"命令，即可打开"创建 3D 函数图"对话框定义要绘制的函数。

步骤 02　单击"主题"右侧正方形按钮，选择"Saddle（System）"，将 x 和 y 的参数修改为从 −1 到 1，如图 5-111 所示。单击"确定"按钮，即可在图形窗口中生成如图 5-112 所示的函数图形。

图 5-111　"创建 3D 函数图"对话框

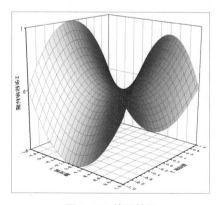

图 5-112　绘图结果

步骤 03 单击图形，弹出"绘图细节 - 绘图属性"对话框，选择"填充"选项卡，在"正曲面"中
单击"来源矩阵的等高线填充数据"单选按钮，如图 5-113 所示。单击"确定"按钮，
绘图结果如图 5-114 所示。

图 5-113　"绘图细节 - 绘图属性"对话框

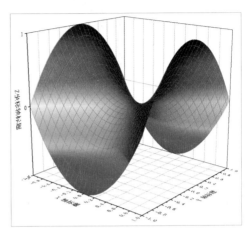

图 5-114　绘图结果

步骤 04 单击图层中的空白处，弹出"绘图细节 - 图层属性"对话框，选择"显示／速度"选项卡，
在"显示元素"选项组中不勾选"X 轴""Y 轴"复选框，如图 5-115 所示。选择"平面"
选项卡，在"网格线"中不勾选"XY""ZX""YZ"复选框，如图 5-116 所示。设置完
成后，单击"确定"按钮，优化后的图形如图 5-117（a）所示。

在"绘图细节 - 绘图属性"对话框的"网格"选项卡下取消勾选"启用"复选框，效果
如图 5-117（b）所示。

图 5-115　"显示／显示"选项卡参数设置

图 5-116　"平面"选项卡参数设置

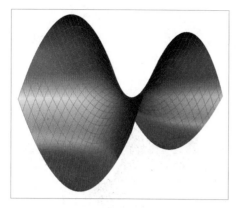

（a）带网格效果

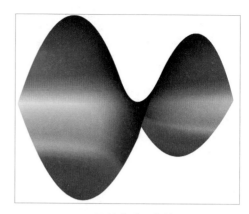

（b）取消勾选网格效果

图 5-117 优化后的图形

5.5.2 3D 参数函数绘图

步骤 01 执行菜单栏中的"文件"→"新建"→"函数图"→"3D 参数函数图"命令,即可打开"创建 3D 参数函数图"对话框。

步骤 02 在"创建 3D 参数函数图"对话框中输入函数,如图 5-118 所示,单击"确定"按钮,即可在图形窗口中生成如图 5-119 所示的函数图形。

图 5-118 "创建 3D 函数图"对话框

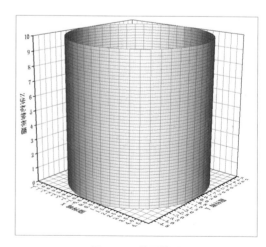

图 5-119 绘图结果

步骤 03 成图形同时新增一个表格"FUNC:1/3",在表格处右击弹出快捷菜单,选择"显示图像缩略图"命令,如图 5-120 所示,得到的结果如图 5-121 所示。

图 5-120　"FUNC:1/3" 表格

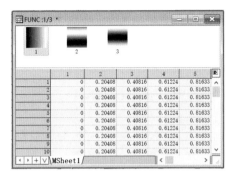

图 5-121　显示缩略图的 "FUNC:1/3" 表格

步骤 04　将颜色映射添加到圆柱体表面，则必须在同一个表中添加一个新矩阵对象，使它具有与 XYZ 数据相同的维度，右击最后一个矩阵对象缩略图，在快捷菜单中选择"添加"命令以添加第 4 个矩阵对象，如图 5-122 所示。添加新矩阵后如图 5-123 所示。

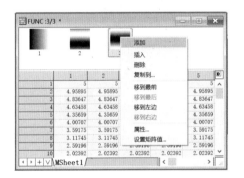

图 5-122　新增矩阵

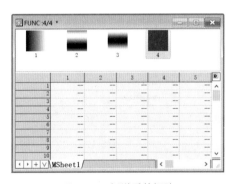

图 5-123　新增后的矩阵

步骤 05　打开 CylinderSampleData.dat 文件，如图 5-124 所示。按 Ctrl+D 组合键新增一列数据 Arc，其值为 A*5，如图 5-125 所示。

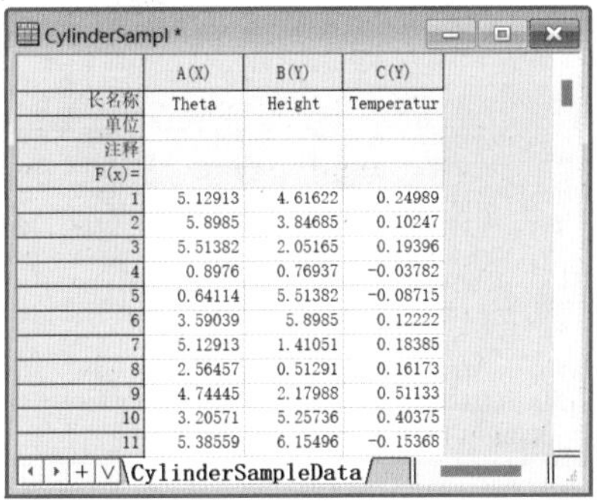

图 5-124　CylinderSampleData.dat 数据

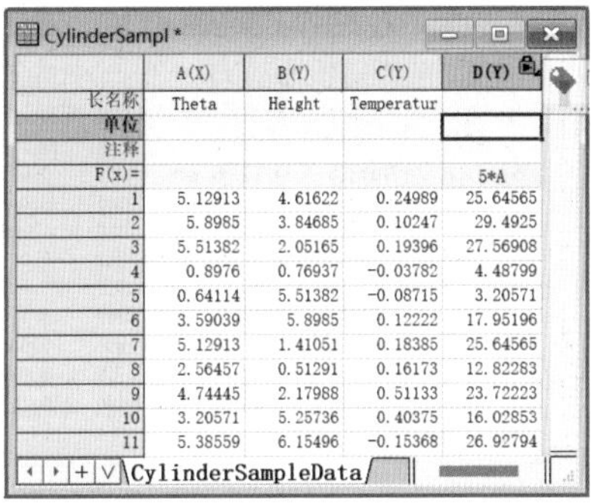

图 5-125　新增数据

步骤 06 执行菜单栏中的"工作表"→"转换为矩阵"→"XYZ 网格化"命令，参数设置如图 5-126 所示，使用 Arc 作为 X，Height/Temp 是 Y/Z，单击"确定"按钮，生成一个新的矩阵，如图 5-127 所示。

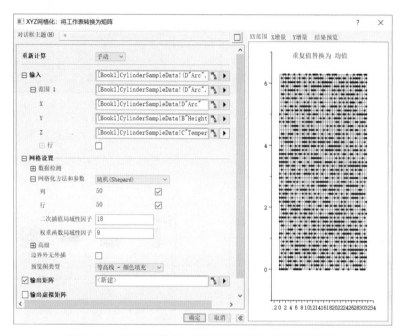

图 5-126 "XYZ 网格化：将工作表转换为矩阵"对话框

步骤 07 将新生成的矩阵数据复制到图 5-123 所示的新增矩阵中，单击"确定"按钮，新增矩阵中的数据如图 5-128 所示。

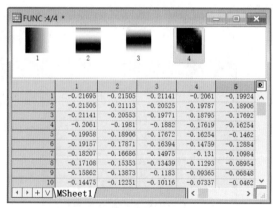

图 5-127 生成的新矩阵　　　　　　　　　　图 5-128 新增矩阵中的数据

步骤 08 双击圆柱形图形弹出"绘图细节 - 绘图属性"对话框，选择"填充"选项卡，单击"来源矩阵的等高线填充数据"单选按钮，并选择新增的第四个矩阵数据，如图 5-129 所示。单击"确定"按钮，绘制的图形如图 5-130 所示。

图 5-129　"填充"选项卡

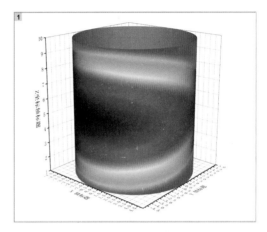

图 5-130　绘图结果

5.6　本章小结

本节重点讲解了如何在 Origin 中进行三维表面图等复杂三维图形的绘制。三维图形的绘制大都是基于矩阵表进行的，因此本章还讲解了将工作表转换成矩阵表的方法。在 Origin 中有大量的三维图形内置模板，掌握这些模板的用法对于绘制三维图形至关重要，既能节约作图时间，同时还能提高作图效率。使用内置的三维图形模板绘制图形时需要注意所需数据表是工作表还是矩阵表。

第**6**章

统计图形绘制

统计分析在日常学习和工作中越来越重要，为满足统计分析及作图的需要，Origin 提供了直方图、分布图、直方＋概率图、多面板直方图、质量控制（均值极差）图、帕累托图、矩阵散点图、概率图等多种统计图。

学习目标：

★ 掌握统计图的绘制方法

★ 掌握统计图的应用范围

6.1 统计图形

Origin 统计图包括直方图、分布图、直方＋概率图、多面板直方图、质量控制（均值极差）图、帕累托图、矩阵散点图、概率图等。

执行菜单栏中的"绘图"→"统计图"命令，在打开的二级绘图面板中选择绘制方式进行统计图形的绘制，如图 6-1 所示。

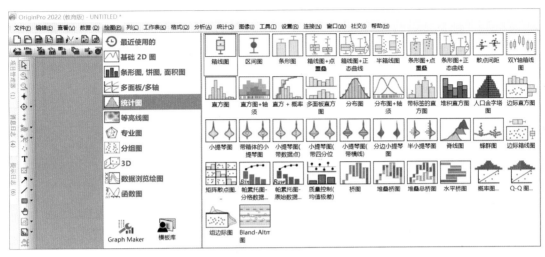

图 6-1 统计图绘图工具

6.2 直方图类图形

在统计分析中，直方图用于对选定数据列统计各区间段里数据的个数，给出变量数据组的频率分布。本章介绍直方图及与直方图相关的图形绘制。

6.2.1 直方图

通过直方图可以方便地得到数据组中心、范围、偏度、数据存在的轮廓和数据的多重形式。

步骤 01 导入数据文件 Histogram.opju，并选择工作表的 A（Y）数据列。

步骤 02 执行菜单栏中的"绘图"→"统计图"→"直方图"命令，或单击"2D 图形"工具栏中的 (直方图) 按钮，Origin 自动计算区间段，生成如图 6-2 所示的直方图。

步骤 03 直方图保存统计数据工作表中的区间段中心值、计数、累积总和、累积百分比等内容。在直方图上右击，在弹出的快捷菜单中选择"跳转到分格工作表"命令，可以激活该工作表，工作表内容如图 6-3 所示。

步骤 04 单击图形对象打开"绘图细节 - 绘图属性"对话框，该对话框中最重要的参数为"分布"选项卡下的"曲线类型"选项，如图 6-4 所示。

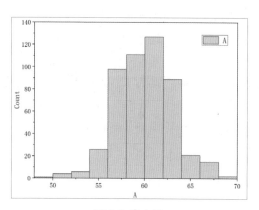

图 6-2 直方图

图 6-3 直方图数据工作表

步骤 05 在"分布"选项卡中，把"曲线类型"由"无"改为"正态"，单击"确定"按钮，则会在原直方图上加入一条正态分布曲线，如图 6-5 所示。该曲线是利用原始数据的平均值和标准差生成的正态分布曲线。在对话框中，还可以对直方图的填充、颜色等其他属性进行调整。

图 6-4 "分布"选项卡

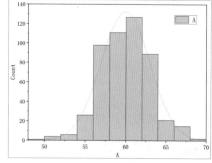

图 6-5 带正态分布曲线的直方图

6.2.2 直方 + 概率图

直方 + 概率图与普通直方图的差别在于直方 + 概率图中有两个图层，一层就是普通的直方图，另一层是累积和的数据曲线。

继续使用 Histogram.opju 数据文件。在工作表窗口内选择 B（Y）数据列，执行菜单栏中的"绘图"→"统计图"→"直方 + 概率"命令，或单击"2D 图形"工具栏中的▦（直方 + 概率）按钮，生成的直方 + 概率图如图 6-6 所示，同时弹出的结果日志文件如图 6-7 所示。

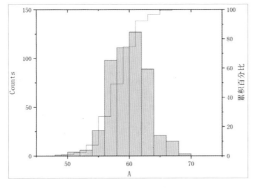

图 6-6　直方 + 概率图

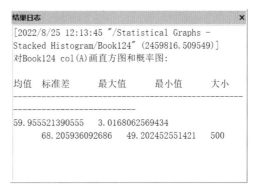

图 6-7　结果日志文件

6.2.3 多面板直方图

多面板直方图是将多个直方图堆叠起来，以便进行比较。Origin 中的堆叠直方图模板可根据工作表中的数据自动生成堆叠直方图。

继续使用 Histogram.opju 数据文件，在导入该数据文件后，创建 B（Y）、C（Y）列，其中 B（Y）=A（Y）+6，C（Y）=A（Y）+9，创建 B（Y）、C（Y）列后的工作表如图 6-8 所示。

选中工作表中的 A（Y）、B（Y）、C（Y）数据列，执行菜单栏中的 “绘图”→“统计图”→“多面板直方图”命令，或单击“2D 图形”工具栏中的（多面板直方图）按钮，系统自动建立 3 个图层，生成多面板直方图，如图 6-9 所示。

	A(Y)	B(Y)	C(Y)
长名称			
单位			
注释			
F(x)=		A+6	A+9
1	56.03223	62.03223	65.03223
2	60.15364	66.15364	69.15364
3	62.06126	68.06126	71.06126
4	56.30283	62.30283	65.30283
5	59.36931	65.36931	68.36931
6	66.13372	72.13372	75.13372
7	57.61023	63.61023	66.61023
8	61.02209	67.02209	70.02209
9	64.15324	70.15324	73.15324
10	62.23462	68.23462	71.23462
11	56.26219	62.26219	65.26219
12	56.29185	62.29185	65.29185
13	58.39861	64.39861	67.39861
14	60.94539	66.94539	69.94539
15	60.25477	66.25477	69.25477
16	57.9578	63.9578	66.9578

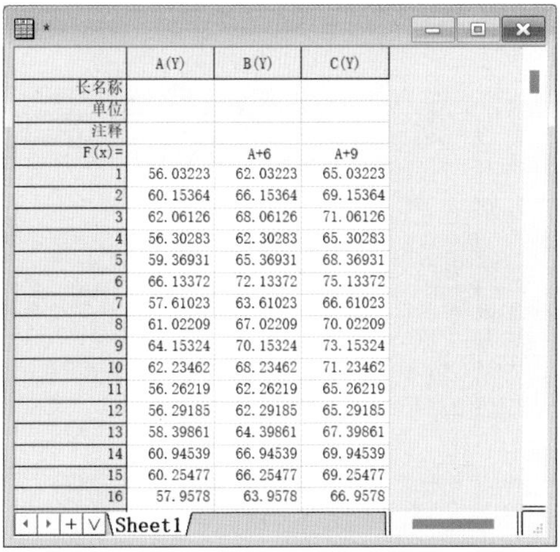

图 6-8　创建新的列

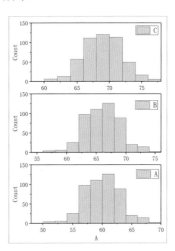

图 6-9　多面板直方图

6.2.4 分布直方图

分布直方图与普通直方图的差别在于分布直方图会自动绘制分布曲线。

继续使用 Histogram.opju 数据文件。在工作表窗口内选择 A（Y）数据列，执行菜单栏中的"绘图"→"统计图"→"分布直方图"命令，生成的分布直方图如图 6-10所示。

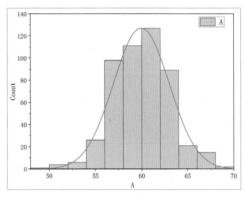

图 6-10 分布直方图

6.2.5 直方图 + 轴须

继续使用 Histogram.opju 数据文件。在工作表窗口内选择 A（Y）数据列，执行菜单栏中的"绘图"→"统计图"→"直方图+轴须"命令，生成的直方图+轴须图如图 6-11所示，同时会弹出结果日志文件。

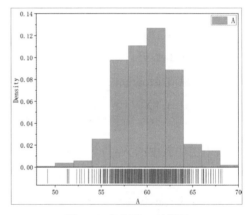

图 6-11 直方图 + 轴须图

6.2.6 分布图 + 轴须

继续使用 Histogram.opju 数据文件。在工作表窗口内选择 A（Y）数据列，执行菜单栏中的"绘图"→"统计图"→"分布图+轴须"命令，生成的分布图 + 轴须图如图6-12所示，同时会弹出结果日志文件。

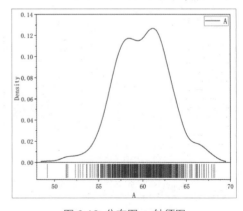

图 6-12 分布图 + 轴须图

6.2.7 带标签的直方图

继续使用 Histogram.opju 数据文件。在工作表窗口内选择 A（Y）数据列，执行菜单栏中的"绘图"→"统计图"→"带标签的直方图"命令，生成的带标签的直方图如图 6-13 所示，同时会弹出结果日志文件。

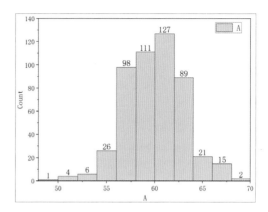

图 6-13 带标签的直方图

6.3 箱线图

箱线图是一种重要的统计图。要创建箱线图，首先在工作表中选择一个或多个 Y 列（或者其中的一段）数据，每个 Y 列用一个方框表示，列名称在 X 轴上用标签表示。作图时，不能选择 X 列数据作图，只能选择单个或多个 Y 列数据。

6.3.1 单列数据箱线图

步骤01 采用数据文件 BoxChart.opju。导入数据文件后，选择工作表中的 A（Y）数据列，执行菜单栏中的"绘图"→"统计图"→"箱线图"命令，或单击"2D图形"工具栏中的 （箱线图）按钮，系统将自动生成箱线图，如图 6-14 所示。

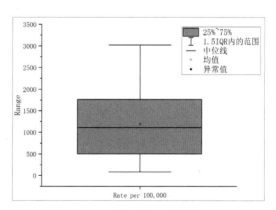

图 6-14 系统自动生成箱线图

注意 为了在图形中更直观地观察 Y 列的数值，并与箱线图的各线条进行对比，可以对坐标轴进行栅格的显示设置。

步骤 02 双击坐标轴,弹出"Y坐标轴 - 图层 1"对话框,选择"网格"选项卡,在左侧选择"水平"选项,勾选右边"主网格线"和"次网格线"下的"显示"复选框,如图 6-15 所示。

步骤 03 单击"应用"按钮,添加栅格的图形如图 6-16 所示。读者也可以对栅格线条进行颜色、线宽等参数设置。

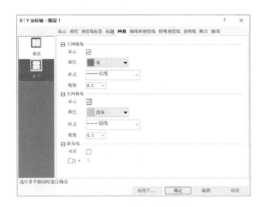

图 6-15 添加栅格线条

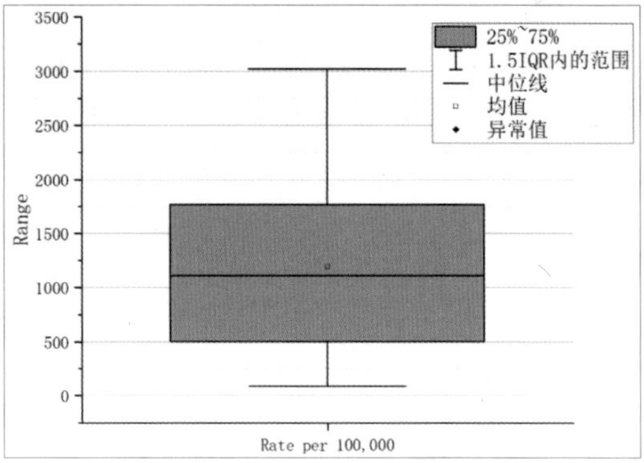

图 6-16 添加栅格线条的箱线图

步骤 04 对箱线图的图形进行属性设置。双击箱线图形,弹出如图 6-17 所示的"绘图细节 - 绘图属性"对话框,在"箱体"选项卡下的"样式"中选择"菱形箱体",单击"确定"按钮,设置完成后的图形如图 6-18 所示。

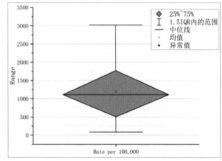

图 6-17 "绘图细节 - 绘图属性"对话框

图 6-18 设置完成的箱线图

6.3.2 多列数据箱线图

步骤 01 采用数据文件 BoxChart.opju。导入数据文件后,选择工作表中的 A、B、C 数据列,执行菜单栏中的"绘图"→"统计图"→"箱线图"命令,或单击"2D 图形"工具栏中的 (箱线图)按钮,系统将自动生成箱线图,如图 6-19 所示。

步骤 02　右击箱线图，在弹出的快捷菜单中选择“跳转到分格工作表”命令，可激活 Bins 工作表进行查看，如图 6-20 所示。Bins 工作表给出了区间中心的 X 值，计数值、累积总和及累积百分比等统计数据。

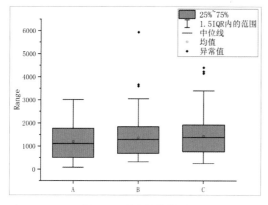

图 6-19 创建的箱线图

SEER Incidence Rates *

	A(X)	B(Y)	C(Y)	D(Y)
长名称	区间中心	计数	累计总和	累积百分比
单位				
注释	Bins	Bins	Bins	Bins
F(x)=				
1	250	59	59	24.58333
2	750	49	108	45
3	1250	49	157	65.41667
4	1750	45	202	84.16667
5	2250	21	223	92.91667
6	2750	16	239	99.58333
7	3250	1	240	100
8	3750	0	240	100
9	4250	0	240	100
10	4750	0	240	100
11	5250	0	240	100
12	5750	0	240	100
13				

Sheet1 | Book815_A Bins

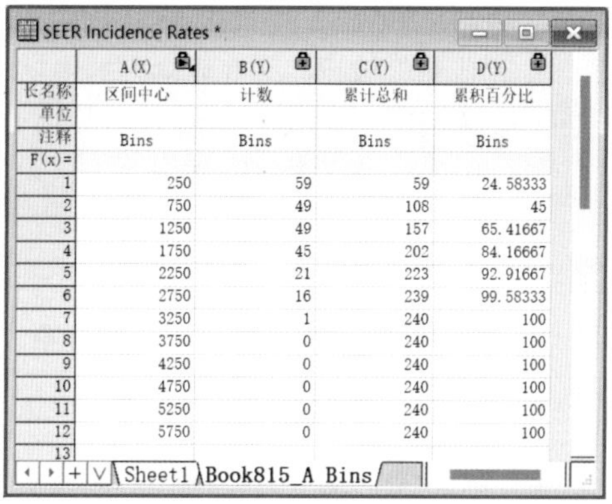

图 6-20 Bins 工作表

下面实现定制箱线图的操作。

步骤 01　定制显示栅格。双击 Y 轴，打开“Y 坐标轴 - 图层 1”对话框，选择“网格”选项卡，勾选“主网格线”下的“显示”复选框，在“样式”下拉列表框内选择线型为“点线”，单击“确定”按钮，如图 6-21 所示。

步骤 02　定制箱体属性。双击箱线图，打开“绘图细节 - 绘图属性”对话框，在“箱体”选项卡的“类型”下拉列表框内选择线型为“箱体 [右]+ 数据 [左]”，单击“应用”按钮，如图 6-22 所示。

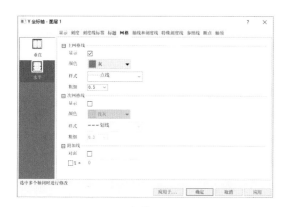

图 6-21　“Y 坐标轴 - 图层 1”对话框

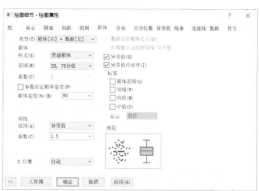

图 6-22 定制箱体属性

步骤 03 定制分布属性。在"绘图细节 - 绘图属性"对话框中选择"分布"选项卡。在"曲线类型"下拉列表框中将"无"改为"正态",如图 6-23 所示。单击"应用"按钮,则在箱体方框中增加了曲线。

图 6-23 定制分布属性

步骤 04 定制颜色、填充。在"绘图细节 - 绘图属性"对话框中选择在"组"选项卡,在"编辑模式"下选择"从属"选项,则各箱体的颜色相同,如图 6-24 所示,单击"应用"按钮。

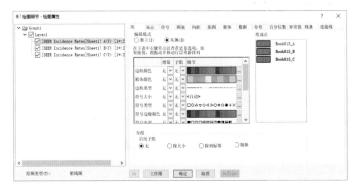

图 6-24 定制颜色

步骤 05 在"图案"选项卡中,把"边框"选项组内的"颜色"设置为"红色",把"填充"选项组内的"颜色"设置为"浅灰",单击"应用"按钮,则箱体的边框为红色,内部填充色为浅灰色,如图 6-25 所示。

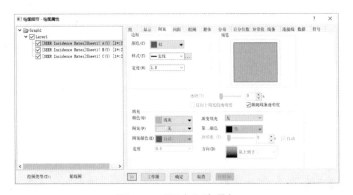

图 6-25 "图案"选项卡

步骤 06　最终完成定制的箱线图如图 6-26 所示。

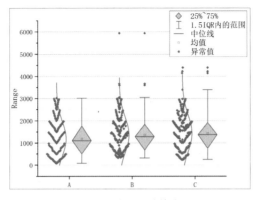

图 6-26　完成定制的箱线图

6.4　质量控制（均值极差）图

质量控制图是同时使用平均数 X 控制图和极差 R 控制图的一种质量控制图，用于研究连续过程中的数据波动。数据不能选 X 列，只能选择单个或多个 Y 列。

步骤 01　导入 QC Chart.dat 数据文件，选中工作表中的 A（Y）数据列，执行菜单栏中的"绘图"→"统计图"→"质量控制（均值极差）图"命令，或单击"2D 图形"工具栏中的（质量控制（均值极差）图）按钮，弹出"X bar R 图"对话框，如图 6-27 所示。

图 6-27　"X bar R 图"对话框

步骤 02　该对话框可以设定数据子集的大小，本例输入 3，单击"确定"按钮，即可生成质量控制图，同时弹出质量控制图的统计表，如图 6-28 所示。

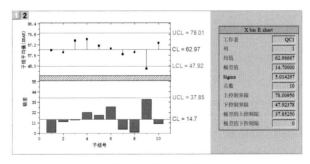

图 6-28　质量控制图

生成的质量控制图有两个图层。图层 1 是 X 棒图，该层由一组带垂线的平均值的散点图组成。图中有三条平行线，中间一条为中心线（CL 线），上下等间距的两条线分别为上控制线（UCL）和下控制线（LCL）。在生产过程中，如果数据点落在上、下控制线之间，则说明生产处于正常状态。

图层 2 是 R 图，该层由一组柱状图组成，从每一组值域平均线开始。

生成质量控制图的同时，还会弹出如图 6-29 所示的存放统计数据点的工作表，该工作表包含了平均值、值域和标准差等统计数据。

	A(Y)	B(Y)	C(Y)		绘制质量控制图	
1	62.33333	1	0.57735		工作表	Book56
2	60.33333	12	6.4291		组大小	3
3	71	14	7.2111		Sigma 数	3.0
4	72.33333	22	12.4231		列1	1
5	66.33333	19	9.60902		列2	1
6	63.66667	28	15.885		图形窗口	XbarR1
7	58.66667	4	2.3094			
8	60.33333	1	0.57735			
9	45.66667	36	20.50203			
10	69	10	5			

图 6-29 统计结果工作表

6.5 矩阵散点图

矩阵散点图主要用于判别分析，分析各分量与其数学期望之间的平均偏离程度，以及各分量之间的线性关系。

矩阵散点图模板将选中的列之间以一个矩阵图的形式进行绘制，图存放在新建的工作表中。选中 N 组数据，绘制出的矩阵散点图的数量为 N2-N。因此随着数据增加，图形尺寸会变小，绘图计算时间会增加。

步骤 01 打开数据文件 Matrix.opju，选中工作表中的 A（X）、B（X）、C（X）数据列，执行菜单栏中的"绘图"→"统计图"→"矩阵散点图"命令，或单击"2D 图形"工具栏中的（矩阵散点图）按钮，打开"Plotting: plot_matrix"对话框。

步骤 02 在对话框的"选项"选项组中，勾选"置信椭圆"复选框，设置"置信度"为95，勾选"线性拟合"复选框。设置完成后的"Plotting: plot_matrix"对话框如图 6-30 所示。

图 6-30 "Plotting: plot_matrix"对话框

步骤 03 单击"确定"按钮,进行计算并绘图,自动生成的矩阵散点图如图 6-31 所示。同时 Origin 自动生成两个工作表,一个用于存放绘图数据,一个用于存放矩阵散点图。

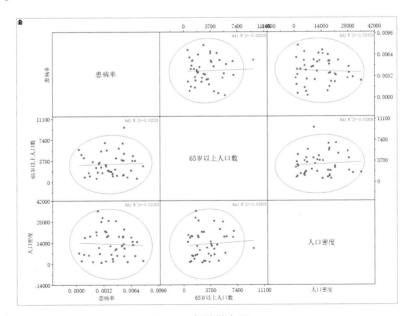

图 6-31 矩阵散点图

6.6 概率类图形

6.6.1 帕累托图

帕累托图是一种垂直条形统计图，图中相对频率值从左至右以递减方式进行排列。由于表示频率的较高条形能清晰显示某一特定体系中具有最大累积效应的变量，因此帕累托图可有效运用于分析首要关注的问题。

帕累托图中横坐标显示自变量，因变量由条形高度表示。表示累积相对频率的点对点图可附加在该条形图上。由于统计变量值按相对频率顺序进行排列，因此图表可清晰地显示因素的影响力，并分析出可能会产生最大利益的因素。

帕累托图分为帕累托图 - 分格数据和帕累托图 - 原始数据两种形式。

1. 帕累托图 - 分格数据图

步骤 01 打开数据文件 Pareto.opju，选中 Binned Data 工作表中的 B（Y）数据列，执行菜单栏中的"绘图"→"统计图"→"帕累托图 - 分格数据"命令，或单击"2D 图形"工具栏中的 ▟▟（帕累托图 - 分格数据）按钮，弹出"Plotting: plot_Paretobin"对话框进行参数设置，如图 6-32 所示。

步骤 02 参数置完毕之后，单击"确定"按钮，进行计算绘图，生成的帕累托图 - 分格数据图如图 6-33 所示。

图 6-32 "Plotting: plot_Paretobin"对话框

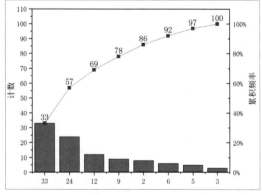

图 6-33 帕累托图 - 分格数据图

步骤 03　单击图形,在弹出的"绘图细节 - 绘图属性"对话框中对填充颜色进行设置。如图6-34所示。
设置完成后单击"确定"按钮退出对话框。

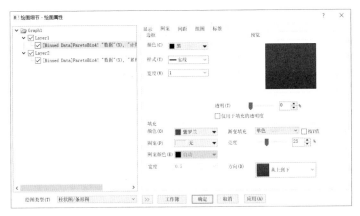

图 6-34　"绘图细节"对话框

步骤 04　单击Y轴,在弹出的"Y坐标轴 - 图层1"对话框中对Y轴属性进行设置,设定Y轴范围"起
始"为"0","结束"为"60","主刻度"的"类型"为"按增量","值"为"10",
如图 6-35 所示。设置完成后单击"确定"按钮,绘制的图形如图 6-36 所示。

图 6-35　"Y 坐标轴 - 图层 1"对话框

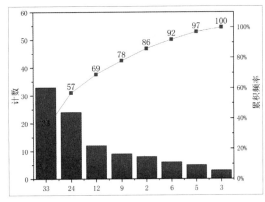

图 6-36 设置完毕后的数据图

2. 帕累托图 - 原始数据图

打开数据文件Pareto.opju,选中 Raw data 工作表中的 B（Y）数据列,执行菜单栏中的"绘
图"→"统计图"→"帕累托图 - 原始数据"命令,或单击"2D 图形"工具栏中的 (帕累托图 -
原始数据）按钮,绘制的帕累托图 - 原始数据图如图 6-37 所示。更改相关设置,最终绘制的
图形如图 6-38 所示。

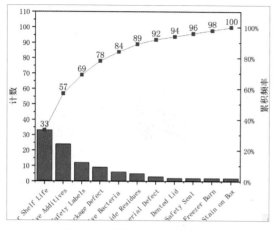

图 6-37 帕累托图 - 原始数据图

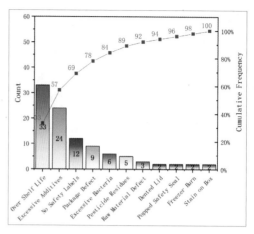

图 6-38 更改设置后的数据图

6.6.2 概率图

概率图可以用于检验任何数据的已知分布，通过概率图可以在任意已知分布概率表中查找分位数。

步骤 01　打开数据文件 Probabily.opju，选中工作表中的 A（X）数据列，执行菜单栏中的"绘图"→"统计图"→"概率图"命令，或单击"2D 图形"工具栏中的 ┗ （概率图）按钮。

步骤 02　在弹出的如图 6-39 所示的"Plotting: plot_prob"对话框中进行参数设置，最终绘制的概率图如图 6-40 所示。

图 6-39 参数设置

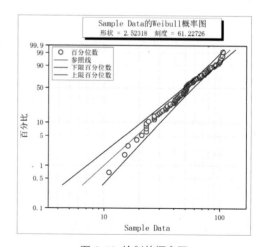

图 6-40 绘制的概率图

6.6.3　Q-Q 图（分位数－分位数图）

在 Origin 中，任意两个数据集都可以通过比较来判断是否服从同一分布，并计算每个分布的分位数。作图时一个数据集对应于 X 轴，另一个对应于 Y 轴，作一条 45°的参照线。如果这两个数据集来自同一分布，那么这些点就会靠近这条参照线。

> **步骤 01** 导入数据文件 Quantile.opju，选中工作表中的 B（Y）数据列，执行菜单栏中的"绘图"→"统计图"→"Q-Q 图"命令，或单击"2D 图形"工具栏中的 （Q-Q 图）按钮。

> **步骤 02** 在弹出的如图 6-41 所示的"Plotting: plot_prob"对话框中进行参数设置，最终绘制的 Q-Q 图如图 6-42 所示。

图 6-41　参数设置

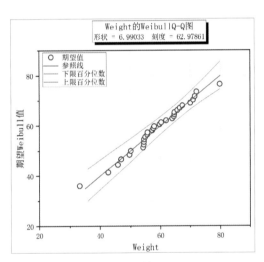

图 6-42　绘制的 Q-Q 图

6.7　高级统计图形

6.7.1　人口金字塔图

人口金字塔图是按人口年龄和性别表示人口分布的特种塔状条形图，是形象地表示人口的年龄和性别构成的图形。

人口金字塔图以图形来呈现人口年龄和性别的分布情形，以年龄为纵轴，以人口数为横轴，左侧为男、右侧为女来绘制图形，其形状如金字塔。金字塔底部代表低年龄组人口，金字塔上部代表高年龄组人口。人口金字塔图反映了过去人口的情况、目前人口的结构，以及今后人口可能出现的趋势。

步骤 01 打开数据文件 Pyramid.opju，如图 6-43 所示，选中工作表 UnstackCols2 的所有数据，执行菜单栏中的"工作表"→"拆分工作表"命令，弹出如图 6-44 所示的"拆分工作表"对话框，"拆分模式"设置为"按列数"，"列数"设置为"2"，"保留前 N 列"设置为"1"，单击"确定"按钮，将原工作表进行了拆分，拆分结果如图 6-45 所示。

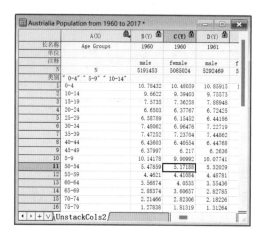

图 6-43 原始数据

图 6-44 "拆分工作表"对话框

步骤 02 选中工作表 Sheet1 的所有数据，执行菜单栏中的"绘图"→"统计图"→"人口金字塔图"命令，绘制 1960 年的人口金字塔图，如图 6-46 所示。

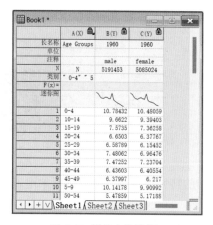

图 6-45 拆分文件数据

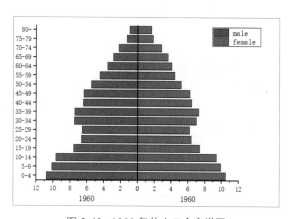

图 6-46 1960 年的人口金字塔图

步骤 03 单击坐标轴，弹出"Y 坐标轴 - 图层 1"对话框，将"刻度"选项卡下的"调整刻度"设置为"固定"，单击"应用"按钮，如图 6-47 所示。

步骤 04 在该对话框左下角的"图层"下拉列表中选择图层 2，执行与步骤 3 一样的操作，如图 6-48 所示。这样就可以把图层 1 和图层 2 的横坐标设置为固定值。

图 6-47 "Y 坐标轴 - 图层 1"对话框

图 6-48 "Y 坐标轴 - 图层 2"对话框

步骤 05 右击图形窗口标题栏，在弹出的快捷菜单中选择"复制（批量绘图）"命令，如图 6-49 所示，弹出"选择工作表"对话框，如图 6-50 所示，将"批量绘图数据"设置为"工作表"，"绘图列匹配因子"设置为"列索引"，选择所有拆分的工作表，单击"确定"按钮，会生成 1960－2017 年每年的人口金字塔图，如图 6-51 所示为 1961 年的人口金字塔图。

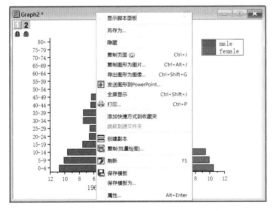

图 6-49 选择"复制（批量绘图）"命令

图 6-50 "选择工作表"对话框

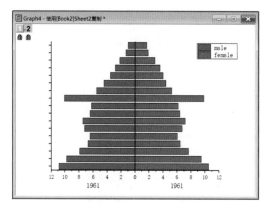

图 6-51 1961 年的人口金字塔图

6.7.2 脊线图

脊线图是数据可视化技术之一，适用于可视化多个分布或随时间 / 空间的分布变化。

步骤 01 打开数据文件 Ridgeline Chart.opju，选中 D~O 数据列，执行菜单栏中的"绘图"→"统计图"→"脊线图"命令，绘制的图形如图 6-52 所示。

步骤 02 双击图形，弹出"绘图细节 - 绘图属性"对话框，选择"图案"选项卡，在"填充"选项组中设置"颜色"为"Y 值：颜色映射（按点）"，如图 6-53 所示。单击"应用"按钮，绘制的图形如图 6-54 所示。

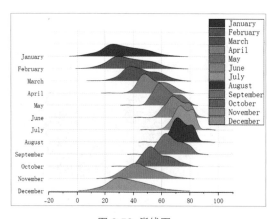

图 6-52 脊线图

图 6-53 "图案"选项卡

步骤 03 择"颜色映射"选项卡，如图 6-55 所示，单击"填充"标签，弹出"填充"对话框，设置"加载调色板"为"Viridis"，如图 6-56 所示。单击"确定"，绘制的图形如图 6-57 所示。

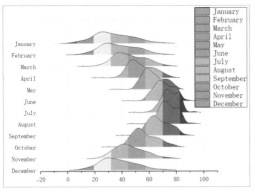

图 6-54　脊线图

图 6-55　"颜色映射"选项卡

图 6-56　"填充"对话框

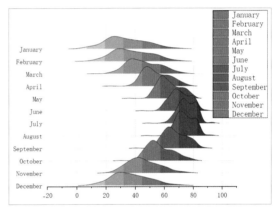

图 6-57　脊线图

步骤 04　除图形上的图例，并执行菜单栏中的"插入"→"颜色标尺"命令，绘制的图形如图 6-58 所示。

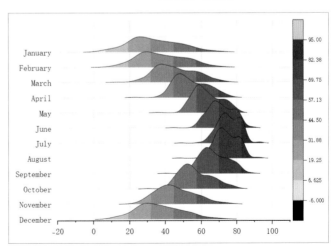

图 6-58　脊线图

211

6.7.3 组边际图

组边际图是在 X 和 Y 轴边际中包含直方图、箱线图或点图的散点图，使用组边际图评估两个变量之间的关系并检查它们的分布。边际图的数据应该为 XYXYXY 类型。

打开数据文件 Marginal Distribution curve.opju，选中 A~F 数据列，执行菜单栏中的"绘图"→"统计图"→"组边际图"命令，弹出"Plotting：plot_marginal"对话框，如图 6-59 所示，"主图层"设置为"散点图"，"顶部图层"设置为"带填充的分布曲线"，"右侧图层"设置为"跟随顶层"。单击"确定"，绘制的图形如图 6-60 所示。

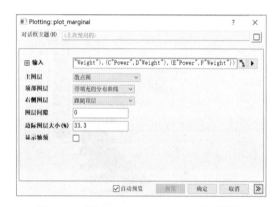

图 6-59 "Plotting：plot_marginal"对话框

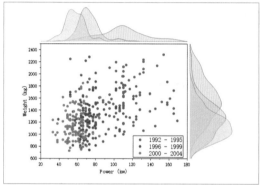

图 6-60 组边际图

6.8 本章小结

本章重点讲解了 Origin 中提供的统计图形，这些统计图形基本可以满足常用的统计图形分析需求。Origin 统计图包括直方图、分布图、直方+概率图、多面板直方图、质量控制（均值极差）图、帕累托图、矩阵散点图、概率图、人口金字塔图、脊线图、组边际图等。通过本章的学习，可以帮助读者尽快掌握利用 Origin 进行统计图形分析的方法。

第 **7** 章

线性拟合

线性拟合分析是数据分析中最基础的拟合方法，在试验数据处理和科技论文对试验结果讨论中，通过对试验数据进行线性拟合来描述不同变量之间的线性关系，并建立经验公式或数学模型。本章就来讲解 Origin 提供的强大的线性拟合功能。

学习目标：

- ★ 掌握线性拟合方法
- ★ 掌握多元线性拟合方法
- ★ 掌握快速线性拟合方法

7.1 分析报表

Origin 的电子表格支持复杂的格式输出，使用一个专门的输出模块来呈现分析结果，这就是分析报表。

Origin 分析报表是一种动态报表，数据源可以动态改变（分析结果会自动重新计算），或者分析参数可以随时调整（分析结果也自动重算）。一份典型的分析报表主要包括以下几个方面：

（1）报表是按树形结构组织的，可以根据需要进行收缩或展开。

（2）每个节点的数据输出的内容可以是表格、图形、统计和说明。

（3）报表的呈现形式是电子表格，只是没有把所有表格线显示出来而已。

（4）除了分析报表外，分析报表所附带的一些数据还会生成一个新的结果工作表。

7.1.1 报表信息构成

完整的分析报表包括备注、输入数据、屏蔽的数据、坏数据（缺失值）、参数、统计、汇总、方差分析、各类图表等内容。下面对拟合分析结果报表中包含的信息进行简单介绍。

（1）备注：主要记录一些信息，例如用户、使用时间等，此外还有拟合方程式，如图 7-1 所示。

（2）输入数据：显示输入数据的来源，如图 7-1 所示。

（3）屏蔽的数据：排出的计算数值，如图 7-2 所示。

图 7-1 分析报表中的备注与输入数据部分　　　图 7-2 分析报表中的屏蔽的数据、坏数据及参数部分

（4）坏数据：在绘图过程中丢失的数据（见图 7-2）。

（5）参数：显示斜率、截距和标准差（见图 7-2）。

（6）统计：显示一些统计数据，如数据点个数等，重要的是 R 平方（即相关系数），这个数字越接近 ± 1 则表示数据相关度越高，拟合越好，因为这个数值可以反映试验数据的离散程度，通常来说两个 9（即 0.99）以上是有必要的，如图 7-3 所示。

（7）汇总：显示一些摘要信息，就是整合了上面几个表格，包括斜率、截距和相关系数等（见图 7-3）。

（8）方差分析：显示方差分析的结果（见图 7-3）。

（9）拟合曲线图：显示图形的拟合结果缩略图（见图 7-4）。在这里再次显示图形看似多此一举，其实这是因为系统假设分析报告将要单独输出用于显示。

（10）残差图：在“线性拟合”对话框的“残差图”选项卡下设置显示的图表（见图 7-4）。

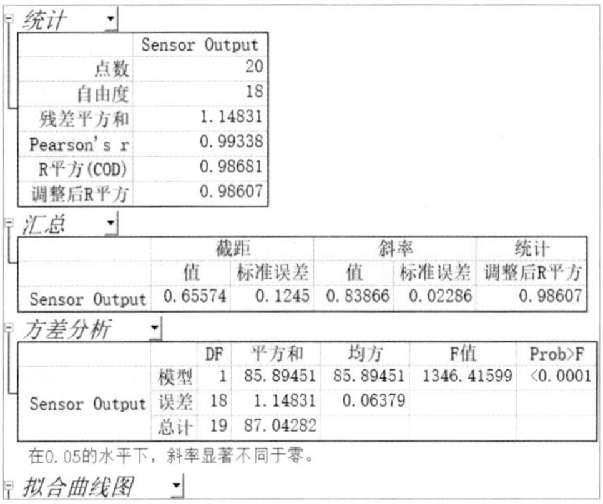

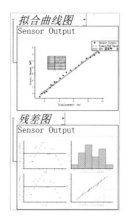

统计
Sensor Output
点数 20
自由度 18
残差平方和 1.14831
Pearson's r 0.99338
R平方(COD) 0.98681
调整后R平方 0.98607
汇总
截距 斜率 统计
值 标准误差 值 标准误差 调整后R平方
Sensor Output 0.65574 0.1245 0.83866 0.02286 0.98607
方差分析
DF 平方和 均方 F值 Prob>F
Sensor Output 模型 1 85.89451 85.89451 1346.41599 <0.0001
误差 18 1.14831 0.06379
总计 19 87.04282
在0.05的水平下，斜率显著不同于零。
拟合曲线图

图 7-3 分析报表中的统计、汇总及方差分析部分

拟合曲线图
Sensor Output
残差图
Sensor Output

图 7-4 分析报表中的拟合曲线图与残差图

7.1.2 报表基本操作

在 Origin 中，报表的基本操作主要通过快捷菜单进行，在报表相关位置右击即可弹出针对该条信息的快捷菜单，如图 7-5 所示。

线性拟合
备注
输入数据
参数
统计
汇总
方差分析
拟合曲线图
Sensor Output
用户注释...
复制所有打开的表格(L)
复制所有打开的表格(HTML)
复制表格(文本)(T)
复制表格(HTML)
创建副本为新表
创建转置的副本为新表
展开(E)
收起(C)
展开所有(x)
收起全部(O)
保存节点配置 (N)
更改参数...
重置所有图(R)
数据集标识
将同类型图画在同一幅图中(A)
复制格式(F)
粘贴格式(P)
位数...
视图

图 7-5 快捷菜单

在不同的位置弹出的快捷菜单会有所不同。通过快捷菜单命令可以实现报表的基本操作，这里不做过多讲解。

双击报表中要编辑的图形，可以打开相应的图形窗口并对图形进行编辑。对报表进行操作时需要注意以下事项。

1. 工作表中的拟合结果数据

在生成的结果表格中，一系列的标签被打上🔒（锁定）记号，以防止被随意改动。被打上这种记号的，是在拟合参数设置对话框的“重新计算”选项中设置为“手动”或“自动”的，也就是说，当外部参数（包括数据源和拟合参数）发生改变时会重新计算。

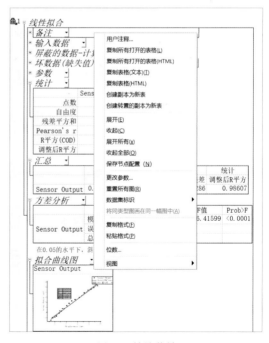

通常情况下不要随意改动分析报表中的数据。一定要改变时，可以设置"重新计算"为"无"，此时报表不会显示锁定记号。

2．分析模板

建立的分析模板可以重复使用，大大减少了工作量，提高了效率。分析模板的储存有两种方法：一种是直接保存为项目文件（.opju），另一种是保存为工作簿（.otw）。要保存为分析模板时，一般需要将分析选项中的"重新计算"设置为"自动"。

由于分析报表已经与源数据关联，因此当源数据发生改变后，分析报表也会自动重新计算。也就是说，用户可以导入新的数据，或手动改变源数据，分析结果也会跟着发生改变，而无须重新设置参数。可见，分析模板可以方便地进行反复运算，或者用于分析模块参数的共享。

7.1.3 分析报表的输出

同图形文件一样，分析报表是一个完整的报告文件，报表可以通过"文件"菜单的"导出"命令导出，典型的导出为 PDF 格式（学术论文的国际通用格式），使用 Acrobat Reader 可以进行浏览或打印。

执行菜单栏中的"文件"→"导出"→"作为 PDF 文件"命令，即可弹出如图 7-6 所示的"作为图像文件"对话框。完成设置后单击"确定"按钮，即可输出 PDF 文档格式的分析报表。

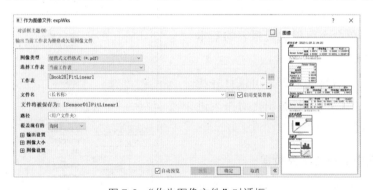

图 7-6 "作为图像文件"对话框

7.2 线性拟合

线性拟合分析的主要目标是寻找数据集中数据增长的大致方向，以便排除某些误差数值，以及对未知数据的值做出预测。

7.2.1　线性拟合

在 Origin 中，拟合工具集成在菜单栏中的"分析"→"拟合"二级菜单下。Origin 可以直接使用的命令有线性拟合、多项式拟合、非线性曲线拟合和非线性曲面拟合等。

进行拟合时，必须激活要拟合的数据或曲线，而后在拟合菜单下选择相应拟合类型进行拟合。大多数拟合菜单命令不需要输入参数，拟合将自动完成。部分拟合可能要求输入参数，但是也可以根据拟合数据给出默认值进行拟合。因此，这些拟合方法比较适合于初学者。拟合完成后，拟合曲线存放在图形窗口里，Origin 会自动创建一个工作表，用于存放输出回归参数的结果。

下面通过线性拟合示例帮助读者认识如何在 Origin 中实现线性拟合。进行线性拟合时，首先需要建立数据表，导入要进行分析的数据。

步骤 01　打开数据文件 Outlier.opju，工作表如图 7-7 所示，选中 A（X）、B（Y）数据列，生成散点图，如图 7-8 所示。

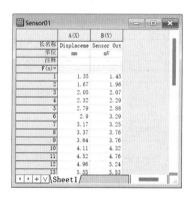

图 7-7　原始数据

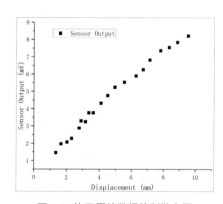

图 7-8　使用原始数据绘制散点图

步骤 02　执行菜单栏中的"分析"→"拟合"→"线性拟合"命令，在弹出的"线性拟合"对话框中设置相关拟合参数，如图 7-9 所示。

图 7-9　"线性拟合"对话框

在"线性拟合"对话框中，可以对拟合输出的参数进行选择和设置，例如对拟合范围、输出拟合参数报告、置信区间等进行设置。如图 7-10 所示。在"拟合曲线图"选项卡下勾选"置信带"复选框，在图形上输出置信区间。

步骤 03 设置完成后，单击"确定"按钮，在出现的"提示信息"对话框中单击"确定"按钮即可生成拟合曲线以及相应的报表，拟合直线和主要结果在散点图上给出，如图 7-11 所示。

步骤 04 此同时，根据输出设置自动生成具有专业水准的拟合参数分析报表和拟合数据工作表，如图 7-12 所示。

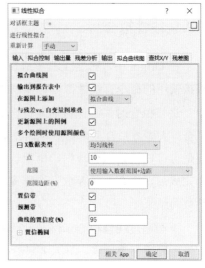

图 7-10 对"拟合曲线图"选项卡进行设置

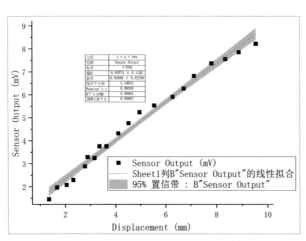

图 7-11 线性拟合结果

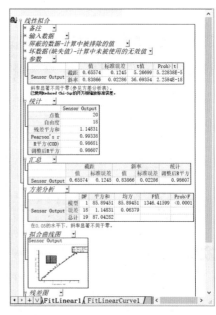

图 7-12 拟合结果分析报表

7.2.2 拟合参数设置

下面介绍"线性拟合"对话框中各选项的含义。

1. 重新计算

在"重新计算"选项中，可以设置输入数据与输出数据的连接关系，包括自动、手动、无 3 个选项，如图 7-13 所示。自动表示当原始数据发生变化后自动进行线性回归，手动表示当数据发生变化后通过快捷菜单命令手动选择计算操作，无则表示不进行任何处理。

图 7-13 "重新计算"选项

2. 输入数据

"输入数据"选项用于设置输入数据的范围，包括输入数据区域以及误差数据区域，如图 7-14 所示。

图 7-14 "在工作表中选择"选项

单击 按钮，会弹出如图 7-15 所示的"在工作表中选择"对话框，表示要重新选择数据范围。使用鼠标选择所需数据及范围后，单击对话框右边的 按钮进行确认。

图 7-15 "在工作表中选择"对话框

单击 按钮，利用弹出的如图 7-16 所示的快捷菜单也可以实现对数据源的调整。选择快捷菜单中的"选择列"命令时，会弹出如图 7-17 所示的"数据集浏览器"对话框，利用该对话框可以实现对当前项目中的所有数据的选择、增删和设置。

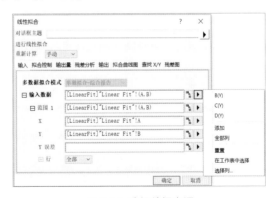

图 7-16 选择数据来源

和 两个按钮在 Origin 的其他对话框中大量出现，使用方法基本相同，以后不再重述。

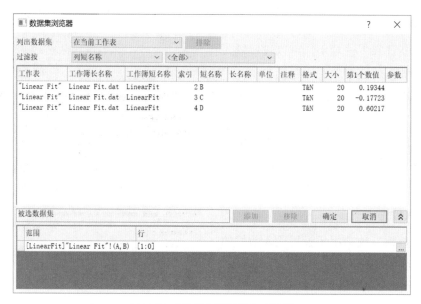

图 7-17 "数据集浏览器"对话框

3. 拟合控制

"拟合控制"选项卡如图 7-18 所示，在该选线卡下可以设置的参数如下：

- 误差值作为权重。
- "固定截距"和"固定截距"为：拟合曲线的截距限制，如果选择 0 则通过原点。
- "固定斜率"和"固定斜率"为：拟合曲线斜率的限制。
- "使用开方缩放误差"：这个数据也能揭示误差情况。
- "表观拟合"：可用于使用 log 坐标对指数衰减进行直线拟合。

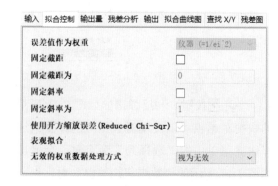

图 7-18 "拟合控制"选项卡

4. 输出量

"输出量"选项卡如图 7-19 所示，在该选线卡下可以设置拟合参数、拟合统计量、拟合汇总、方差分析、协方差矩阵、相关矩阵等参数。

5. 残差分析

"残差分析"选项卡如图 7-20 所示，该选项卡用于设置残留分析的类型。

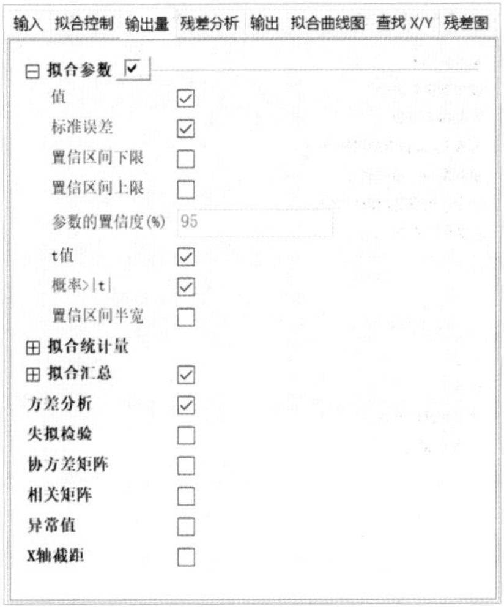

（a）展开拟合参数 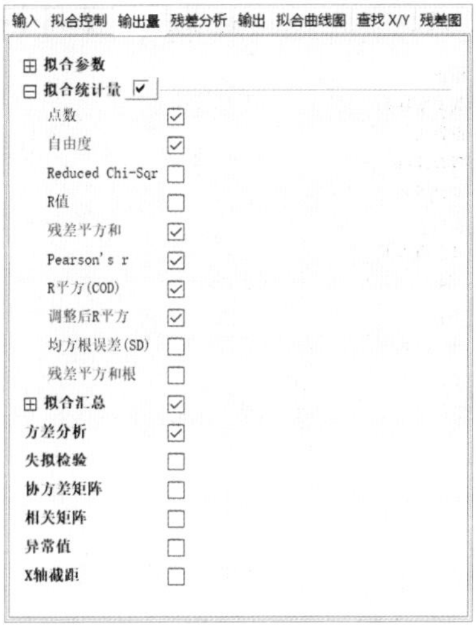　　　　　　　　　　（b）展开拟合统计量

图 7-19　"输出量"选项卡

6．输出

"输出"选项卡如图 7-21 所示，主要用于设置输出内容与目标、是否定制分析报表等。其中"图形"表示是否在拟合的图形上显示拟合结果表格；"数据集标识"表示数据设定分辨器；"查找特定的 X/Y 表"表示输出时包含一个表格，自动计算 X 对应的 Y 值或者 Y 对应的 X 值。

图 7-20　"残差分析"选项卡

7．拟合曲线图

"拟合曲线图"选项卡如图 7-22 所示，用于设置拟合曲线图相关参数。其中"拟合曲线图"表示在报告表中作拟合曲线；"在源图上添加"表示在原图上作拟合曲线；"置信带"用于显示置信区间；"预测带"用于显示预计区间；"曲线的置信度"用于设置置信度。

8．查找 X/Y

"查找 X/Y"选项卡如图 7-23 所示，主要用于设置是否产生一个表格显示根据 Y 列或 X 列寻找到的另一列所对应的数据。

在实践中，经常会需要根据 X 值或 Y 值寻找对应的 Y 值或 X 值，在查找之前需要在 X 和 Y 之间建立一定函数关系。

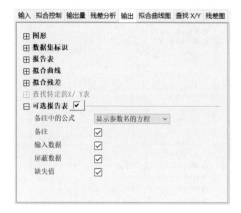

图 7-21 "输出"选项卡

图 7-22 "拟合曲线图"选项卡

9. 残差图

"残差图"选项卡如图 7-24 所示,主要用于设置一些残留分析的参数。

图 7-23 "查找 X/Y"选项卡

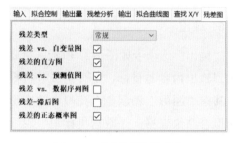

图 7-24 "残差图"选项卡

7.2.3 快速线性拟合

下面用一个快速线性拟合示例帮助读者认识如何在 Origin 中实现快速线性拟合。本案例选择数据文件 quick linear fit.opju,操作步骤如下:

步骤 01 打开数据文件 quick linear fit.opju,工作表如图 7-25 所示,选中 A(X)、B(Y)数据列,生成散点图,如图 7-26 所示。

步骤 02 执行菜单栏中的"快捷分析"→"快速拟合"→"Linear(System)"命令,如图 7-27 所示,绘图区出现如图 7-28 所示的图形,移动矩形框可以快速对矩形框区域内的数据进行拟合。

步骤 03 再次移动矩形框,即可完成选定区域内数据的快速拟合,其拟合直线和主要结果在散点图上给出,如图 7-29 所示。

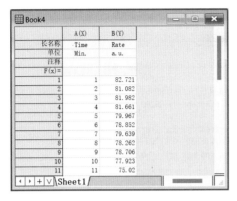

图 7-25 原始数据

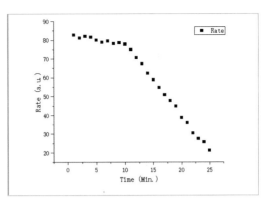

图 7-26 使用原始数据绘制散点图

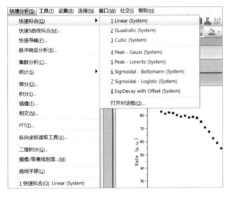

图 7-27 快速线性拟合

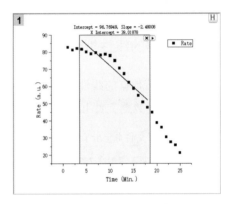

图 7-28 快速拟合曲线

步骤 04 单击矩形框右上角的 ▶ 按钮,在弹出的快捷菜单中选择"新建输出",如图 7-30 所示。得到如图 7-31 和图 7-32 所示的结果。

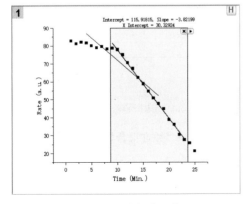

图 7-29 快速拟合曲线

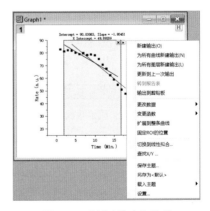

图 7-30 "新建输出"选项

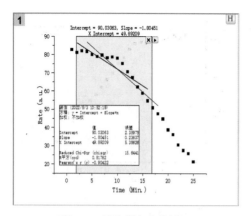

图 7-31 快速拟合曲线结果

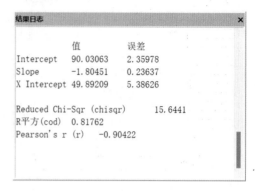

图 7-32 拟合结果日志

7.2.4 屏蔽数据的线性拟合

下面结合屏蔽数据的线性拟合示例帮助读者认识如何在 Origin 中实现屏蔽数据进行线性拟合。本案例选择数据文件 linear fit delet point.opju，操作步骤如下：

步骤 01 打开数据文件 linear fit delet point.opju，工作表如图 7-33 所示，选中 A（X）、B（Y）数据列，生成散点图，如图 7-34 所示。

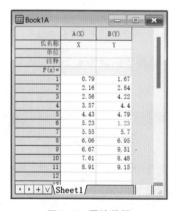

图 7-33 原始数据

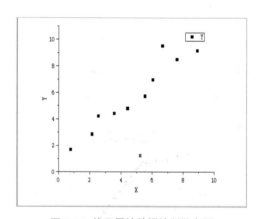

图 7-34 使用原始数据绘制散点图

步骤 02 将工作表置前，执行菜单栏中的"分析"→"拟合"→"线性拟合"命令，在弹出的"线性拟合"对话框中设置相关拟合参数，如图 7-35 所示。

步骤 03 设置完成后，单击"确定"按钮，即可生成拟合曲线以及相应的报表。其拟合直线和主要结果在散点图上给出，如图 7-36 所示。

图 7-35　"线性拟合"对话框

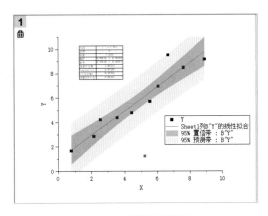

图 7-36　线性拟合结果

步骤 04　与此同时，根据输出设置自动生成具有专业水准的拟合参数分析报表和拟合数据工作表，如图 7-37 所示。

步骤 05　选择"屏蔽活动绘图上的点"，如图 7-38 所示，框选需要屏蔽的数据点，如图 7-39 所示的红色点，软件会自动计算新的线性拟合回归方程。

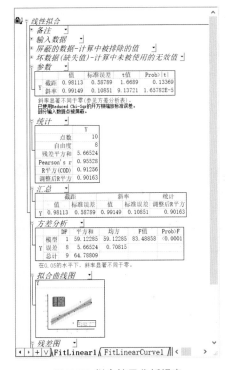

图 7-37　拟合结果分析报表

图 7-38　"屏蔽活动绘图上的点"选项

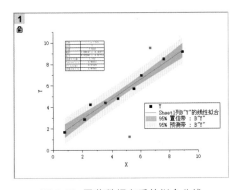

图 7-39　屏蔽数据点后的拟合曲线

7.2.5 带误差棒的线性拟合

下面结合带误差棒的线性拟合示例帮助读者认识如何在 Origin 中绘制带误差棒的线性回归曲线。本案例选择数据文件 GroupX.opju，操作步骤如下：

步骤 01 打开数据文件 GroupX.opju，工作表如图 7-40 所示，选中 A（X）、B（Y）数据列，执行菜单栏中的"分析"→"拟合"→"带 X 误差的线性拟合"命令，在弹出的"带 X 误差的线性拟合"对话框中设置相关拟合参数，将 C（Y）设置为"Y 误差"，如图 7-41 所示。单击"确定"按钮，输出拟合参数分析报表和拟合数据工作表，如图 7-42 所示。

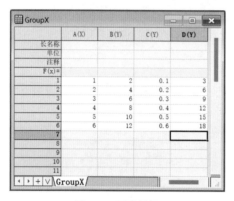

图 7-40 原始数据

图 7-41 "带 X 误差的线性拟合"对话框

步骤 02 双击分析报表里面的拟合曲线图，可查看带 Y 误差的线性拟合曲线，如图 7-43 所示。

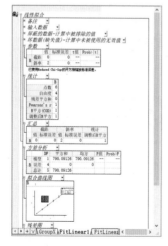

图 7-42 拟合结果分析报表

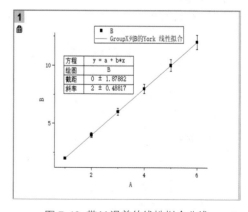

图 7-43 带 Y 误差的线性拟合曲线

步骤 03　如果在弹出的"带 X 误差的线性拟合"对话框中将 C（Y）设置为"X 误差"，如图 7-44
　　　　所示，那么单击"确定"按钮，输出的拟合参数分析报表和拟合数据工作表如图 7-45 所示。

图 7-44　"带 X 误差的线性拟合"对话框

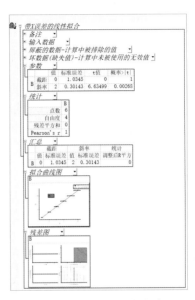

图 7-45　拟合结果分析报表

步骤 04　双击分析报表里面的拟合曲线图，可
　　　　查看带 X 误差的线性拟合曲线，如图
　　　　7-46 所示。

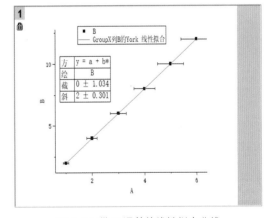

图 7-46　带 X 误差的线性拟合曲线

7.2.6　多元线性回归

多元线性回归用于分析多个自变量与一个因变量之间的线性关系。Origin 在进行多
元线性回归时，需将工作表中的一列设置为因变量（Y），将其他列设置为自变量（X_1，
X_2，…，X_k）。一般多元线性方程为：

$$Y=A+B_1X_1+B_2X_2+\cdots+B_kX_k$$

多元线性回归的实现步骤如下：

步骤 01 导入要拟合的数据文件 Multiple Linear.opju。

步骤 02 执行菜单栏中的"分析"→"拟合"→"多元线性回归"命令，系统会弹出如图 7-47 所示的"多元回归"对话框。在该对话框中设置因变量（Y）和自变量（X₁，X₂，X₃…）。

步骤 03 单击"确定"按钮，系统根据输出设置自动生成了具有专业水准的多元线性回归分析报表，如图 7-48 所示。

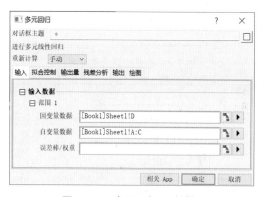

图 7-47 "多元回归"对话框

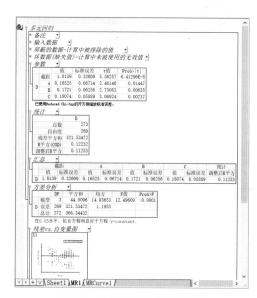

图 7-48 多元线性回归分析报表

7.3 本章小结

Origin 的线性拟合功能极大地方便了科技工作者的作图分析要求。本章重点介绍了线性拟合方法，并在此基础上讲解了快速线性拟合、屏蔽数据的线性拟合及带误差棒的线性拟合方法，希望读者认真研读，真正掌握，以便提高科研工作中的作图与分析效率，起到事半功倍的效果。

第8章

非线性拟合

当数据不符合线性关系时，通常会进一步尝试采用非线性拟合方法来描述数据之间的关系。在试验数据处理和科技论文对试验结果讨论中，通过对试验数据进行非线性拟合尝试描述不同变量之间的关系，找出相应函数的系数，建立经验公式或数学模型。Origin 提供了强大的函数拟合功能，本章就来讲解非线性拟合功能。

学习目标：

★ 掌握非线性拟合方法

★ 掌握拟合函数管理器的使用方法

★ 掌握自定义函数拟合方法

8.1 非线性拟合

8.1.1 多项式拟合

设 X 为自变量，Y 为因变量，多项式的阶数为 k（Origin 中阶数取 1~9），线性回归方程为

$$Y=A+B_1X+B_2X_2+\cdots+B_kX_k$$

多项式回归的实现步骤如下：

步骤 01 导入要拟合的 Polynomial Fit.opju 数据文件。选中 Polynomial Fit 工作表中的 A（X）和 B（Y）数据列，绘制散点图，如图 8-1 所示。

步骤 02 执行菜单栏中的"分析"→"拟合"→"多项式拟合"命令，在弹出的"多项式拟合"对话框中设置"多项式阶"为 3，如图 8-2 所示。其中的参数设置以及结果输出可参考线性回归，其内容基本相同。

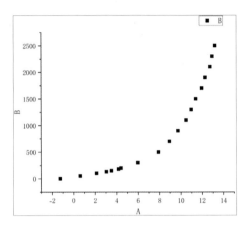

图 8-1 散点图

步骤 03 回归曲线和拟合结果在散点图上给出，如图 8-3 所示。事实上，如果多项式的 k=1，其实就是 Y=A+BX，即直线方程。对于弯曲的图形来说，理论上 k 值越大，拟合效果越好，不过实际使用时 k 值越大，项也就越多。

图 8-2 "多项式拟合"对话框

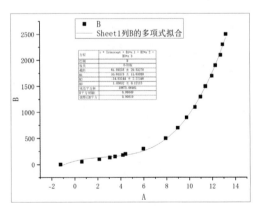

图 8-3 多项式拟合

步骤 04 同时，根据输出设置自动生成具有专业水准的拟合参数分析报表和拟合数据工作表，如图 8-4 所示。拟合参数分析报表中的各参数含义如表 8-1 所述。

表8-1 分析报表中的各参数含义

参 数	含 义
Intercept，B1，B2，…	回归方程系数
R-square	=(SYY-RSS)/SYY
p	R-square为 0 的概率
N	数据点数
SD	回归标准差

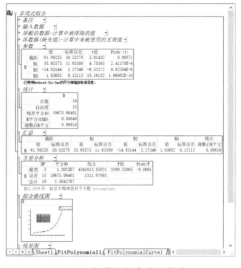

图 8-4 多项式拟合分析报表

8.1.2 指数拟合

指数拟合可分为指数衰减拟合和指数增长拟合，指数函数有一阶函数和高阶函数。指数衰减拟合的操作步骤如下：

步骤 01 打开数据文件 Polynomial Fit.opju，选中 B（Y）数据列绘图。执行菜单栏中的"分析"→"拟合"→"指数拟合"命令，弹出"NLFit"对话框。此时，在"函数"下拉列表框中给出了用一阶指数衰减函数的拟合，此处选择 ExpDec1，如图 8-5 所示。如果需要更改指数衰减函数的阶数，可以在"函数"下拉列表框中进行选择。

图 8-5 "NLFit"对话框

步骤 02 单击"NLFit"对话框中的"参数"标签,设置对象参数性质,如图 8-6 所示,将 y0 和 A1 设置为常数。

图 8-6 在"参数"选项卡中设置参数性质

步骤 03 单击图 8-6 中的 ▼ 按钮,可以打开该对话框的下半部分,选择不同的标签可以分别看到拟合效果、拟合函数和其他信息。图 8-7 和图 8-8 分别为拟合效果图和拟合函数。

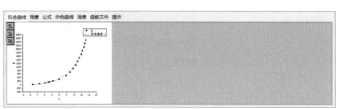

图 8-7 拟合效果图

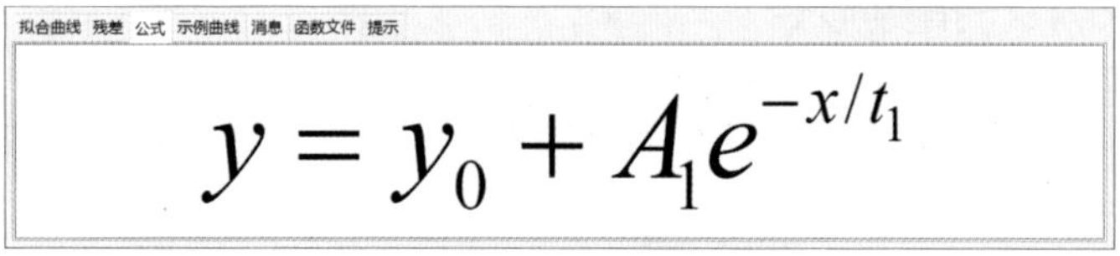

$$y = y_0 + A_1 e^{-x/t_1}$$

图 8-8 拟合函数

步骤 04 在"NLFit"对话框中单击"拟合"按钮,完成对数据用一阶指数衰减函数的拟合,根据输出设置自动生成具有专业水准的拟合参数分析报表和拟合数据工作表。图 8-9 为拟合曲线,图 8-10 为输出分析报告表。

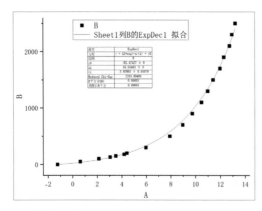

图 8-9 一阶衰减指数函数对数据拟合的图形

图 8-10 分析报告表

8.1.3 非线性曲线拟合

在实际工作中，大部分实验数据不能拟合为直线关系，因此需要使用非线性函数进行拟合。非线性拟合是 Origin 中功能最强大、使用最复杂的数据拟合工具。

1. 拟合过程

非线性曲线拟合工具内置了超过 200 种拟合函数，可以满足各学科数据拟合的要求，使用时可以对函数的参数进行定制。非线性曲线拟合的操作步骤如下：

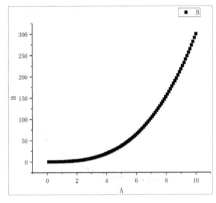

图 8-11 数据文件散点图

步骤01 导入数据文件 Allometricl.opju，选中 B（Y）数据列，执行菜单栏中的"绘图"→"基础 2D 图"→"散点图"命令，绘制的散点图如图 8-11 所示。

步骤02 执行菜单栏中的"分析"→"拟合"→"非线性曲线拟合"命令，打开"NLFit"对话框，如图 8-12 所示。

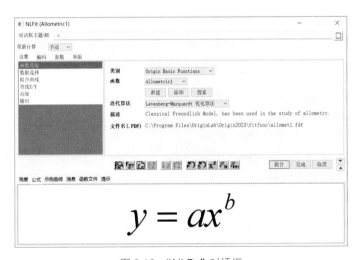

图 8-12 "NLFit"对话框

步骤03 在该对话框中选中"函数选取"，"类别"选择"Origin Basic Functions"，"函数"选择"Allometricl"，根据具体情况设置其他初始参数，然后单击"拟合"按钮，即可完成拟合。拟合后的图形如图 8-13 所示，拟合结果报表如图 8-14 所示。

注意 报表显示"拟合没有收敛—数据较差或参数初始化代码不优导致 Chi-sqr 没有变小。",观察拟合曲线相对较好地实现拟合,读者也可尝试其他函数的拟合。

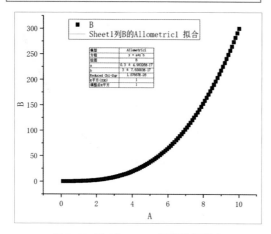

图 8-13 用 Allometric 函数进行拟合

图 8-14 拟合结果报表

2. 拟合参数设置

"NLFit"对话框主要由 3 部分组成,上半部分为参数设置标签,中间部分为控制按钮,下半部分为信息显示标签。上半部分参数设置标签如图 8-15 所示,主要用来设置拟合参数。

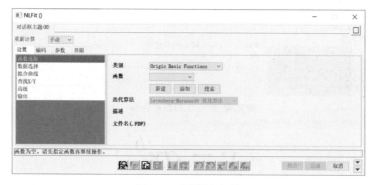

图 8-15 参数设置标签

（1）"设置"标签用于拟合函数的选取等设置。

① 函数选取:可以选择要使用的拟合函数,包括类别、函数、迭代算法、描述和文件名等。

函数类别分为以下两类:

- 按形式分类包括 Exponential（指数）、Growth/Sigmoidal（生长 /S 曲线）、Hyperbola（双曲线）、Logarithm（对数）、Peak Functions（峰函数）、Polynomial（多项式）、Power（幂函数）、Rational（有理数）、Waveform（波形）。

- 按领域分类包括 Chromatography（色谱学）、Electrophysiology（生理学）、Pharmacology（药理学）、Spectroscopy（光谱学）、Statistics（统计学）和用户自定义函数。

② 数据选择：输入数据的设置，如图 8-16 所示。

图 8-16　"数据选择"选项

③ 拟合曲线：拟合图形的一些参数设置，如图 8-17 所示。

图 8-17　"拟合曲线"选项

④ 高级：一些高级设置，参考线性拟合部分，如图 8-18 所示。

Origin 科技绘图与数据分析

图 8-18 "高级"选项

⑤ 输出：输出设置，如图 8-19 所示。

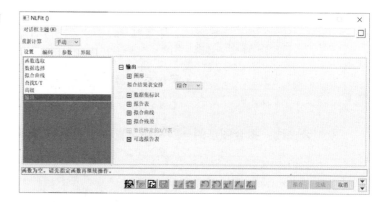

图 8-19 "输出"选项

（2）"编码"标签显示拟合函数的代码、初始化参数和限制条件，如图 8-20 所示。

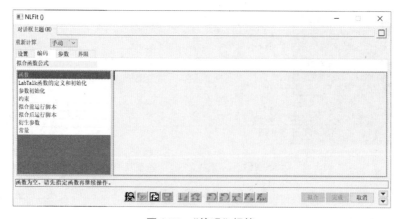

图 8-20 "编码"标签

236

（3）"参数"标签可以将各个参数列为一个表格，如图 8-21 所示。

图 8-21　"参数"标签

（4）"界限"标签可以设置参数的上下限，包括下限值、下限值与参数的关系、参数名、上限值、上限值与参数的关系，如图 8-22 所示。

图 8-22　"界限"标签

3．拟合控制

"NLFit"对话框中间的一组控制按钮包括：

- 搜索和插入函数。
- 编辑拟合函数。
- 创建新的拟合函数。
- 保存拟合函数。
- 初始化参数。
- 给参数赋予近似值。
- x^2 计算卡方值。
- 1 次迭代：使当前函数每次运行时只执行一次。
- 拟合直至收敛：使当前函数每次运行时不断循环执行直到结果在规定范围内。

4．拟合信息显示设置

在控制按钮下面，是一组信息显示标签，用于控制信息的显示方式。

（1）"拟合曲线"标签用于拟合结果的预览，如图 8-23 所示。

（2）"残差"标签用于预览残留分析图形，如图 8-24 所示。

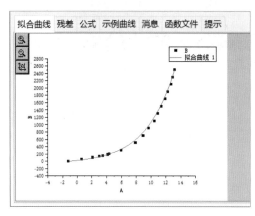

图 8-23 "拟合曲线"标签   图 8-24 "残差"标签

（3）"公式"标签用于显示拟合函数的数学公式，如图 8-25 所示。

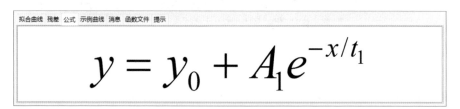

图 8-25 "公式"标签

（4）"示例曲线"标签用于显示拟合示例曲线（图形），如图 8-26 所示。

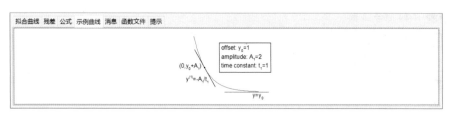

图 8-26 "示例曲线"标签

（5）另外，"消息"标签用于显示用户的操作过程，"函数文件"标签用于显示一些关于该拟合函数的信息，"提示"标签用于显示一些使用的小提示。

8.1.4　非线性曲面拟合

通过 Origin 内置的表面拟合函数可以完成对三维数据的非线性曲面拟合。非线性曲面拟合操作与非线性曲线拟合基本相同。

拟合数据为工作表数据时，要求工作表有 X、Y、Z 数据列。选中工作表中 X、Y、Z 数据列，然后执行菜单栏中的"分析"→"拟合"→"非线性曲面拟合"命令即可完成非线性曲面拟合。

拟合数据为矩阵表数据时，选中矩阵表中的数据，然后执行菜单栏中的"分析"→"非线性矩阵拟合"命令即可完成非线性曲面拟合。

对三维曲面进行拟合时，该三维曲面必须采用矩阵绘制。因为曲面拟合有两个自变量，因此散点图无法表示平面的残差，必须采用轮廓图。

非线性曲面拟合的操作步骤如下：

步骤 01　采用数据文件 XYZGaussian.dat，通过数据转换建立三维图形。选中工作表中的 A（X）、B（Y）、C（Z）数据列，执行菜单栏中的"工作表"→"转换为矩阵"→"XYZ 网格化"命令，即可弹出如图 8-27 所示的"XYZ 网格化：将工作表转换为矩阵"对话框，将数据网格化。

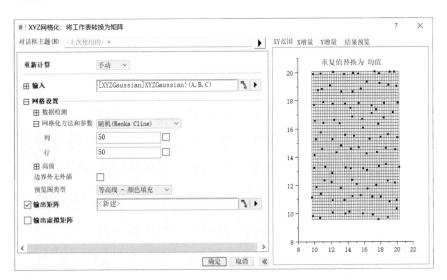

图 8-27　"XYZ 网格化 > 将工作表转换为矩阵"对话框

步骤 02　在该对话框的"网格设置"选项组中设置"列"为"50"，"行"为"50"，设置完成之后，单击"确定"按钮即可完成转换，得到的矩阵窗口如图 8-28 所示。

步骤 03 执行菜单栏中的"绘图"→"3D"→"3D 线框图"命令，绘制的三维线框图如图 8-29 所示。

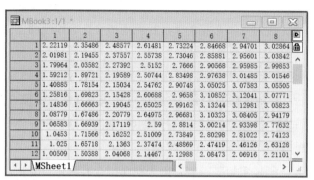

图 8-28 转换结果

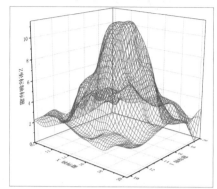

图 8-29 三维线框图

步骤 04 将矩阵簿窗口设置为当前窗口，执行菜单栏中的"分析"→"非线性矩阵拟合"命令，弹出"NLFit"对话框，选择"Plane"曲面函数，如图 8-30 所示。

图 8-30 打开"NLFit"对话框

说明 将图形窗口设置为当前窗口，执行菜单栏中的"分析"→"拟合"→"非线性曲面拟合"命令，也可以弹出"NLFit"对话框执行非线性曲面拟合操作。

步骤 05 单击"拟合"按钮，完成曲面拟合，拟合得到的数据存放在新建的工作表中，如图 8-31 所示。其中将图形窗口置前可以在图形窗口显示拟合信息，如图 8-32 所示。

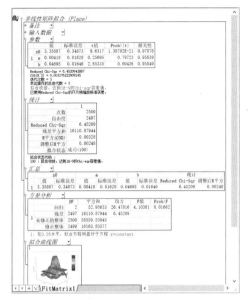

图 8-31　输出报告表

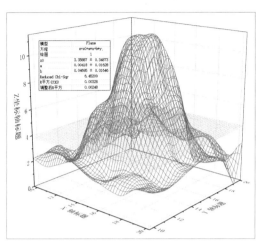

图 8-32　在图形窗口显示拟合信息

8.1.5　非线性隐函数曲线拟合

我们通常所做的拟合都是显性函数拟合，比方说 x 和 y 是一一对应的。有时候函数是一个隐函数，尤其是还不能做到一一对应，比方说圆的方程，一个 x 有两个 y，这个时候就需要做隐函数拟合了。用 Origin 就可以做隐函数的拟合。接下来我们以一个椭圆的例子来介绍如何做隐函数的拟合。

非线性隐函数曲线拟合的操作步骤如下：

步骤01　打开数据文件 nonlinear FIT.opju，选中 A（X）、B（Y）数据列，执行菜单栏中的"绘图"→"基础 2D 图"→"散点图"命令，绘制的散点图如图 8-33 所示。

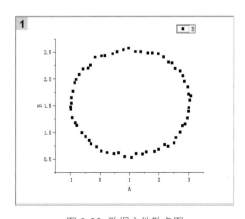

图 8-33　数据文件散点图

步骤 02　执行菜单栏中的"分析"→"拟合"→"非线性隐函数曲线拟合"命令，弹出"NLFit"对话框，选择"Ellipse"函数，如图 8-34 所示。根据具体情况设置其他初始参数，单击"拟合"按钮即可完成拟合，拟合好的图形如图 8-35 所示，拟合结果报表如图 8-36 所示。

图 8-34 "NLFit"对话框　　　　　图 8-35 用 Ellipse 函数进行拟合

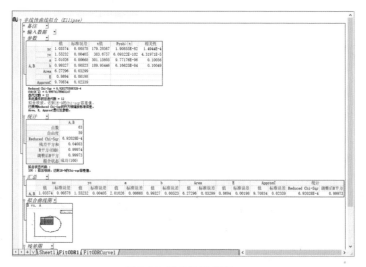

图 8-36 拟合结果报表

8.2 非线性拟合模拟

　　前面讲解的都是用数据拟合曲线，我们在实际应用时也可能遇到需要用已知曲线或曲面函数来生成数据的情形，用 Origin 就可以做这样的工作。

8.2.1　拟合曲线模拟

步骤 01　执行菜单栏中的"分析"→"拟合"→"拟合曲线模拟"命令，弹出"拟合曲线模拟"对话框，"类别"选择"Origin Basic Function"，"函数"选择"Boltzman"，如图 8-37 所示。根据具体情况设置其他初始参数，单击"确定"按钮即可完成拟合，拟合好的图形如图 8-38 所示。

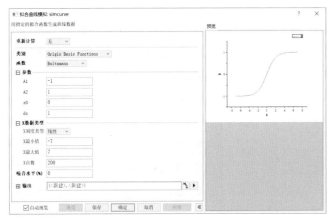

图 8-37　"拟合曲线模拟"对话框

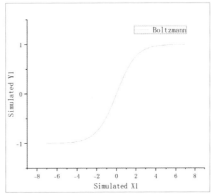

图 8-38　用 Boltzman 函数进行拟合

步骤 02　双击绘制的图形，弹出"绘图细节 - 绘图属性"对话框，如图 8-39 所示。单击"工作簿"按钮，即可通过函数得到如图 8-40 所示的数据工作表。

图 8-39　"绘图细节 - 绘图属性"对话框

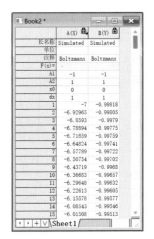

图 8-40　拟合数据

8.2.2 拟合曲面模拟

步骤 01 执行菜单栏中的"分析"→"拟合"→"拟合曲面模拟"命令，弹出"拟合曲面模拟"对话框，"函数"选择"Gauss2D"，如图 8-41 所示。根据具体情况设置其他初始参数，单击"确定"按钮，由已知曲面函数得到的数据如图 8-42 所示。

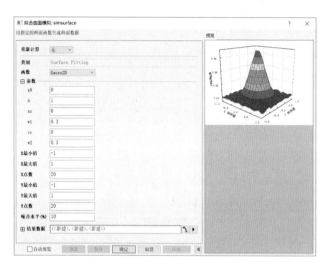

图 8-41 "拟合曲面模拟：simsurface"对话框　　　　图 8-42 拟合数据

步骤 02 选中 A~C 数据列，执行菜单栏中的"绘图"→"3D"→"3D 颜色映射曲面"命令，或者单击"3D和等高线图形"工具栏中的（3D 颜色映射曲面）按钮，绘制的图形如图 8-43 所示。

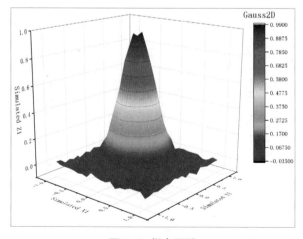

图 8-43 拟合图形

8.3　自定义拟合函数与比较

Origin 中的所有内置拟合函数和自定义拟合函数都由拟合函数管理器进行管理。每一个拟合函数都以扩展名为 "fdf" 的文件形式存放，内置拟合函数存放在 Origin/FitFunc 子目录下，自定义拟合函数存放在 Origin 用户子目录下的 FitFunc 子目录下。

8.3.1　拟合函数管理器

执行菜单栏中的 "工具" → "拟合函数管理器" 命令，可以打开如图 8-44 所示的 "拟合函数管理器" 对话框，拟合函数管理器分为上、下两个面板。其中：

- 上面板左边为内置拟合函数，它们按类别存放在不同的子目录中，可以用鼠标选择拟合函数，例如，选择 Logarithm 子目录中的 Logarithm 拟合函数。
- 上面板中间为对选中函数的说明，例如，Logarithm 拟合函数的文件名、参数名等。
- 上面板右边为新建函数编辑按钮。
- 下面板用于显示选中的函数公式、图形等。

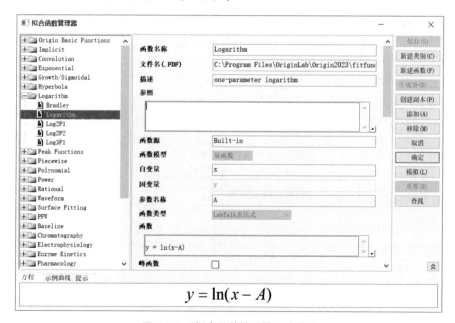

图 8-44　"拟合函数管理器" 对话框

8.3.2 自定义函数

在使用 Origin 时，经常会遇到找不到适用的内置拟合函数的情形，这时就需要自定义函数。自定义的函数基本上是预先确定的，这些函数要么来源于文献中的模型，要么是自己通过数学运算推导而来，拟合结果必然具有一定的物理意义，其结果是可以解释的。如果随意使用一种数学函数，即使拟合结果再好也是毫无意义的。

步骤 01 执行菜单栏中的"工具"→"拟合函数管理器"命令。打开"拟合函数管理器"窗口，在左侧 User Defined（用户自定义）下建立目录和函数。在右侧单击"新建类别"按钮，在中间出现的"名称"文本框中输入文件夹名 MyFuncs，建立目录。单击"新建函数"按钮，在中间出现的"函数名称"文本框中输入函数名 Metcherlich Law of Diminishing。

步骤 02 构建函数。一个函数关系是由自变量、因变量和相关常量构成的，常量在这里称为"参数名称"，事实上曲线拟合就是为了求得这些参数的最佳值。在拟合前这些参数是未知的，因此需要使用各种代码来表示。

保持自变量为 x，因变量为 y 不变，拟合时这些 x 和 y 对应源数据记录，参数名称修改为 y0，a，b，即共有 3 个参数。

当单击相应文本框时，在对话框最下面的"提示"中会给出该文本框的提示，例如单击"参数名称"文本框时，"提示"框中会提供如何命名参数名称等信息，如图 8-45 所示。

步骤 03 完成函数定义后，必须经过代码编译才能够在 Origin 中使用这些自定义函数，编译后的自定义函数就与内置函数一样成为系统的一部分。

图 8-45 使用拟合函数管理器建立自定义目录和函数

单击 ⚙（编译）按钮可以调用 Coder Builder 编译器进行编译。在编译器中，可以看到系统自动将刚刚定义的函数编译成 C 语言代码。

步骤 04 直接单击"编译"按钮，可以看到左下角出现编译和链接状态提示信息，当看到"完成"时表示编译工作完成，如图 8-46 所示。单击"返回对话框"按钮，返回拟合函数管理器。

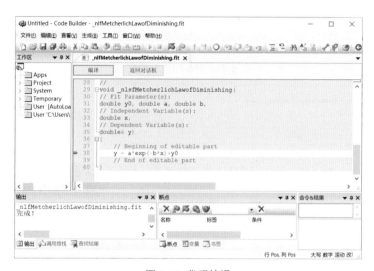

图 8-46 代码编译

步骤 05 单击"保存"按钮进行保存，单击"模拟"按钮，会弹出"拟合曲线模拟"对话框，利用该对话框可以对刚刚自定义的拟合函数进行模拟。

步骤 06 单击"确定"按钮返回到 Origin 主界面，完成自定义函数的定义操作。

8.3.3 用自定义函数拟合

利用自定义拟合函数进行拟合的操作步骤如下：

步骤 01 打开数据文件 Metcherlich Law of Diminishing.opju，选择 B（Y）数据列绘制散点图。

步骤 02 执行菜单栏中的"分析"→"拟合"→"非线性曲线拟合"命令，打开"NLFit"对话框。在"类别"下拉列表框中选择用户拟合函数目录"User Defined"；在"函数"下拉列表框中选择"MetcherlichLawofDiminishing"函数进行拟合，如图 8-47 所示。

步骤 03 为了得到有效的结果和减少处理工作量，必须单击"参数"标签进行参数设置，如图 8-48 所示，输入自定义的 3 个参数原始值，此处均定义为 1。

图 8-47 "NLFit"对话框

图 8-48 在"参数"标签中进行参数设置

步骤 04 单击"拟合"按钮进行曲线拟合，完成收敛后即可得到 y0、a 和 b 的值，单击"完成"按钮返回主界面，完成拟合。结果如图 8-49 所示。

步骤 05 将拟合结果保存到报告中，如图 8-50 所示。表格显示了自定义函数方程式、3 个参数以及相关系数 R^2 的数值，$R^2=1$ 表示拟合情况非常好。

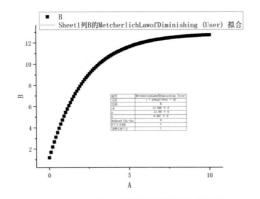

图 8-49 用自定义拟合函数拟合的结果

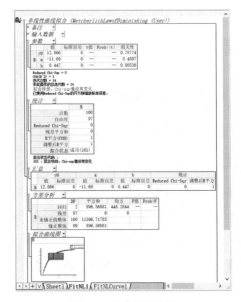

图 8-50 拟合结果报表

8.3.4 拟合模型比较

在实际工作中，仅仅对曲线进行拟合或找出参数是不够的，有时可能需要进行多次拟合，从中找出最佳的拟合函数与拟合参数。例如，比较两组数据集以确定两组数据的样本是否属于同一总体空间，或者确认数据集是用多项式模型拟合还是指数模型拟合更佳。

Origin 提供了数据集对比和拟合模型对比工具，用于比较不同数据集之间是否有差别和对同一数据集采用哪一种拟合模型更好。Origin 拟合对比是在拟合报表中进行的，所以必须采用不同的拟合方式进行拟合，得到包含残差平方和、自由度和样本值的拟合报表。

下面的示例用于分析数据工作表中 B（Y）数据集，比较多项式拟合模型与指数模型之间的差异。具体的拟合数据集对比步骤如下：

步骤 01 打开数据文件 Polynomial Fit.opju，其中 B（Y）数据列为需要拟合的对比数据。

步骤 02 选中 B（Y）数据列，执行菜单栏中的"分析"→"拟合"→"多项式拟合"命令，对该列数据进行拟合。拟合时采用 3 阶模型，如图 8-51 所示，"拟合曲线图"选项卡的具体设置如图 8-52 所示。

图 8-51 采用 3 阶模型

步骤 03 在多项式拟合对话框中单击"确定"按钮完成拟合，其拟合报表如图 8-53 所示。

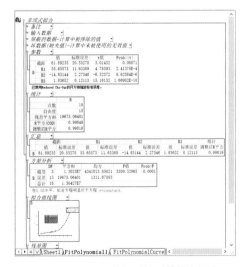

图 8-52 "拟合曲线图"选项卡的设置　　　　图 8-53 B（Y）数据列得到的拟合报表

步骤 **04** 同理，选中 B（Y）数据列，按照 8.1.2 节的方法进行指数拟合操作，拟合函数选择 ExpDec1，最终得到的拟合报表如图 8-54 所示。

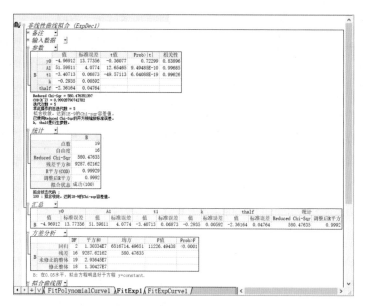

图 8-54 B（Y）数据列得到的拟合报表

步骤 **05** 在完成两个拟合报表后，执行菜单栏中的"分析"→"拟合"→"拟合模型比较"命令，打开"拟合模型比较"对话框。分别单击"拟合结果 1"和"拟合结果 2"栏的 ⋯ 按钮，弹出"报告树浏览器"对话框，输入拟合报表名称，如图 8-55 和图 8-56 所示。

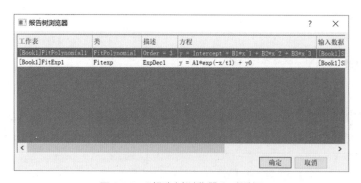

图 8-55 "报告树浏览器"对话框

步骤 **06** 设置完成后单击"确定"按钮，完成整个拟合数据集对比过程，最终得到的数据比较报表如图 8-57 所示。从报表中可以看出，模型 2 的 AIC 值更低，更有可能是正确的模型，即指数模型更适合 B（Y）数据列的拟合。

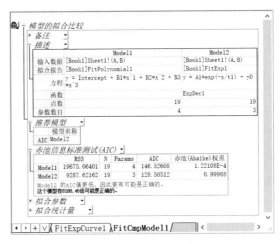

图 8-56 选择输入拟合报表名称　　图 8-57 数据比较报表

8.3.5 拟合结果分析

在实际工作中，对曲线进行拟合或找出参数仅是完成第一步工作，此后还必须根据拟合结果（如拟合报表）结合专业知识对拟合做出正确的解释。通常根据拟合的决定系数、加权卡方检验系数及对拟合结果的残差分析而得出拟合结果的优劣。

1．最小二乘法

最小二乘法是检验参数最常用的方法，根据最小二乘法理论可知最佳的拟合是最小的残差平方和（RSS）。用残差 $y_i - \bar{y}_i$ 表示实际数据与最佳拟合值之间的关系，如图 8-58 所示。

在实际拟合中，拟合的好坏也可以从拟合曲线与实际数据是否接近来判断，但这都不是定量判断，而残差平方和或加权卡方检验系数可以作为定量判断的标准。

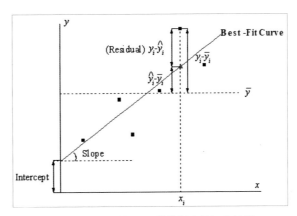

图 8-58 实际数据与最佳的拟合值间的关系

2．拟合优度

虽然残差平方和可以对拟合做出定量的判断，但残差平方和也有一定的局限性。为获得最佳的拟合优度，引入了决定系数 R^2，其值在 0~1 变化。R^2 越接近 1 说明拟合效果越好，

决定系数 R^2 不是 r（相关系数）的平方。如果 Origin 在计算时出现 R^2 值不在 0~1，则表明该拟合效果很差。

从数学的角度看，决定系数 R^2 受到拟合数据点数量的影响，增加样本数量可以提高 R^2 值。为了消除这一影响，Origin 软件引入了校正决定系数 R^2_{adj}。

在某些场合仅有决定系数 R^2 和校正决定系数 R^2_{adj} 还是不能完全正确地判断拟合效果，例如，对图 8-59 中的数据点进行拟合，四个数据集都可以得到理想的 R^2 值，但很明显 B、C 和 D 数据集拟合得到的模型是错误的，仅有 A 数据集拟合得到的模型是比较理想的。

因此，在拟合完成时，要认真分析拟合图形，在必要时还必须对拟合模型进行残差分析，才可以得到最佳的拟合优度。

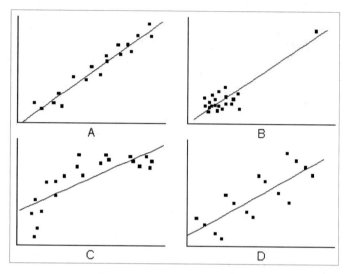

图 8-59 决定系数不能完全判断拟合效果的示意图

3. 残差图形分析

Origin 为拟合报表提供了包括残差 - 自变量图形、残差 - 数据序列图形和残差 - 预测值图形在内的多种拟合残差分析图形。根据需要可以在 "NLFit" 对话框的 "拟合曲线" 的 "残差图" 选项组中设置残差分析图的输出，如图 8-60 所示。

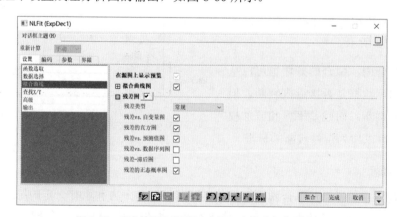

图 8-60 "残差图"选项组中设置残差分析图的输出

不同的残差分析图形可以帮助读者判断模型假设是否正确、提供改善模型的思路等有效信息。例如，残差散点图显示无序表明拟合优度较好。根据需要选择相应的残差分析图形，可以对拟合模型进行分析。

残差散点图可以提供很多有用的信息。例如，残差散点图显示残差值随自变量变化具有增加或降低的趋势，表明随自变量变化拟合模型的误差增大或减小，如图 8-61（a）、（b）所示。误差增大或减小都表明该模型不稳定，可能还有其他因素影响模型。图 8-61（c）所示情况为残差值不随自变量变化，这表明模型是稳定的。

残差 - 数据序列图形可以用于检验与实践有关的变量在试验过程中是否漂移。当残差在 0 周围随机分布时，表明该变量在试验过程中没有漂移，如图 8-62（a）所示；反之，表明该变量在试验过程中有漂移，如图 8-62（b）所示。

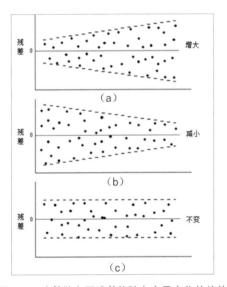

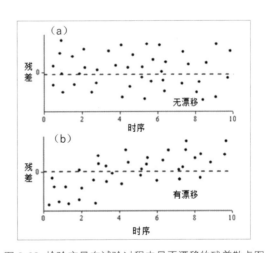

图 8-61 残差散点图残差值随自变量变化的趋势　　图 8-62 检验变量在试验过程中是否漂移的残差散点图

残差散点图还可以提供改善模型信息。例如，拟合得到的具有一定曲率的残差 - 自变量散点图如图 8-63 所示，该残差散点图表明，如果采用更高次数的模型进行拟合，可能会获得更好的拟合效果。当然，这只是一般情况，在分析过程中，还要根据具体情况和专业知识进行分析。

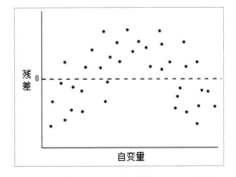

图 8-63 具有一定曲率的残差 - 自变量散点图

4．置信带和预测带

在"线性拟合"对话框的"拟合曲线图"选项卡中勾选"置信带"和"预测带"复选框，可以在拟合分析报告中输出置信带和预测带。

置信带也称为置信区间，是指拟合模型在给定置信水平（默认为95%）下进行计算，拟合模型计算值与真值差落在置信带内。预测带与置信带类似，但是表达式不同，预测带一般宽于置信带。如图 8-64 所示为拟合模型的置信带与预测带示意图。

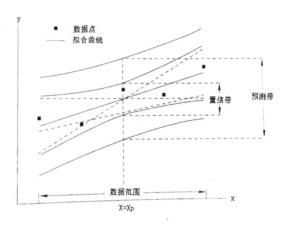

图 8-64 置信带与预测带示意图

5．在拟合曲线上获取数据

当需要在拟合曲线上或取数据时，可以打开"NLFit"对话框，在"设置"标签中的"查找 X/Y"栏进行设置，如图 8-65 所示。拟合完成后，会自动生成 FitNLFindYfromX1 工作表。

图 8-65 对"查找 X/Y"栏进行设置

8.4 拟合应用

本节通过示例的方式向读者展示如何使用 Origin 进行曲线拟合操作。

8.4.1 自定义函数拟合

通过实验获得激光功率与加工线宽的实验数据如表 8-2 所示，下面通过激光功率与线宽之间的关系公式进行分析。理论分析获得的激光功率 x 与线宽 y 的关系为：

$$y = a\sqrt{\ln\frac{x}{b}}$$

表8-2　某实验结果

激光功率/mW	6.11	6.44	6.79	7.17	7.57	7.00	7.47	7.98	8.53
线宽/nm	121	228	255	290	317	341	367	378	413

在 Origin 的内置函数中无该拟合函数，因此需要自定义拟合函数。

1. 建立用户自定义函数

步骤01 执行菜单栏中的"工具"→"拟合函数管理器"命令，打开"拟合函数管理器"对话框。单击"新建类别"按钮，创建一个函数类 MyFuncs。

步骤02 单击"新建函数"按钮，在这个类下面创建一个新的函数，并命名为 NewFunction1。

步骤03 对该函数进行简短的描述，定义函数所需参数，输入函数方程 y=a*sqrt(ln(x/b))，其中，a、b、x 为待定参数，定义函数如图 8-66 所示。

图 8-66　定义函数所需参数

步骤04 参数声明和方程建立完成之后，进行函数编译。单击 ![编译] （编译）按钮进入编译界面，单击"编译"按钮，编译成功的界面如图 8-67 所示。

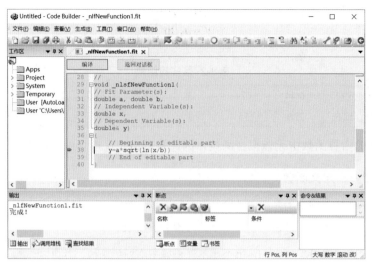

图 8-67 编译成功

步骤 05 单击"保存"按钮进行保存,单击"模拟"按钮,会弹出"拟合曲线模拟"对话框,利用该对话框可以对刚刚自定义的拟合函数进行模拟。

步骤 06 单击"确定"按钮返回 Origin 主界面,完成自定义函数的定义操作。

2. 自定义拟合函数的使用

曲线拟合的目的是得到曲线的方程,从而计算得到自己关心的数据。以半圆为例,自定义拟合函数的调用如下:

步骤 01 依据题意在工作表中输入数据,如图 8-68(a)所示。利用该数据绘制散点图,绘制的散点图如图 8-68(b)所示。

(a)输入数据

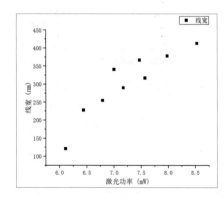

(b)散点图

图 8-68 应用数据作出的散点图

步骤 02 将散点图置前,执行菜单栏中的"分析"→"拟合"→"非线性曲线拟合"命令,打开"NLFit"
对话框,选中自定义函数"NewFunction1(User)",如图 8-69 所示。

图 8-69　调用自定义函数

步骤 03 单击"参数"标签,设置初始值,初始值的大小根据经验给定一个大概的值即可,此处
输入"400""6",如图 8-70 所示。

图 8-70　"参数"标签

步骤 04 单击按钮,直接拟合到收敛,得到的值如图 8-71 所示,拟合效果较好。
单击"确定"按钮完成拟合,得到拟合图形和拟合报告分别如图 8-72 和图 8-73 所示。

图 8-71　直接拟合到收敛

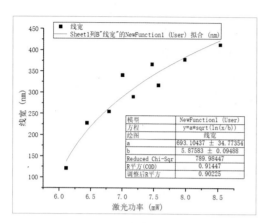

图 8-72 拟合的结果

图 8-73 拟合报告

8.4.2 指数函数线性回归

指数函数线性回归要求图形由上下两部分组成。上半部分纵坐标为以 10 为底的对数，下半部分为普通直角坐标，纵坐标和横坐标分别为 Rate 和 Time。数据中 Rate（Y）随 Time（X）呈指数下降趋势。绘图后对图中的数据进行线性回归。绘图步骤如下：

步骤 01 打开数据文件 ApparentFit.opju，将其工作表设置为当前窗口，新建一列，将该列值设置为 log(B)。

步骤 02 分别选中工作表中的 B（Y）、C（Y）数据列，并执行菜单栏中的"绘图"→"基础 2D 绘图"→"散点图"命令绘制散点图，如图 8-74 和图 8-75 所示。

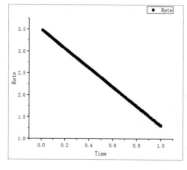

图 8-74 应用数据作出的散点图

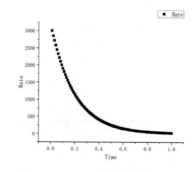

图 8-75 B（Y）数据作出的散点图

步骤 03 执行菜单栏中的"分析"→"拟合"→"线性拟合"命令，弹出"线性拟合"对话框，对 C（Y）
数据列绘制的图形进行线性拟合，得到的回归线性方程和图形如图 8-76 所示。

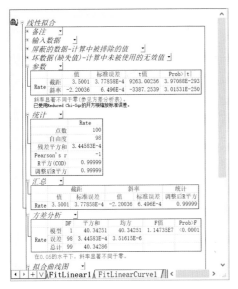

（a）拟合报告

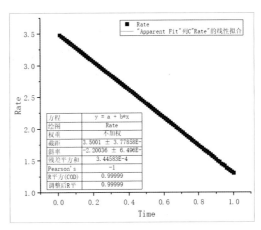

（b）回归线性方程和图形

图 8-76　拟合结果

步骤 04 执行菜单栏中的"图"→"合并图表"命令，弹出"合并图表"对话框。在"排列设置"
选项组中选取 1 行 2 列，在"间距"中可以将间隙设为 2，如图 8-77 所示。

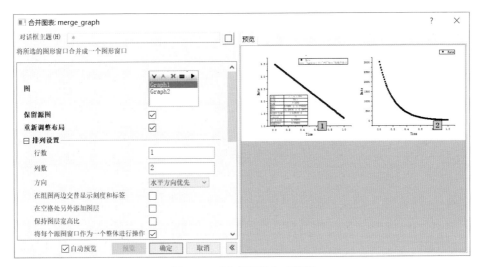

图 8-77　"合并图表"对话框

步骤 05 单击"确定"按钮，得到绘图要求的图形，如图 8-78 所示。

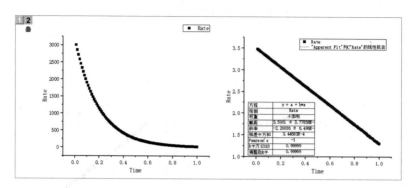

图 8-78 得到绘图要求的图形

8.5 本章小结

Origin 的曲线拟合功能极大地方便了科技工作者的作图分析要求。本章重点介绍了非线性拟合的方法，并在此基础上讲解了采用自定义函数进行拟合的方法，希望读者通过本章的学习能真正掌握利用 Origin 进行非线性拟合的方法。

第 9 章

数据操作与分析

在试验数据处理和科技论文对试验结果的讨论中，除采用回归分析和曲线拟合方法建立经验公式或数学模型外，还会采用其他数据操作和分析方法对试验数据进行处理。Origin 拥有强大易用的数据分析功能，包括插值和外推处理、简单数学运算、微分积分计算、曲线运算等处理手段。

学习目标：

★ 掌握插值和外推方法

★ 掌握简单数学运算方式

★ 掌握数据的排列及曲线归一化操作

9.1 插值与外推

在 Origin 中，数学处理主要包括插值与外推、简单数学运算、微分和积分、曲线平均等。这些分析都可以通过菜单栏中的"分析"→"数学"下的子菜单选择相应命令进行操作。操作时只要打开对话框，设置好相关参数，单击"确定"按钮，即可在指定的位置输出结果。

这些数据运算可以在数据表中进行，也可以在图形窗口中进行，当在图形窗口中进行操作时，可以实时看到处理结果的曲线。

本节先介绍差值与外推。插值是指在当前数据曲线的数据点之间，利用某种算法估算出新的数据点；而外推是指在当前数据曲线的数据点外，利用某种算法估算出新的数据点。

9.1.1 从 X 插值 / 外推 Y

插值与外推增加数据点的依据是原有的数据趋势，可以有多种算法进行选择，实质是根据一定的算法找到新的 X 坐标对应的 Y 值。

在 Origin 中可以实现一维、二维和三维的插值。一维插值指的是给出（x,y）数据，插 y 值；二维插值需要给出（x,y,z）数据，插 z 值；三维插值则是给出（x,y,z,f）数据，插 f 值。

利用"从 X 插值 / 外推 Y"命令可以进行外推 / 插值操作。本功能在工作表中操作，可以根据原数据的趋势，再根据设定的 X 值，计算出适合的 Y 值。

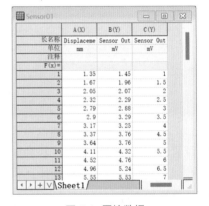

图 9-1 原始数据

1. 在工作表中插值

打开数据文件 Interpolation.opju，如图 9-1 所示，选中工作簿中的 A(X)、B(Y) 数据列，执行菜单栏中的"分析"→"数学"→"从 X 插值 / 外推 Y"命令，弹出"从 X 插值 / 外推 Y"对话框，如图 9-2 所示进行设置后，单击"确定"按钮，进行插值计算，此时工作表中新增一列数据，结果如图 9-3 所示。

图 9-2 "从 X 插值 / 外推"对话框

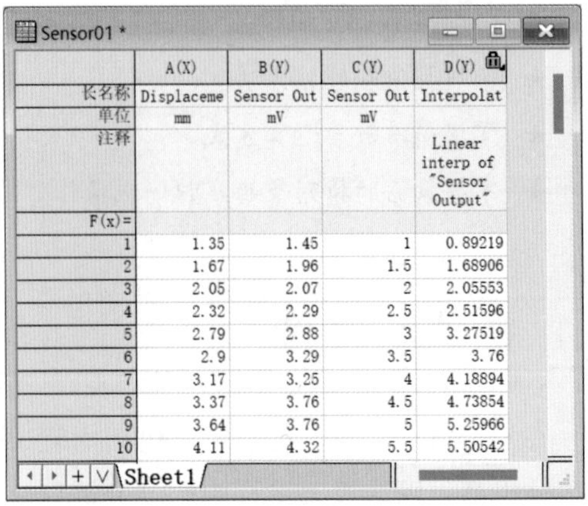

图 9-3 插值数据

> 🔧注意　"方法"选项提供的分析算法包括线性、三次样条、三次 B 样条、Akima 样条插值 4 种。

2. 在绘制的图形上进行插值

选中数据文件 Interpolation.opju 工作簿中的 A（X）、B（Y）数据列，绘制散点图，如图 9-4 所示。

步骤 01　将图形窗口置前，执行菜单栏中的"分析"→"数学"→"插值 / 外推"命令，弹出"插值 / 外推"对话框，如图 9-5 所示进行设置后，单击"确定"按钮，进行插值计算。

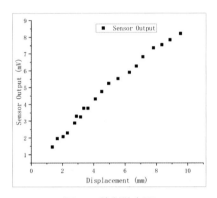

图 9-4　绘制散点图　　　　　　　　　　　图 9-5　"插值 / 外推"对话框

步骤 02　插值曲线绘制在图形窗口中，如图 9-6 所示，插值数据自动保存在工作表中，如图 9-7 所示。

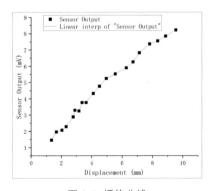

图 9-6　插值曲线　　　　　　　　　　　　图 9-7　插值数据

若不想插入某个特定点的值，只想通过插值增加或减少一些数据点，则可以在"从 X 插值 / 外推 Y: interp1"对话框中指定被插曲线和要插入的数据点的数量，Origin 就会生成间隔均匀的插值曲线。

9.1.2 轨线插值

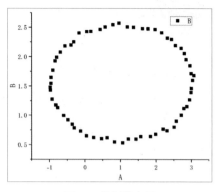

图 9-8 绘制散点图

利用"轨线插值"命令可以进行趋势插值操作，该操作适用于工作表或图形窗口。利用"轨线插值"命令可以在原有曲线中均匀地插入 n 个数据点，默认是 100 个点。轨线插值工具只能插入间隔均匀的值。

步骤01 打开数据文件 Nonlinear FIT.opju，选中工作表中的 A（X）、B（Y）数据列，绘制散点图，如图 9-8 所示。

步骤02 执行菜单栏中的"分析"→"数学"→"轨线插值"命令，弹出"轨线插值"对话框，如图 9-9 所示进行设置后，单击"确定"按钮，进行插值计算。其中"方法"为插值分析算法，包括线性、三次样条、三次 B 样条 3 种。

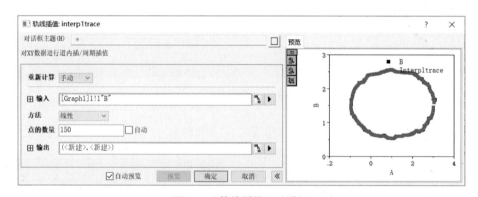

图 9-9 "轨线插值"对话框

步骤03 用原始数据和插值数据绘制的散点图如图 9-10 所示。其中，大黑点为原始数据点，小红点为插值数据点。

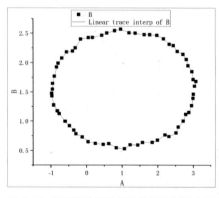

图 9-10 用原始数据和插值数据绘制散点图

9.1.3　插值 / 外推

数据外推是指在已经存在的最大或最小 X、Y 数据点的前后加入数据。Origin 中利用"插值 / 外推"命令可以进行插值 / 外推操作，利用该命令可以设定一个较大的范围（超过原有 X 坐标范围），均匀插入 n 个点。

步骤 01　打开数据文件 Interpolation.opjut，执行菜单栏中的"分析"→"数学"→"插值 / 外推"命令，弹出"插值 / 外推"对话框，如图 9-11 所示。插值数据如图 9-12 所示。

图 9-11　"插值 / 外推"对话框

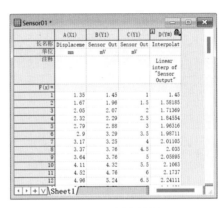

图 9-12　插值数据

步骤 02　利用插值数据 D（Y）数据列绘制散点图，结果如图 9-13 所示。

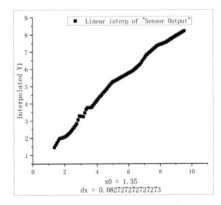

图 9-13　插值数据绘图

9.1.4　3D 插值

三维插值是指（x,y,z,f）数据插如第四维 f 值，读者可以通过不同颜色、大小的 3D 散点图来观察效果。

步骤01 导入数据文件 3D Inter.dat，执行菜单栏中的“分析”→“数学”→“3D 插值”命令，弹出“3D 插值”对话框，其中“计算控制”用于设定各个方向上的最大 / 最小插值点。

步骤02 如图 9-14 所示进行设置，设置完毕之后，单击“确定”按钮，完成插值。

在“每个维度点的数量”中输入“10”，则会插值出 10*10*10 个点。这些插值点会自动保存在新建的工作表中，如图 9-15 所示。

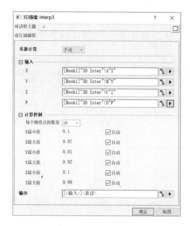

图 9-14 “3D 插值”对话框

A3DInterpolat *

	A(X)	B(Y)	C(Z)	D(Y)
长名称	Interp X	Interp Y	Interp Z	3D Interpolation
单位				
注释	3D interp of "X", "Y", "Z", "F"	3D interp of "X", "Y", "Z", "F"	3D interp of "X", "Y", "Z", "F"	3D interp of "X", "Y", "Z", "F"
F(x)=				
1	0.1	0.01	0.1	0.51895
2	0.1	0.01	1.19889	0.50087
3	0.1	0.01	2.29778	0.56924
4	0.1	0.01	3.39667	0.46565
5	0.1	0.01	4.49556	0.18785
6	0.1	0.01	5.59444	-0.32486
7	0.1	0.01	6.69333	-1.1822
8	0.1	0.01	7.79222	-2.53703
9	0.1	0.01	8.89111	-4.30201
10	0.1	0.01	9.99	-5.40858
11	0.1	1.11111	0.1	0.30336
12	0.1	1.11111	1.19889	0.42612
13	0.1	1.11111	2.29778	0.56973

3D Interpolation | 3DInterp

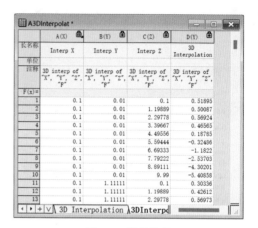

图 9-15 插值数据

9.1.5 从 XY 插值 Z

二维插值需要给出（x,y,z）数据，插 z 值，读者可以通过不同颜色、大小的 3D 散点图来观察效果。

步骤01 打开数据文件 3D Interpolation.opju，如图 9-16 所示。执行菜单栏中的“分析”→“数学”→“从 XY 插值 Z”命令，弹出“从 XY 插值 Z”对话框。

步骤02 按照如图 9-17 所示进行设置后，单击“确定”按钮，完成插值。这些插值点会自动保存在工作表中，如图 9-18 所示。

Book2

	A(X1)	B(Y1)	C(Z1)	D(X2)	E(Y2)
长名称	East Bound	North Boun	Topologica		
单位	m	m	m		
注释					
F(x)=					
1	1	1	-0.69805	1	1
2	1	1.29032	-0.5923	1	1
3	1	1.58065	-0.46339	1	1
4	1	1.87097	-0.3353	1	1
5	1	2.16129	-0.23196	1	1
6	1	2.45161	-0.17522	1	1
7	1	2.74194	-0.18303	1	1
8	1	3.03226	-0.26794	1	1
9	1	3.32258	-0.43604	1	1
10	1	3.6129	-0.68648	1	1
11	1	3.90323	-1.01149	1	1
12	1	4.19355	-1.39707	1	1
13	1	4.48387	-1.82416	1	1
14	1	4.77419	-2.2702	1	1
15	1	5.06452	-2.71108	1	1
16	1	5.35484	-3.12309	1	1
17	1	5.64516	-3.48495	1	1
18	1	5.93548	-3.77958	1	1
19	1	6.22581	-3.99552	1	1

MSheet1

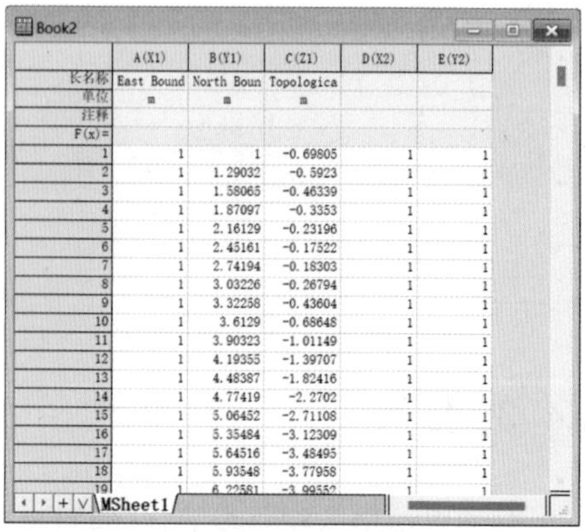

图 9-16 原始数据

图 9-17　"从 XY 插值 Z"对话框

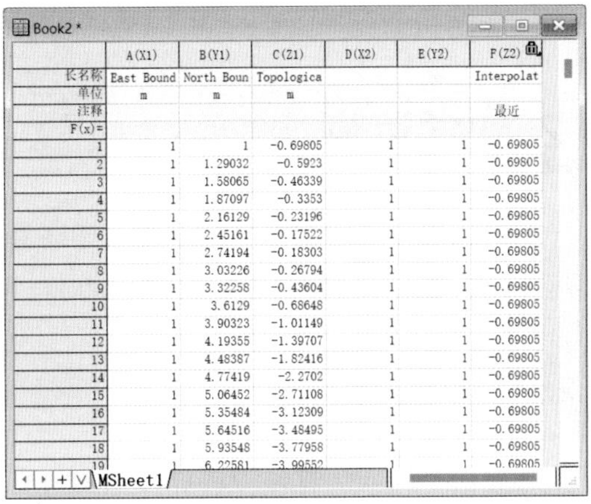

图 9-18　插值数据

9.1.6 XYZ 轨线插值

步骤01 打开数据文件 3D Interpolation.opju，如图 9-19 所示。执行菜单栏中的"分析"→"数学"→"XYZ 轨线插值"命令，弹出"XYZ 轨线插值"对话框。

步骤02 按照如图 9-20 所示进行设置后，单击"确定"按钮，完成插值。这些插值点会自动保存在工作表中，如图 9-21 所示。

图 9-19　原始数据

图 9-20　"XYZ 轨线插值"对话框

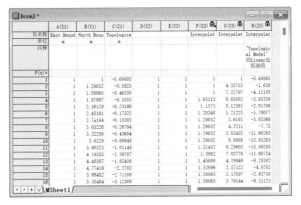

图 9-21　插值数据

9.2 数学运算

在 Origin 中，对图形窗口进行数学运算时，需要先对 X 列的数据进行排序，再进行数学运算。当对工作簿窗口进行数学运算时，可以直接用数学工具进行运算。

9.2.1 简单曲线运算

利用简单曲线运算命令可以方便地对数据或曲线进行简单的加、减、乘、除运算，对于图形来说，可以利用加、减运算进行平移或升降，利用乘、除运算可以调整曲线的纵横深度。当对多条曲线进行比较时，该功能非常有用。

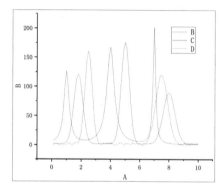

图 9-22 选中所有列绘制线图

步骤 01 打开数据文件 Multiple Peaks.opju，选中所有数据列绘制线图，结果如图 9-22 所示。此时可以发现所有曲线重叠在一起，不方便观察和描述。

步骤 02 执行菜单栏中的"分析"→"数学"→"简单曲线运算"命令，弹出"简单曲线运算"对话框，如图 9-23 所示。其中"运算符"包括操作符，包含加、减、乘、除和幂的操作；"运算数"包括操作数类型，包含常量和参数数据（如用于扣除背景）；"参照数据"表示使用数据集作为操作数；"常数"表示使用常量作为操作数。

步骤 03 观察原来曲线的数据，并通过加、减操作调整四条曲线的数值，结果如图 9-24 所示。

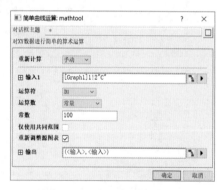

图 9-23 "简单曲线运算"对话框

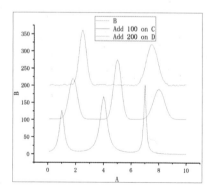

图 9-24 通过数据运算平衡曲线

9.2.2 垂直和水平移动

垂直移动是指选定的数据曲线沿 Y 轴垂直移动。

步骤 01 打开数据文件 Multiple Peaks.opju，选中 B（Y）数据列绘制线图，如图 9-25 所示。

步骤 02 执行菜单栏中的"分析"→"数据操作"→"垂直平移"命令，此时将在图形上添加一条红色的水平线，如图 9-26 所示。

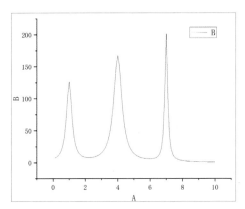

图 9-25 用 B（Y）数据列绘制的线图

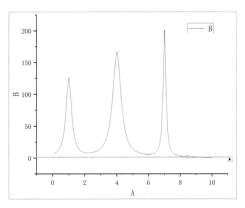

图 9-26 出现红色水平线

步骤 03 选中红线并按住鼠标，将图形上下移动到需要的地方，如图 9-27 所示。

水平移动的功能和方法与垂直移动完全相同。执行菜单栏中的"分析"→"数据操作"→"水平平移"命令，由计算纵坐标差值改为计算横坐标差值，该曲线的 X 值即可发生变化。

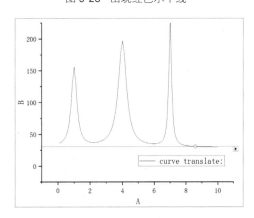

图 9-27 上下移动图形

9.2.3 平均多条曲线

求多条曲线的平均是指计算当前激活的图层内所有数据曲线 Y 值的平均值。对于 X 单调上升或下降的数据，利用"计算多条曲线的均值"命令可以实现对多条曲线进行平均化操作。

步骤 **01** 打开数据文件 Multiple Peaks.opju，选中 B（Y）、C（Y）数据列，绘制的线图如图 9-28 所示。

步骤 **02** 执行菜单栏中的"分析"→"数学"→"计算多条曲线的均值"命令，打开"计算多条曲线的均值"对话框，如图 9-29 所示。该对话框中"方法"选项包括求平均值和连结两种，用于对多条曲线求平均。

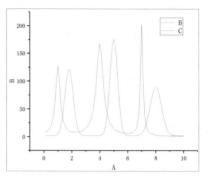

图 9-28 绘制的线图

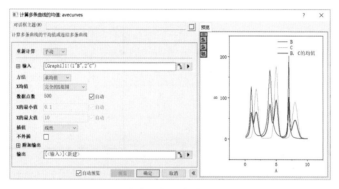

图 9-29 "计算多条曲线的均值"对话框

步骤 **03** 选择数据范围和求值方法，单击"确定"按钮，即可计算出当前激活图层内所有数据曲线 Y 值的平均值，绘制的图形如图 9-30 所示。计算结果存在一个新的工作表中，如图 9-31 所示。

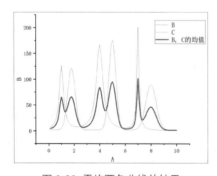

图 9-30 平均两条曲线的结果

图 9-31 计算结果

9.2.4 减去参考数据与减去直线

"减去参考数据"与"减去直线"可以实现数据扣除运算。其中：

- "减去参考数据"用于扣除一列已经存在的数据，多用于扣除空白试验数据（即背景或基底），可用于工作表和图。
- "减去直线"则直接扣除一条已绘制的直线（水平线或斜线），当原有数据随试验过程明显偏移基线时可人为地进行修正。

步骤 01　打开数据文件 Remove Baseline.opju，选中 B(Y)数据列绘制线图，绘制结果如图 9-32 所示。

步骤 02　执行菜单栏中的"分析"→"数据操作"→"减去直线"命令，通过鼠标双击确定起点和终点，绘制一条斜线用于扣除，结果如图 9-33 所示。

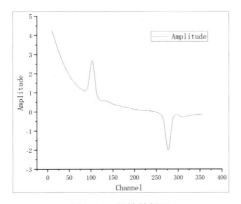

图 9-32　原始数据图

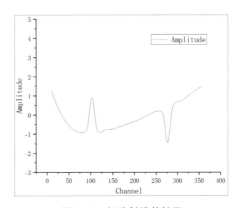

图 9-33　扣除斜线的结果

9.3　微分和积分运算

9.3.1　曲线微分

曲线数值微分就是对当前激活的数据曲线进行微分。微分值通过计算相近两点的平均斜率得到，即

$$y' = \frac{1}{2}\left(\frac{y_{i+1} - y_i}{x_{i+1} - x_i} + \frac{y_i - y_{i-1}}{x_i - x_{i-1}} \right)$$

步骤 01　打开数据文件 Curve.opju 进行绘图，绘制结果如图 9-34 所示。

步骤 02　执行菜单栏中的令"分析"→"数学"→"微分"命令，打开如图 9-35 所示的"微分"对话框。

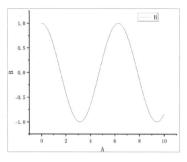

图 9-34 原始数据图

图 9-35 "微分"对话框

步骤 03 在该对话框中对相关参数进行设置，设置完成后单击"确定"按钮，自动生成微分曲线图，如图 9-36 所示。

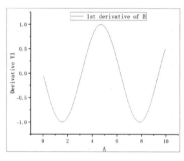

图 9-36 微分曲线图

9.3.2 曲线积分

曲线数值积分是指对当前激活的数据曲线用梯形法进行数值积分。

步骤 01 打开数据文件 Curve.opju 进行绘图。

步骤 02 执行菜单栏中的"分析"→"数学"→"积分"命令，打开"积分"对话框，如图 9-37 所示。其中"面积类型"参数用于设置积分的方式。

步骤 03 设置完成之后，单击"确定"按钮，自动生成积分曲线图，如图 9-38 所示。

图 9-37 "积分"对话框

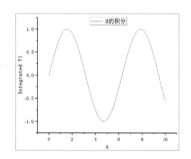

图 9-38 积分曲线图

9.4 数据排序及曲线归一化

在 Origin 中，数据排序主要用于对工作表数据进行排序，曲线归一化用于对图形窗口中的曲线进行规范化操作。

9.4.1 数据排序

工作表数据排序类似数据库系统中的记录排序，是指根据某列或某些列数据的升降顺序进行排序。Origin 可以进行单列、多列，甚至整个工作表数据的排序。

1. 简单排序

单列、多列和工作表排序的方法类似，下面只介绍单列数据的简单排序，其操作步骤如下：

步骤 01 打开工作表，选择一列数据。

步骤 02 执行菜单栏中的"工作表"→"列排序"命令，选择相应的排序方法，如"升序"或"降序"。如果选择工作表中多列或部分工作表数据，则排序仅在该范围内进行。其他数据排序的菜单命令也在工作表下拉菜单中，如图 9-39 所示。

（a）列排序　　　　　　　　　　（b）工作表排序

图 9-39 数据排序的菜单命令

2. 嵌套排序

对工作表部分数据进行嵌套排序时，应先打开工作表，选择该部分数据，然后执行菜单栏中的"工作表"→"列排序"→"自定义"命令，打开"嵌套排序"对话框，如图 9-40 所示进行排序。

图 9-40 "嵌套排序"对话框

273

如果对整个工作表进行嵌套排序，则直接执行"自定义"命令，打开"嵌套排序"对话框，通过选择"升序"或"降序"进行排序。

9.4.2 曲线归一化

将图形窗口置前，利用"曲线归一化"命令可以将选中的数值除以一个值以便产生新的结果，实现曲线的规范化操作。

步骤 01 导入数据文件，选中数据列绘制线图。

步骤 02 执行菜单栏中的"分析"→"数学"→"曲线归一化"命令，打开"曲线归一化"对话框，如图 9-41 所示。其中"归一化方法"包括除以给定的值、归一化到区间 [0,1]、归一化到区间 [0,100]、Z 分数（标准化为 N（0,1）) 、除以最大值、除以最小值、除以平均值、除以中位数、除以 SD、除以范数、除以众数等。

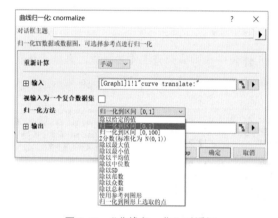

图 9-41 "曲线归一化"对话框

步骤 03 设置完成后，单击"确定"按钮，完成曲线的归一化操作，此时在数据表中增加归一化的新列。

9.5 本章小结

Origin 提供了强大易用的数据分析功能，包括简单数学运算、微分和积分、插值和外推、曲线运算等。本章主要介绍了插值和外推的方法、简单数学运算方式、数据的排列及归一化等，通过本章的学习，读者可以掌握利用 Origin 对数据进行操作的方法。

第10章

基础统计分析

为满足统计分析及作图的需要，Origin 提供了许多基础统计方法，包括列 / 行统计、相关系数统计、频数分布统计、正态统计、单因素方差分析和双因素方差分析等。

学习目标：

★ 掌握描述统计的相关方法

★ 掌握方差分析的方法

10.1 描述统计

在 Origin 中统计量的描述包括列统计、行统计、相关系数、频数分布和正态性检验等。统计描述操作位于 Origin 菜单中的"统计"→"描述统计"下。

本节采用数据文件 Desciriptive.opju 中的数据，该文件为学生的基本情况登记表。在选中要分析数据的工作表后，通过执行菜单栏中的"统计"→"描述统计"下的相关命令，可以进行数据分析，并输出分析报表。

10.1.1 列统计

选中工作表中的 E（Y）列（体重），执行"统计"→"描述统计"→"列统计"命令，可以打开"列统计"对话框，如图 10-1 所示，单击"确定"按钮，第一次执行会弹出"提示信息"对话框，单击"确定"按钮，生成的统计结果报表如图 10-2 所示。

图 10-1 列统计参数设置

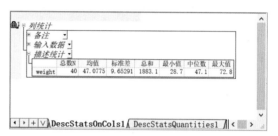

图 10-2 统计结果报表

10.1.2 行统计

选中要统计的数据列 E（Y），也可以选择数据行，然后执行"统计"→"描述统计"→"行统计"命令，打开"行统计"对话框，如图 10-3 所示，即可对该行进行统计分析。此时在工作表中给出了 E（Y）列的每一行的均值、标准差，如图 10-4 所示。

图 10-3 行统计参数设置

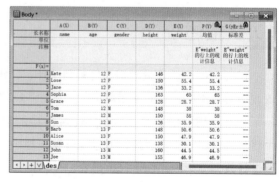

图 10-4 行统计

10.1.3 相关系数统计

相关系数分析是采用相关系数（r）来表示两个变量之间的直线关系，并判断其密切程度的统计方法。

相关系数没有单位，在 -1~+1 范围内变动。其绝对值越接近 1，则两个变量间的直线相关越密切；越接近 0，则直性相关越不密切。相关系数若为正，则说明一个变量随另一个变量的增减而增减，方向相同；若为负，则表示一个变量增加，另一个变量减少，即方向相反，但它不能表达直线以外（如各种曲线）的关系。

选中工作表中要统计的两列数据或两列数据的一段，执行"相关系数"命令，在"相关系数"对话框中选择相关系数计算方法、输出的地方和统计图类型等，分析结果会自动创建在一个新的工作表窗口中，给出相关系数、散点图等工作表。

步骤 01 采用数据文件 Desciriptive.opju，执行"统计"→"描述统计"→"相关系数"命令，即可打开"相关系数"对话框。

步骤 02 在"相关系数"对话框的"输入"中选择 B 列（年龄）和 D 列（身高），进行年龄和身高相关系数分析，勾选"绘图"下的"散点图"复选框，如图 10-5 所示。

步骤 03 单击"确定"按钮即可进行相关系数分析，得到的分析工作表如图 10-6 所示。

图 10-5 "相关系数"对话框

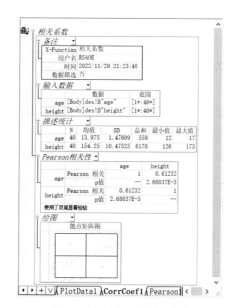

图 10-6 相关系数分析工作表

双击工作表中的"散点图"可以弹出散点图图形窗口，散点图如图 10-7 所示。从年龄和身高相关系数分析工作表中可以看出，身高和体重具有一定的相关性。

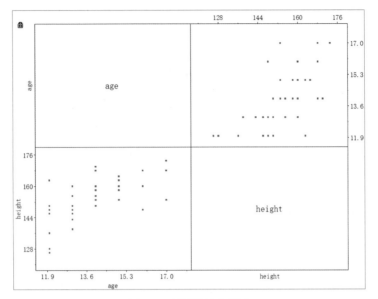

图 10-7 相关系数分析图

10.1.4 频数分布统计

频数分布统计是将数据分成一系列区间，然后分别计算负荷区间的数值，是对工作表中一列或其中一段进行频率计数的统计方法，输出结果可用于绘制直方图。

在"频数分布"对话框中，Origin 自动（也可以手动）设置最小值、最大值和增量值等参数。根据这些信息，Origin 将创建一列数据区间段，该区间段存放的数据由最小值开始，按增量值递增，每一区间段数值范围为增量值；而后 Origin 对要进行频率计数的数据列进行计数，将计数结果等有关信息存放在新创建的工作表中。

输出的工作表的第 1 列为每一区间段数值范围的中间值，第 2 列为每一区间段数值范围的结束值，第 3 列记录了每一区间段中的频率计数，第 4 列记录了该计算的累积计数。

步骤 01 采用数据文件 Desciriptive.opju，选中 C（Y）数据列进行频率计数，执行菜单栏中的"统计"→"描述统计"→"频数分布"命令，打开"频数分布"对话框。

步骤 02 如图 10-8 所示进行参数设置，设置完成后单击"确定"按钮进行频数分布分析，得到的结果如图 10-9 所示。

图 10-8 "频数分布"对话框

图 10-9 分析输出工作表

10.1.5 离散频数统计

离散频数统计可以对各个数据段中数据出现的频率进行统计。操作过程与频数分布基本相同，只是离散频数可以统计试验数据中某一些具体值出现的次数。

步骤01 执行菜单栏中的"统计"→"描述统计"→"离散频数"命令，打开"离散频数"对话框。

步骤02 如图 10-10 所示进行参数设置，设置完成后单击"确定"按钮，即可在所选的工作表中生成相应的分析结果，如图 10-11 所示。

图 10-10 "离散频数"对话框

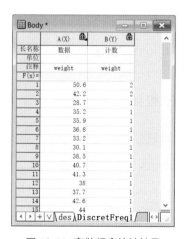

图 10-11 离散频度统计结果

10.1.6 正态性检验

为获得有效的结果，很多统计方法（如 t 检验和 ANOVA 检验等）要求数据从正态分布数据总体中取样获得，因此，对数据进行正态测试，测试数据是否符合正态分布变得非常重要。

在 Origin 中，正态测试有 Shapiro-Wilk 法、Kolmogoroc-Smirnov 法和 Lilliefors 法。其中 Shapiro-Wilk 正态测试是确定一组数据（Xi，i=1~N）是否服从正态分布的非常有用的工具。

步骤 01 采用数据文件 Desciriptive.opju，选中工作表中的 E（Y）数据列。执行菜单栏中的"统计"→"描述统计"→"正态性检验"命令，打开"正态性检验"对话框。

步骤 02 在对话框"要计算的量"选项卡下可以设置正态测试方法，在"绘图"选项卡下可以设置输出图形等，如图 10-12 所示。单击"确定"按钮，即可完成正态测试，输出的正态测试结果如图 10-13 所示。

图 10-12 "正态性检验"对话框

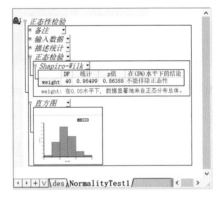

图 10-13 输出正态测试结果

10.1.7 二维频数分布统计

二维频数分布统计可以统计二维数据集的数据频率，并在二维直角坐标系中显示出来。

步骤 01 采用数据文件 Desciriptive.opju，选中工作表中的 A（X）、E（Y）数据列。执行菜单栏中的"统计"→"描述统计"→"二维频数分布"命令，打开"二维频数分布"对话框。

步骤 02 如图 10-14 所示进行参数设置，设置完毕后单击"确定"按钮，即可生成相应的 Matrix 表，如图 10-15 所示。

图 10-14　分析结果表

图 10-15　二维频数统计分布图

10.2　方差分析

　　方差分析的目的是通过数据分析找出对该事物具有显著影响的因素、各因素之间的交互作用，以及显著影响因素的最佳水平等。Origin 提供方差分析用于检验多组样本均值间的差异是否具有统计意义。

　　Origin 的方差分析工具有单因素方差分析、双因素方差分析、单因素重复测量方差分析和双因素重复测量方差分析等。方差分析操作位于菜单栏的"统计"→"方差分析"下。

　　本节讲解的方差分析参数设置较为简单，读者在学习时可以自行尝试勾选其余参数的复选框，以获得更多的分析结果。

10.2.1　单因素方差分析

　　单因素方差分析适用于检验两个或两个以上的样本总体是否具有相同的平均值。该分析方法是建立在各数据列均方差为常数、服从正态分布的基础上的。

如果 P 值比显著性水平值小，那么拒绝原假设，断定各数据列的平均值显著不同，也即至少有一个数据列的平均值与其他几个显著不同。如果 P 值比显著性水平值大，那么接受原假设，断定各数据列的平均值没有显著不同。

1. 原始数据

步骤 01　导入数据文件 OneWayANOVA.opju，该工作表记录了 78 个人的三种饮食方式，研究哪一种饮食方式最适合减肥。

步骤 02　执行菜单栏中的"统计"→"方差分析"→"单因素方差分析"命令，弹出"ANOVA OneWay"对话框，在"输入"选项卡的"输入数据"列表框中选择"原始数据"，然后如图 10-16 所示进行参数设置。

步骤 03　在"ANOVA OneWay"对话框的"方差齐性检验"选项卡中勾选"Levene II"复选框，在"绘图"选项卡中选中"条形图"。

步骤 04　单击"确定"按钮进行方差分析，自动生成方差分析报表，如图 10-17 所示。报表中包括各数据列的名称、平均值、长度、方差、F 值、P 值和检验的精度等。

图 10-16 "ANOVA OneWay"对话框

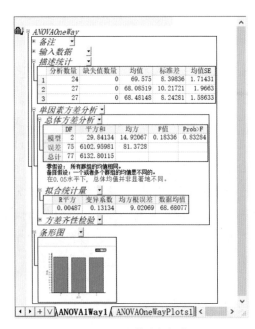

图 10-17 方差分析报表

根据该方差分析报告可知，显著性水平大于 0.05，三种饮食方式下的体重无明显区别。

2. 索引数据

若生成的数据按照组、班级和考试成绩以列的形式存放在 OneWayANOVA_indexed. dat 数据文件中，则以该数据作为索引数据进行方差分析。

步骤 01 导入数据文件 OneWayANOVA_index.opju，该工作表记录了 78 个人的三种饮食方式，研究哪一种饮食方式最适合减肥。

步骤 02 执行菜单栏中的"统计"→"方差分析"→"单因素方差分析"命令，弹出如图 10-18 所示的"ANOVA OneWay"对话框。

步骤 03 在"ANOVA OneWay"对话框的"输入"选项卡的"输入数据"列表框中选择"索引数据"，并在"因子"列表框中选择"Diet"列，在"数据"列表框中选择"weight"列。

步骤 04 在"方差齐性检验"选项卡中勾选"Levene II"复选框，在"绘图"选项卡中勾选"条形图"复选框。

步骤 05 单击"确定"按钮，进行方差分析，自动生成方差分析报表，如图 10-19 所示。

图 10-18　"ANOVA OneWay"对话框

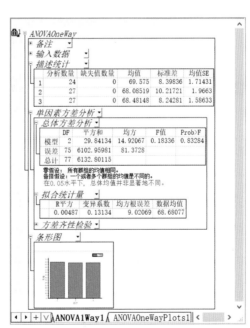

图 10-19　自动生成方差分析报表

根据方差分析报表可以得出的结论是，显著性水平大于 0.05 时，三种饮食方式下的体重无明显区别。

10.2.2 单因素重复测量方差分析

单因素重复测量方差分析主要用于独立变量的重复测量。在重复测量情况下，不能采用单因素方差的无关性假设，这是因为可能存在重复的因素在某一水平上相关的情况。

与单因素方差分析一样，单因素重复测量方差分析可以用于检验不同测量的均值和不同主题的均值是否相等。除确定均值间是否存在差别外，单因素重复测量方差分析还提供了多均值比较，以确定哪一个均值有差别。

单因素重复测量方差检验对数据的要求是每一水平数据样本大小相同。

步骤 01 打开数据文件 OneWayRM_ANOVA_index.opju，该工作表记录了 3 种不同剂量的药物用于 30 个受试对象的重复试验数据，分析不同的剂量是否会有不同的效果。

步骤 02 执行菜单栏中的"统计"→"方差分析"→"单因素重复测量方差分析"命令，弹出"ANOVA OneWayRM"对话框。

步骤 03 在该对话框中设置参数，确定数据输入方式。在"输入"选项卡"输入数据"列表框中选择"索引数据"，并在"因子"中选择"dose"数据，在"数据"中选择"Data"数据，在"观察对象"中选择"Subject"数据，勾选"描述统计"复选框，如图 10-20（a）所示。

步骤 04 勾选"均值比较"选项卡中的"Tukey"复选框，进行均值比较，如图 10-20（b）所示。

（a）"输入"选项卡 　　　　　　　（b）"均值比较"选项卡

图 10-20　"ANOVA OneWayRM"对话框

步骤 **05**　单击"确定"按钮进行分析，单因素重复测量方差分析报告如图 10-21 所示。在多变量检验结果中，四种方法检验的结果都显示显著性大于 0.05，说明不同剂量的效果没有显著性差异。

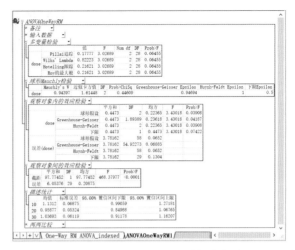

图 10-21　单因素重复测量方差分析报告

10.2.3　双因素方差分析

双因素方差分析可以考察两个独立因素的不同水平对研究对象的影响的差异是否有统计学意义。

如果两个因素纵横排列数据，每个单元格仅有一个数据，则称为无重复数据，应采用无重复双边方差分析；如果两个因素纵横排列数据，每个单元格并非只有一个数据，而有多个数据，则有重复数据，应采用有重复双边方差分析，这种分析数据方法可考虑因素间的交互效应。

Origin 的双因素方差分析包括多种均值比较、真实和假设推翻假设概率分析等，可以方便地完成双边方差分析统计。

1. 以行（raw）方式进行分析

步骤 **01**　导入数据文件 TwoWayANOVA_raw.opju，该工作表包含性别（两个水平）和饮食（三个水平）两个因素。

步骤 **02**　执行菜单栏中的"统计"→"方差分析"→"双因素方差分析"命令，弹出"ANOVATwoWay"对话框。

步骤 **03**　如图 10-22 所示进行参数设置，设置完毕后，单击"确定"按钮进行方差分析，自动生成方差分析报表，如图 10-23 所示。

由方差分析报表可知，性别和饮食水平因素的总体平均值显著不同，性别和饮食水平两个因素间交互作用不明显。

Origin 科技绘图与数据分析

图 10-22 "ANOVATwoWay"对话框

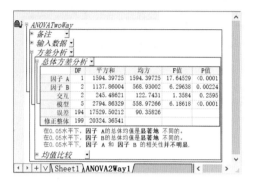

图 10-23 自动生成方差分析报表

2. 以列（indexed）方式进行分析

步骤01 导入数据文件 TwoWayANOVA_indexed.opju，该工作表包含性别、饮食水平和收缩压三列数据。

步骤02 执行菜单栏中的"统计"→"方差分析"→"双因素方差分析"命令，即可弹出"ANOVATwoWay"对话框。

步骤03 如图 10-24 所示进行参数设置，设置完毕后，单击"确定"按钮进行方差分析，自动生成方差分析报表，如图 10-25 所示。

图 10-24 "ANOVATwoWay"对话框

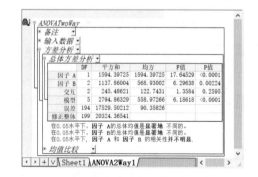

图 10-25 自动生成方差分析报表

由方差分析报表可知，性别和饮食水平因素的总体平均值显著不同，性别和饮食水平两个因素间交互作用不明显。

286

10.2.4 双因素重复测量方差分析

双因素重复测量方差分析与双因素方差分析的不同之处在于前者至少需要有一个重复测量变量。与双因素方差分析一样，双因素重复测量方差分析可用于检验因素的水平均值间的显著差别和各因素间均值的显著差别。

除确定均值间是否存在差别外，双因素重复测量方差检验还可提供各因素间的交互作用，以及描述性统计分析等。

步骤 01 打开数据文件 TwoWayRM_ANOVA.opju，该数据为不同药物和不同剂量对受试对象效果的重复测量数据，分析不同药物和不同剂量对受试对象是否存在差异。

步骤 02 执行菜单栏中的"统计"→"方差分析"→"双因素重复测量方差分析"命令，弹出"ANOVATwoWayRM"对话框。

步骤 03 如图 10-26 所示设置参数，在"输入数据"列表框中选择"原始数据"确定数据输入方式。

步骤 04 设置置完毕后，单击"确定"按钮，进行方差分析，自动生成双因素重复测量方差分析报表，如图 10-27 所示。

图 10-26 "ANOVATwoWayRM"对话框

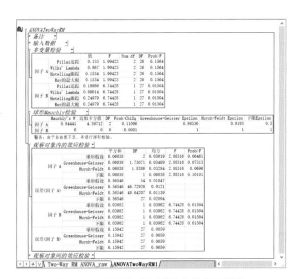

图 10-27 双因素重复测量方差分析报表

在多变量检验的结果中，因子 A（不同药物）的 4 种检验方法的显著性为 0.1564，均大于 0.05，说明不同药物对受试对象的结果没有显著影响；因子 B（不同剂量）的 4 种检验方法的显著性为 0.01504，均小于 0.05，说明不同剂量对受试对象的结果存在显著影响。

10.2.5 三因素方差分析

当 X 为定类数据，Y 为定量数据时，通常使用方差分析进行差异研究。X 的个数为一个时，称之为单因素方差；X 为 2 个时则称之为双因素方差；X 为 3 个时则称之为三因素方差，以此类推。当 X 超过 1 个时，统称为多因素方差。

除确定均值间是否存在差别外，三因素重复测量方差检验还可提供各因素间的交互作用，以及描述性统计分析等。

步骤 01 打开数据文件 ThreewayANoVA.opju，执行菜单栏中的"统计"→"方差分析"→"三因素方差分析"命令，弹出如图 10-28 所示的"ANOVAThreeWay"对话框。在该对话框中设置参数，在"输入数据"列表框中选择"索引数据"确定数据输入方式。

步骤 02 设置完毕后，单击"确定"按钮，进行方差分析，自动生成三因素方差分析报表，如图 10-29 所示。

图 10-28 "ANOVAThreeWay"对话框

图 10-29 三因素方差分析报表

10.3 本章小结

本章重点讲解了 Origin 中提供的基础统计分析方法，这些统计方法是统计分析过程中经常用到的，包括列/行统计、相关系数统计、频数分布统计、正态统计、单因素方差分析和双因素方差分析等。通过本章的学习，可以帮助读者尽快掌握利用 Origin 进行统计分析的方法。

第11章

参数与非参数检验

　　参数检验是推断统计的重要组成部分，常常采用抽样研究的方法从总体中随机抽取一定数量的样本进行研究，并以此推断总体。在总体分布已知的情况下，利用样本数据对总体包含的参数进行推断的问题就是参数检验问题，参数检验不仅能够对一个总体的参数进行推断，还能比较两个或多个总体的参数。

　　在总体分布形式未知的情况下，通过样本来检验总体分布的假设，这种检验方法称为非参数检验。非参数检验应用范围很广，是统计方法中的重要组成部分，相对于参数检验，非参数检验所需的假定前提比较少，不依赖总体的分布类型，即总体数据不符合正态分布或分布情况未知时，就可以用来检验数据是否来自同一个总体。

学习目标：

★ 掌握参数检验与非参数检验的概念

★ 掌握参数检验的方法

★ 掌握非参数检验的方法

11.1 参数检验

假设检验（参数检验）是利用样本的实际资料来检验事先对总体某些数量特征所做的假设是否可信的一种统计分析方法，它通常用样本统计量和总体参数假设值之间差异的显著性来说明。

在 Origin 中，假设检验包括单样本假设检验和双样本假设检验等，假设检验操作位于 Origin 菜单中的"统计"→"假设检验"下。

11.1.1 单样本 t 检验

对于服从正态分布的样本数据列 X_1, X_2, …, X_n 来说，假设样本均值为 X，样本方差为 SD^2，此时可以应用单样本 t 检验方法来检验样本平均值是否等于规定的常数。

步骤 01 打开数据文件 Onesample.opju，该数据文件记录了某工厂生产的螺丝的直径，如图 11-1 所示，要求工厂生产的螺丝直径要满足 21mm，分析是否符合要求。

步骤 02 执行菜单栏中的"统计"→"假设检验"→"单样本 t 检验"命令，弹出如图 11-2 所示的"单样本 t 检验"对话框，在"输入数据格式"列表框中选择"原始数据"，在"输入"列表框中选择 B 列数据。

图 11-1 数据

图 11-2 "单样本 t 检验"对话框

步骤 03 在"均值 t 检验"选项卡中，将"均值检验"设置为"21"，如图 11-3 所示。设置完毕后，单击"确定"按钮进行检验分析，完成后自动生成单样本 t 检验分析报告，如图 11-4 所示。

t 检验的结果给出了螺丝直径数据列的平均值、方差和数据列长度，计算出 t=2.9437，P=0.00404，小于规定的 0.05 显著性水平。计算得出结论，在原假设 H_0 : μ=21，备择假设

$H_1: \mu \neq 21$，单样本双边 t 检验和规定的 0.05 显著性水平上，实际平均值 21.00459 和期望平均值 21 显著不同。

图 11-3 "均值 t 检验"选项卡

图 11-4 检验分析报告

11.1.2 双样本 t 检验

实际工作中，常常会遇到比较两个样本参数的问题，例如，比较两地区的收入水平，比较两种工艺的精度等。对于 X、Y 双样本数据列来说，如果它们相互独立，并且都服从方差为常数的正态分布，那么可以使用两个独立样本 t 检验来检验两个数据列的平均值是否相同。

下面结合数据文件 Twosample.opju 中的样本进行讲解。随机用药品对 20 位失眠症患者进行试验，比较 medicine A 和 medicine B 两种安眠药的效果，两种药品各安排一半患者进行实验，记录每位患者用药后延长的睡眠时间，通过检验分析两种药品的差别。

步骤 01 打开数据文件 Twosample.opju。

步骤 02 执行菜单栏中的"统计"→"假设检验"→"双样本 t 检验"命令，弹出"双样本 t 检验"对话框。

步骤 03 在该对话框中，在"输入"选项卡中设置"输入数据格式"为"原始数据"，在"均值 t 检验"选项卡中设置"均值检验"为"0"，如图 11-5 所示。

步骤 04 设置完毕后，单击"确定"按钮，会新建一个检验分析报告工作表，如图 11-6 所示。输出结果中的两组统计值分别是针对原假设两组数据的方差相等／不等所做出的 t 检验值。

由报告可知，相对应的两组 P 值分别为 0.07384 和 0.074，均大于 0.05 的置信水平，由此得出的结论是，在统计意义上两组实验的治疗效果没有明显差别。

图 11-5 "双样本 t 检验"对话框

图 11-6 检验分析报告

11.1.3 配对样本 t 检验

对于均服从方差为常数的正态分布但彼此并不独立的 X、Y 两个样本数据列，可以使用配对样本 t 检验来检验两个数据列的平均值是否相同。配对样本 t 检验的方法与双样本 t 检验基本相同。

下面结合数据文件 PairSampleTest.opju 进行讲解。该数据用于研究某种实践教学效果对学生成绩是否有效。

步骤 01 导入数据文件 PairSampleTest.opju。

步骤 02 执行菜单栏中的"统计"→"假设检验"→"配对样本 t 检验"命令，弹出"配对样本 t 检验"对话框。

图 11-7 "配对样本 t 检验"对话框

步骤 03 在该对话框中，在"输入"选项卡的"第一个数据范围"中选择"pre-module score"列，在"第二个数据范围"中选择"post-module score"列；在"均值 t 检验"选项卡中设置"均值检验"为"0"，如图 11-7 所示。

步骤 04 设置完毕后，单击"确定"按钮，会新建一个输出分析报告工作表，如图 11-8 所示。

图 11-8 检验分析报告

输出结果中，t 统计量（−3.23125）和 P 值（0.00439）表明两组数据平均值的差异是显著的，即学生前后的成绩是有差异的。

11.1.4　单样本比率检验

单样本比率检验是研究一个总体中具有某种特征的个体所占比值的问题。比如我们需要研究篮球运动员的投篮命中率，现在收集到某位运动员的投篮数据为 25 投 20 中，需要研究其投篮命中率是否为 50%。

步骤 01 执行菜单栏中的"统计"→"假设检验"→"单样本比率检验"命令，弹出如图 11-9 所示的"单样本比率检验"对话框。

步骤 02 在对话框中设置"成功个数"为"20"，"样本量大小"为"25"，"检验比率"为"0.5"，检验方法有正态近似和二项式检验两种。

图 11-9　"单样本比率检验"对话框

步骤 03 单击"确定"按钮进行检验分析，完成后自动生成分析报告，如图 11-10 所示。

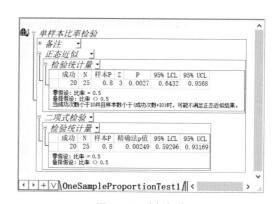

图 11-10　分析报告

在正态近似检验下，显著性 P 值为 0.0027，小于 0.05，利用该方法计算的结论是这名运动员的命中率并不是 50%。

11.1.5　双样本比率检验

双样本比率检验是研究两个样本比率是否一致的问题。比如我们需要研究篮球运动员的投篮命中率，现在收集到两位运动员的投篮数据，运动员 A 为 25 投 20 中，运动员 B 为 25 投 23 中，需要研究两位运动员的命中率是否一致。

步骤 01 执行菜单栏中的"统计"→"假设检验"→"双样本比率检验"命令，弹出如图 11-11 所示的"双样本比率检验"对话框。

步骤 02 在对话框中设置"样本 1 的成功数"为"20"，"样本 1 的样本量"为"25"，"样本 2 的成功数"为"23"，"样本 2 的样本量"为"25"。

步骤 03 单击"确定"按钮进行检验分析，完成后自动生成分析报告，如图 11-12 所示。

图 11-11 "双样本比率检验"对话框

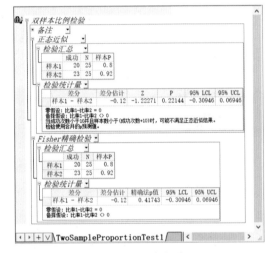

图 11-12 分析报告

在正态近似检验下，显著性 P 值为 0.22144，大于 0.05，说明两名运动员的命中率并无显著不同。

11.1.6 单样本方差检验

单样本方差检验是研究总体的误差是否跟指定值不同的问题。比如某生产厂家想要了解某批次的螺母直径的误差是不是控制在 2E-4 内，随机抽取了 100 个样品进行检验。

步骤 01 打开数据文件 Diameter.opju，选择 A 数据列，执行菜单栏中的"统计"→"假设检验"→"单样本方差检验"命令，弹出"单样本方差检验"对话框。

步骤 02　如图 11-13 所示，在"方差的卡方检验"选项组的"方差检验"文本框中输入"2E-4"。

图 11-13　"单样本方差检验"对话框

步骤 03　单击"确定"按钮进行检验分析，完成后自动生成分析报告，如图 11-14 所示。从报告中可知，显著性 P 值为 0.14041，大于 0.05，说明螺母直径的误差并没有控制在 2E-4 内。

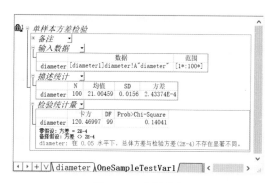

图 11-14　分析报告

11.1.7　双样本方差检验

双样本方差检验是研究两个总体的方差是否相等的问题。比如医生需要评估两种失眠药的效果，随机选择了 20 个失眠症患者，一半服用药物 A，另一半服用药物 B，然后记录每个患者服用了药物之后的睡眠延长时间，研究比较两种安眠药的方差是否不同。

步骤 01　打开数据文件 Timeraw.opju，执行菜单栏中的"统计"→"假设检验"→"双样本方差检验"命令，弹出如图 11-15 所示的"双样本方差检验"对话框，在"输入"中选择 A、B 两列数据。

图 11-15　"双样本方差检验"对话框

步骤 **02** 单击"确定"按钮进行检验分析，完
成后自动生成分析报告，如图 11-16
所示。报告中显著性 P 值为 0.77181，
大于 0.05，说明两种安眠药效果并无
显著不同。

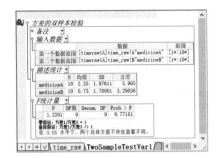

图 11-16 分析报告

11.1.8 行双样本 t 检验

行双样本 t 检验是逐行研究两个总体的均值是否相等的问题。比如数据文件 Power.opju
记录了 1994 年和 2004 年的汽车的马力、速度、重量等参数的数据，研究比较这几个汽车的
参数在 1994 年和 2004 年是否有所不同。

步骤 **01** 打开数据文件 Power.opju，执行菜单栏中的"统计"→"假设检验"→"双样本方差检验"
命令，弹出"行双样本 t 检验"对话框。

步骤 **02** 在"数据 1 的范围"列表框中选择 1994 年的数据，在"数据 2 的范围"列表框中选择
2004 年的数据，如图 11-17 所示。

步骤 **03** 单击"确定"按钮进行检验分析，完
成后自动生成分析结果，如图 11-18
所示，针对每行数据出现对应的显著
性 P 值，如 power 一行的显著性 P 为
1.32E-6，小于 0.05，说明 1994 年和
2004 年的 power 是存在显著性差异的。

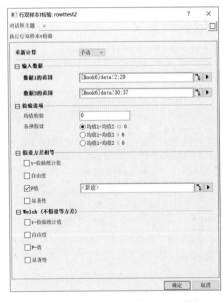

图 11-17 "行双样本 t 检验"对话框

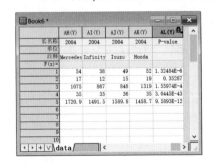

图 11-18 分析结果

11.2　非参数检验

非参数检验是与参数检验（例如假设检验）相对应的。参数检验基于数据存在一定分布的假设，但许多调查或实验所得的科研数据，其总体分布未知或无法确定，这时做统计分析常常不是针对总体参数，而是针对总体的某些一般性假设（如总体分布），这类方法称非参数检验。

Origin 中非参数检验的方法有单样本 Wilcoxon 符合秩检验、配对样本 Wilcoxon 符合秩检验、配对样本符号检验和 Mann-Whitney 等。

11.2.1　单样本 Wilcoxon 符号秩检验

单样本 Wilcoxon 符号秩检验用于检验数据是否与目标值有明显的区别。从功能上讲，单样本 Wilcoxon 检验与单样本 t 检验完全一致，二者的区别在于数据是否正态分布，如果数据正态分布，则使用单样本 t 检验，反之则使用单样本 Wilcoxon 检验。

本例是车间中的一位质量工程师意图检测某批次产品重量的中位数（或平均值）是否为166，于是他随机选取了 10 个样品，检测其重量，并使用单样本 Wilcoxon 符号秩检验法进行分析。

步骤 01 打开 Wilcoxon.opju 数据文件，选中 A 数据列，执行菜单栏中的"统计"→"非参数检验"→"单样本 Wilcoxon 符号秩检验"命令，弹出"单样本 Wilcoxon 符号秩检验"对话框。

步骤 02 根据要求进行设置，设置完成后的对话框如图 11-19 所示。单击"确定"按钮，进行计算，输出的报告结果如图 11-20 所示。

图 11-19　单样本 Wilcoxon 符号秩检验"对话框

图 11-20　输出报告结果

根据该报告可以得出总体中位数与检验中位数 166 不存在显著不同。

11.2.2　配对样本 Wilcoxon 符号秩检验

配对样本 Wilcoxon 符号秩检验用于检验配对数据是否具有显著性差异，比如实验组和对照组的成绩差异性、手术前和手术后的体重差异性。从功能上讲，配对样本 Wilcoxon 检验与配对样本 t 检验完全一致，二者的区别在于数据（配对数据的差值）是否正态分布，如果数据正态分布，则使用配对样本 t 检验，反之则使用配对样本 Wilcoxon 检验。

研究人员在 2004 年测量了 8 月和 11 月收获的同一年生木的金属含量，实验取 13 个样本，研究金属含量是否存在差异。

步骤 01　打开 Wilcoxon Pair.opju 数据文件，选中 B、C 数据列，执行菜单栏中的"统计"→"非参数检验"→"配对样本 Wilcoxon 符号秩检验"命令，弹出"配对样本 Wilcoxon 符号秩检验"对话框。

步骤 02　根据要求进行设置，设置完成后的对话框如图 11-21 所示。单击"确定"按钮，进行计算，输出的报告结果如图 11-22 所示。根据该报告可知 P 值为 0.26349，大于 0.05，说明 8 月和 11 月的金属含量无显著性差异。

图 11-21　"配对样本 Wilcoxon 符号秩检验"对话框

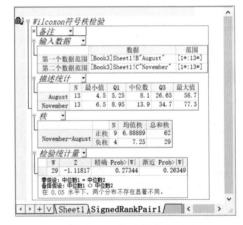

图 11-22　输出报告结果

11.2.3　配对样本符号检验

配对样本符合检验是指在两个配对样本的对应总体分布都是连续性分布的情况下，检验这两个总体的中位数的差异是否显著为零。

研究人员测得 10 头鹿的左后肢和右后肢的长度，需要研究左后肢和右后肢的长度是否存在显著性差异。

步骤01 打开数据文件 Pair.opju，选中 B、C 数据列，执行菜单栏中的"统计"→"非参数检验"→"配对样本符合检验"命令，弹出"配对样本符号检验"对话框。

步骤02 根据要求进行设置，设置完成后的对话框如图 11-23 所示。单击"确定"按钮，进行计算，输出的报告结果如图 11-24 所示。根据该报告可以得出 P 值为 0.10937，大于 0.05，说明左后肢和右后肢的长度无显著性差异。

图 11-23 "配对样本符号检验"对话框

图 11-24 输出报告结果

11.2.4 Friedman 方差分析

Friedman 检验（弗里德曼检验）用于检测多个（相关）样本是否具有显著性差异的统计检验。它是一种非参数检验方法，与单因素重复测量方差相似，但不需要满足正态分布。

眼科医生正在调查激光 He-Ne 疗法是否适用于儿童，他们采集了两组数据（6~10 岁和 11~16 岁），每组数据包含 5 名患者 3 个疗程前后的裸眼视力差。

步骤01 打开数据文件 Eyesigh.opju，执行菜单栏中的"统计"→"非参数检验"→"Friedman 方差分析"命令，弹出"Friedman 方差分析"对话框。

步骤02 根据要求进行设置，设置完成后的对话框如图 11-25 所示。单击"确定"按钮，进行计算，输出的报告结果如图 11-26 所示。根据该报告可知 P 值为 0.00674，小于 0.05，说明疗法对 6~10 岁的年龄组有效。

图 11-25 "Friedman 方差分析"对话框

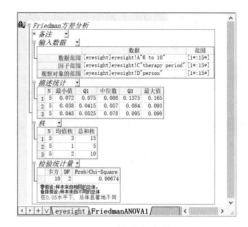

图 11-26 输出报告结果

11.2.5 Mann-Whitney 检验

在实际检验工作中，常常会遇到比较两个样本参数的问题，例如，比较两地区的收入水平、比较两种工艺的精度等。对于 X、Y 双样本数据列来说，如果它们相互独立，并且都服从方差为常数的正态分布，那么可以使用两个独立样本 t 检验来检验两个数据列的平均值是否相同；如果不服从正态分布，则使用 Mann-Whitney 检验。

数据文件 Mann-Whitney.opju 内记录的是国产汽车自动档与手动档每公里的耗油数据，研究自动档汽车与手动档汽车之间的耗油量是否存在显著性的差异。

步骤01 打开数据文件 Mann-Whitney.opju，执行菜单栏中的"统计"→"非参数检验"→"Mann-Whitney检验"命令，弹出"Mann-Whitney 检验"对话框。

步骤02 根据要求进行设置，设置完成后的对话框如图 11-27 所示。单击"确定"按钮，进行计算，输出的报告结果如图 11-28 所示。根据该报告可知 P 值为 0.00187，小于 0.05，说明自动档汽车与手动档汽车之间的耗油量存在显著性差异。

图 11-27 "Mann-Whitney 检验"对话框

图 11-28 输出报告结果

11.2.6　Kruskal-Wallis 方差分析

单因素方差分析适合于检验两个以上的样本总体是否具有相同的平均值，该分析方法是建立在各数据列均方差为常数且服从正态分布的基础上的。如果数据不服从正态分布，则使用 Kruskal-Wallis 方差分析。

数据文件 Kruskal-Wallis.opju 记录的是某地 5~9 月每月的臭氧含量，需要研究不同月份之间的臭氧含量是否存在显著性差异。

步骤01　打开数据文件 Kruskal-Wallis.opju，执行菜单栏中的"统计"→"非参数检验"→"Kruskal-Wallis 方差分析"命令，弹出"Kruskal-Wallis 方差分析"对话框。

步骤02　根据要求进行设置，设置完成后的对话框如图 11-29 所示。单击"确定"按钮，进行计算，输出的报告结果如图 11-30 所示。根据该报告可知 P 值为 9.9E-6，小于 0.05，说明 5 ～ 9 月的臭氧含量存在显著性差异。

图 11-29　"Kruskal-Wallis 方差分析"对话框

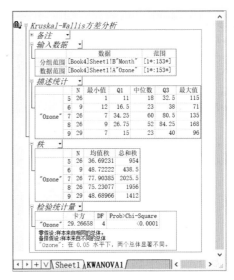

图 11-30　输出报告结果

11.2.7　双样本 Kolmogorov-Smirnox 检验

双样本 Kolmogorov-Smirnox 检验是比较两个样本时常用的非参数统计法，该方法对样本的经验分布函数的形状和位置参数都非常敏感。通过检验两个样本的总体分布的最大绝对值的差异的显著性，Kolmogorov-Smirnov 检验也可以用来确定两个相应总体的一维概率分布是否不同。

数据文件 Mann-Whitney.opju 记录的是国产汽车自动档与手动档每公里的耗油数据，研究自动档汽车与手动档汽车之间的耗油量是否存在显著性的差异。

步骤 01 打开数据文件 Mann-Whitney.opju，执行菜单栏中的"统计"→"非参数检验"→"双样本 Kolmogorov-Smirnox 检验"命令，弹出"双样本 Kolmogorov-Smirnox 检验"对话框。

步骤 02 根据要求进行设置，设置完成后的对话框如图 11-31 所示，单击"确定"按钮，进行计算，输出的报告结果如图 11-32 所示。根据该报告可知 P 值为 0.00194，小于 0.05，说明自动档汽车与手动档汽车之间的耗油量存在显著性差异。

图 11-31 "双样本 Kolmogorov-Smirnox 检验"对话框

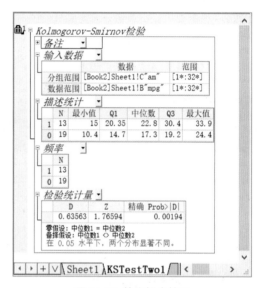

图 11-32 输出报告结果

11.2.8 Mood 中位数检验

Mood 中位数检验适合检验两个以上的样本总体的中位数是否相同。

Kruskal-Wallis.opju 数据文件记录的是某地 5~9 月每月的臭氧含量，需要研究不同月份之间的臭氧含量中位数是否存在显著性差异。

步骤 01 打开数据文件 Kruskal-Wallis.opju，执行菜单栏中的"统计"→"非参数检验"→"Mood 中位数检验"命令，弹出"Mood 中位数检验"对话框。

步骤 02　根据要求进行设置,设置完成后的对话框如图 11-33 所示。单击"确定"按钮,进行计算,输出的报告结果如图 11-34 所示。根据该报告可知 P 值为 6.63E-5,小于 0.05,说明 5~9 月的臭氧含量中位数存在显著性差异。

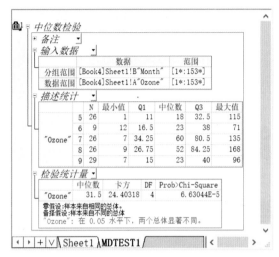

图 11-33　"Mood 中位数检验"对话框　　　　　图 11-34 输出报告结果

11.3　本章小结

本章详细介绍了参数检验分析方法和单样本 Wilcoxon 符号秩检验、Friedman 方差分析、Mann-Whitney 检验、Kruskal-Wallis 方差分析等非参数检验分析方法。单样本 t 检验常用于推断样本数据的平均值和指定的检验值之间的差异是否显著。双样本 t 检验就是在两个样本相互独立的前提下检验两个样本的总体均数是否存在显著差异。配对样本的 t 检验用于检验两个配对总体的均值是否存在显著差异。非参数检验与参数检验的区别在于数据是否服从正态分布或已知分布。在总体分布形式未知的情况下,通过样本来检验总体分布的假设,这种检验方法称为非参数检验。通过本章的介绍,可以帮助读者尽快掌握利用 Origin 进行参数与非参数检验的方法。

第12章

数字信号处理

数字信号处理对测量的数据采用了各种处理或转换方法，如用傅里叶变换分析某信号的频谱、用平滑或其他方法对信号去除噪声等。Origin 提供了大量用于数据信号处理的数字信号处理工具，如各种数据平滑工具、FFT 滤波、傅里叶变换和小波变换等。

学习目标：

★ 掌握数据平滑和滤波方式

★ 了解傅里叶变换和小波变换方法

12.1 信号处理概述

信号（Signal）是信息的物理体现形式，或是传递信息的函数，而信息则是信号的具体内容。简单地说，数字信号处理（Digital Signal Processing，DSP）就是用数值计算的方式对信号进行加工的理论和技术。

12.1.1　数字信号与信号处理

数字信号处理就是用数值计算方法对数字序列进行各种处理，把信号变换成符合需要的某种形式，达到提取有用信息便于应用的目的。

数字信号处理是一门建立在微积分、概率统计、随机过程、数值分析、积分变换、复变函数等基础上的应用数学课程，主要应用于物理和通信。

广义来说，数字信号处理是研究用数字方法对信号进行分析、变换、滤波、检测、调制、解调以及快速算法的一门技术学科。但很多人认为，数字信号处理主要研究有关数字滤波技术、离散变换快速算法和谱分析方法。随着数字电路与系统技术以及计算机技术的发展，数字信号处理技术也相应地得到了发展，其应用领域十分广泛。

一般来讲，数字信号处理涉及以下 3 个步骤：

步骤01　模数转换（A/D 转换）：把模拟信号变成数字信号，是一个对自变量和幅值同时进行离散化的过程，基本的理论保证是采样定理。

步骤02　数字信号处理（DSP）：包括变换域分析（如频域变换）、数字滤波、识别、合成等。

步骤03　数模转换（D/A 转换）：把经过处理的数字信号还原为模拟信号。通常，这一步并不是必需的。

信号有模拟信号和数字信号之分。数字信号处理具有精度高和灵活性强等特点，能够定量检测电势、压力、温度和浓度等参数，因此广泛应用于科研中。Origin 中的信号处理主要指数字信号处理。

12.1.2　Origin 与信号处理

Origin 提供的信号处理工具较多，信号处理菜单命令如图 12-1 所示。比较常用的命令包括：

（1）平滑：使信号变化更加平滑，作用之一就是除噪。

（2）滤波：信号过滤。

（3）傅里叶变换：包括卷积、反卷积与相关运算等操作。

（4）小波变换：包括分解、重构、除噪、平滑等。

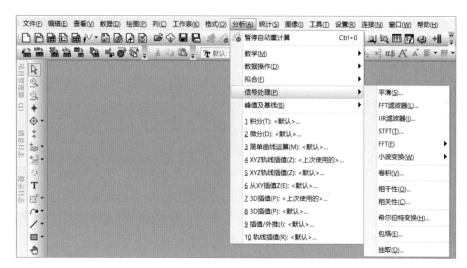

图 12-1 信号处理菜单命令

12.2 数据平滑和滤波

在 Origin 中提供的数据曲线平滑和滤波方法有：相邻平均法平滑、Savitzky-Golay 滤波器平滑、FFT（Fast Fourier Transform，快速傅里叶变换）滤波器平滑、数字滤波器平滑等。

12.2.1 平滑

数据平滑是通过一系列相邻数据点的平均使得信号曲线变化更加平滑。

在 Origin 中，对平滑曲线进行平滑操作时，首先要激活该图形窗口。通过"平滑"对话框对曲线进行平滑参数设置。

步骤 01 打开数据文件 Smooth.opju，工作表如图 12-2 所示。选择 A、B 数据列，执行菜单栏中的"绘图"→"基础 2D 图"→"折线图"命令绘制折线图，如图 12-3 所示。

步骤 02 执行菜单栏中的"分析"→"信号处理"→"平滑"命令，打开"平滑：smooth"对话框，如图 12-4 所示。对话框左边为平滑处理控制选项面板，右边为拟处理信号曲线和采用平滑处理的效果预览面板。左边平滑处理控制选项面板中的平滑方法包括相邻平均法、Savitzky-Golay 滤波器、FFT 滤波器、二项式等 7 种方法，每种方法对应的处理效果和相关参数略有不同。

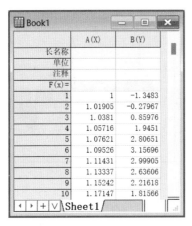

图 12-2　数据工作表（部分）

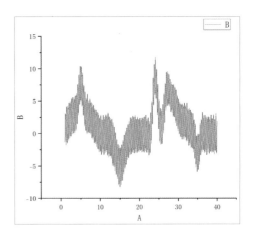

图 12-3　原始数据图

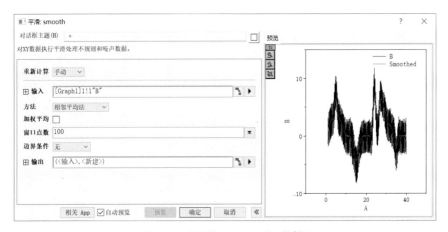

图 12-4　"平滑：smooth"对话框

步骤 03　依次采用 Savitzky-Golay 滤波器、相邻平均法、百分比滤波器和 FFT 滤波器 4 种平滑方法，对数据进行平滑处理。为了表现平滑的效果，"窗口点数"设置为"100"。

步骤 04　完成设置后单击"确定"按钮，即可进行平滑分析并输出结果，平滑数据自动存放在原数据和平滑数据工作表内，如图 12-5 所示。使用各种平滑方法输出的图形如图 12-6～ 图 12-9 所示。

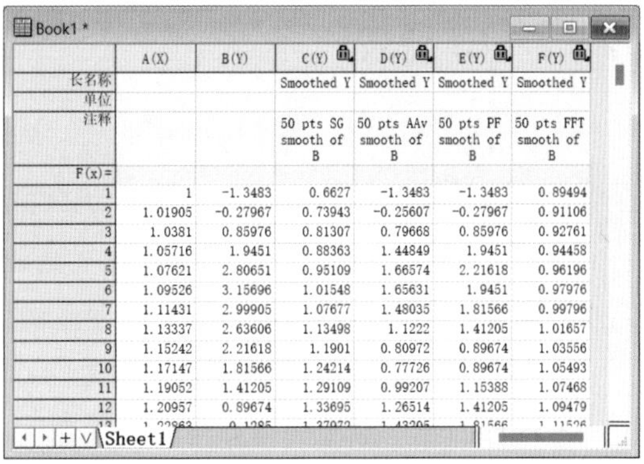

图 12-5　原数据和平滑数据工作表（部分）

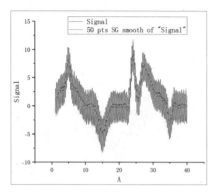

图 12-6 Savitzky-Golay 平滑结果

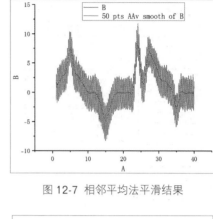

图 12-7 相邻平均法平滑结果

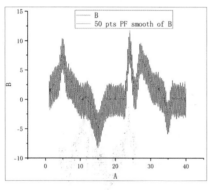

图 12-8 百分比滤波器平滑结果

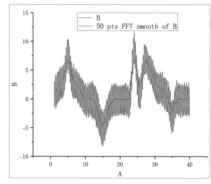

图 12-9 FFT 滤波器平滑结果

> **注意** 本例只是为了显示平滑的效果，因此结果较为夸张。实际操作中，平滑的点数不能太多，平滑点数越多，结果越容易失真，因此具体操作以不影响数据趋势为准。

12.2.2 FFT 滤波

滤波是滤除信号中特定波段频率的一种操作，是抑制和防止干扰的一项重要措施，是根据观察某一随机过程的结果，对另一与之有关的随机过程进行估计的概率理论与方法。

Origin 采用傅里叶变换的 FFT 数字滤波器进行数据滤波分析。该 FFT 数字滤波器具有低通、高通、带通、带阻、阈值和低通抛物型 6 种滤波器。

低通和高通滤波器分别用来消除高频噪声和低频噪声频率成分，带通滤波器用来消除特定频带以外的噪声频率成分，带阻滤波器用以消除特定频带以内的噪声频率成分，门限滤波器用来消除特定门槛值以下的噪声频率成分。

步骤 01 打开数据文件 FFTfilter.opju，工作表如图 12-10 所示。用 B 数据列绘制折线图，如图
12-11 所示。

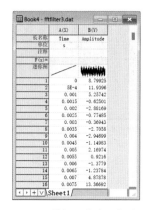

图 12-10 数据工作表（部分）

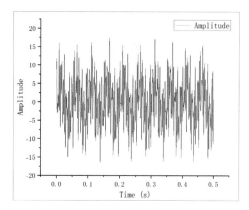

图 12-11 原始数据图

步骤 02 执行菜单栏中的"分析"→"信号处理"→"FFT 滤波器"命令，打开"FFT 滤波器"对
话框，如图 12-12 所示。在该对话框中最重要的是设置滤波器类型：

➤ 低通：只允许低频率部分保留。

➤ 高通：只允许高频率部分保留。

➤ 带通：只允许频率为指定频率以内的部分保留。

➤ 带组：只允许频率为指定频率以外的部分保留。

➤ 阈值：只允许振幅大于指定数值的部分保留。

➤ 低通抛物型：限制的频率范围。

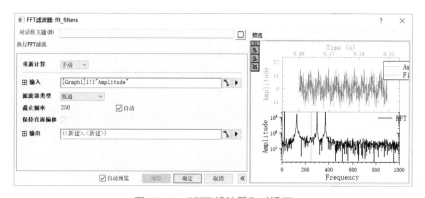

图 12-12 "FFT 滤波器"对话框

步骤 03 设置完成后单击"确定"按钮，即可进行滤波分析并输出结果，如图 12-13 和图 12-14 所示。

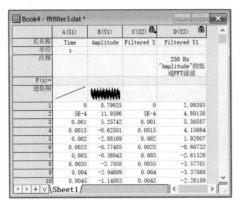

图 12-13 输出的工作表（部分）

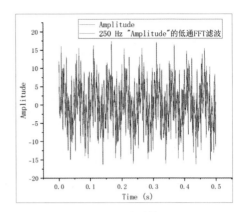

图 12-14 滤波结果

12.2.3 IIR 滤波

步骤 01 打开数据文件 IITfilter.opju，工作表如图 12-15 所示。

步骤 02 执行菜单栏中的"分析"→"信号处理"→"IIR 滤波器"命令，打开"IIR 滤波器"对话框，如图 12-16 所示。在该对话框中最重要的是设置响应类型：

➤ 低通：只允许低频率部分保留。

➤ 高通：只允许高频率部分保留。

➤ 带通：只允许频率为指定频率以内的部分保留。

➤ 带组：只允许频率为指定频率以外的部分保留。

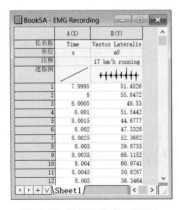

图 12-15 数据工作表（部分）

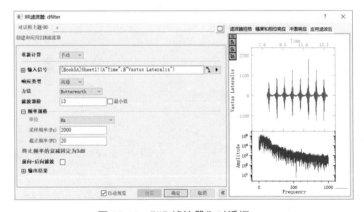

图 12-16 "IIR 滤波器"对话框

步骤 03 设置完成后单击"确定"按钮，完成分析并输出结果，如图 12-17 和图 12-18 所示。

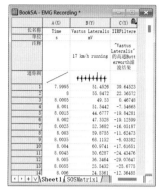

图 12-17 输出的工作表（部分）

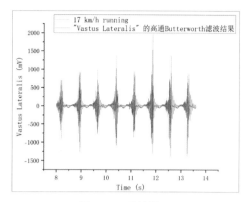

图 12-18 滤波结果

12.3 傅里叶变换

傅里叶变换是将信号分解成不同频率的正弦函数进行叠加，是信号处理中最重要、最基本的方法之一。对于离散信号一般采用离散傅里叶变换（Discrete Fourier Transform，DFT），而快速傅里叶变换则是离散傅里叶变换的一种快速、高效的算法。正是有了快速傅里叶变换，傅里叶分析才被广泛应用于滤波、卷积、功率谱估计等方面。

12.3.1 快速傅里叶变换（FFT）

步骤 01 进行 FFT 计算时，首先在工作表窗口中选择数据列，或在图形窗口中选择数据曲线。打开数据文件 FFTfilter.opju，其工作表如图 12-19 所示。通过 B 数据列所绘制的折线图如图 12-20 所示。

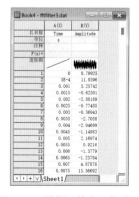

图 12-19 数据工作表（部分）

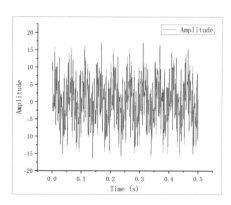

图 12-20 原始数据图

步骤 02 执行菜单栏中的"分析"→"信号处理"→"FFT"→"FFT"命令，打开"FFT"对话框，在对话框中进行数据选择和参数设置，如图 12-21 所示。

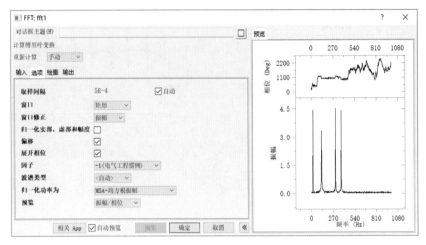

图 12-21 "FFT"对话框

步骤 03 设置完成后单击"确定"按钮，进行傅里叶换算，绘出 FFT 计算结果，如图 12-22 所示。FFT 计算结果共有 7 张图，其中最重要的是第 1 张，为相谱图，其余为实分量图、虚分量图、幅度（r）图、dB 图和功率图。在计算结果数据工作表中给出了实际进行 FFT 计算的数据。

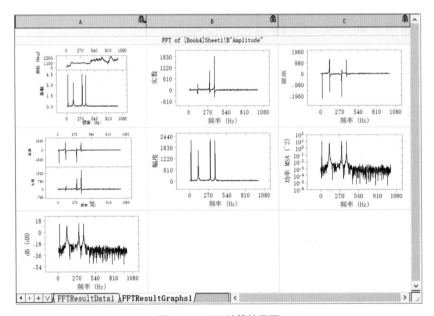

图 12-22 FFT 计算结果图

12.3.2　反向快速傅里叶变换（IFFT）

步骤01　打开 FFTfilter.opju 数据文件，工作表如图 12-19 所示。通过 B 数据列所绘制的折线图如图 12-20 所示。

步骤02　执行菜单栏中的"分析"→"信号处理"→"FFT"→"IFFT"命令，打开"IFFT"对话框，在对话框中进行数据选择和参数设置，如图 12-23 所示。

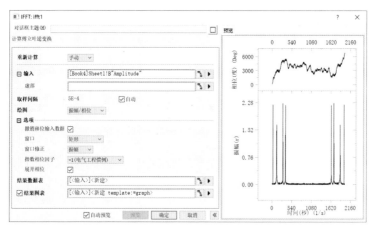

图 12-23　"IFFT"对话框

　　参数主要包括绘图（用于设置分析结果的类型结果）、窗口（设置窗口类型）、展开相位、指数相位因子（设置该分析的规格是电气工程惯例还是科学惯例类型）。

步骤03　设置完成后单击"确定"按钮，进行傅里叶换算，绘出 IFFT 计算结果，双击工作表中的图可得如图 12-24 所示的图形结果。

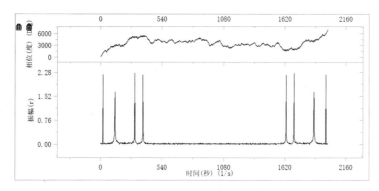

图 12-24　反向快速傅里叶变换

12.3.3 短时傅里叶变换（STFT）

步骤 01 打开数据文件 STFT.opju，工作表如图 12-25 所示。

步骤 02 执行菜单栏中的"分析"→"信号处理"→"STFT"命令，打开"STFT"对话框。在该对话框中对取样间隔、FFT 长度、窗口长度、交叠、窗口类型、交换时间频率、输出矩阵等参数进行设置，如图 12-26 所示。

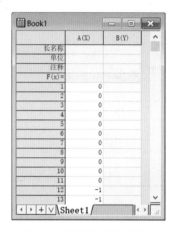

图 12-25 数据工作表（部分）

图 12-26 "STFT"对话框

步骤 03 设置完成后单击"确定"按钮，进行傅里叶换算，绘出 STFT 计算结果，如图 12-27 和图 12-28 所示。

	1	2	3	4	5
1	36.57618	40.90888	38.09479	43.73649	50.38089
2	41.57465	45.94976	36.21896	48.70413	55.52922
3	37.56253	42.71409	44.65542	48.18343	51.58871
4	28.65525	31.82956	37.33983	39.46341	42.03245
5	17.19621	21.30832	30.39642	27.46424	28.56992
6	25.69282	32.44614	39.0611	40.46552	38.77898
7	29.94092	37.70811	43.91529	45.29522	44.10959
8	23.16462	36.44302	44.37055	45.01709	33.53889
9	29.008	35.69109	40.46244	42.33871	42.48958
10	24.66944	27.49856	30.39929	31.7628	37.56014
11	19.77712	24.02141	26.6597	28.3441	33.01835
12	17.31116	24.6106	30.08866	31.55906	30.74202
13	6.30902	18.90227	27.64616	28.06591	16.80356
14	5.39258	14.75321	22.65683	22.83499	18.96282

图 12-27 STFT 计算结果表格

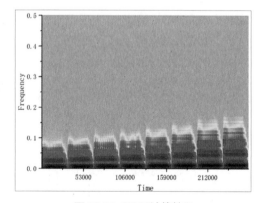

图 12-28 STFT 计算结果

12.3.4　希尔伯特变换

步骤 01　打开数据文件 Hilbert Transform.opju，工作表如图 12-29 所示。

步骤 02　执行菜单栏中的"分析"→"信号处理"→"希尔伯特变换"命令，打开"希尔伯特变换"
对话框。对话框中主要参数包括希尔伯特、解析信号、结果数据表，如图 12-30 所示。

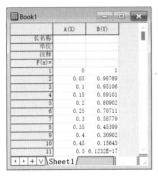

图 12-29　数据工作表　　　　　　　　　　图 12-30　"希尔伯特变换"对话框

步骤 03　设置完毕之后，单击"确定"按钮，完成计算，输出的运算表格如图 12-31 所示。

步骤 04　利用输出的信号分析数据绘制折线图。执行菜单栏中的"绘图"→"基础 2D 图"→"折
线图"命令绘制折线图，如图 12-32 所示。

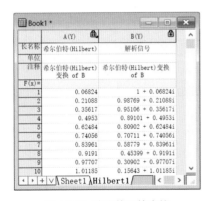

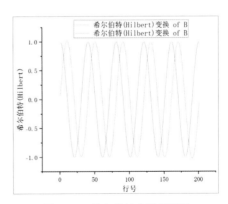

图 12-31　输出的运算表格　　　　　　　　图 12-32　希尔伯特变换折线图

12.3.5　包络

步骤 01　打开数据文件 Envelope.opju，其工作表如图 12-33 所示。

步骤02 执行菜单栏中的"分析"→"信号处理"→"包络"命令，打开"包络"对话框，如图 12-34 所示。对话框中主要参数包括：包络类型、平滑点等。

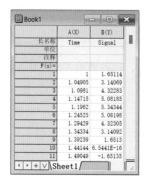

图 12-33 数据工作表

图 12-34 "包络"对话框

步骤03 设置完毕之后，单击"确定"按钮，完成计算，输出的运算表格如图 12-35 所示。

步骤04 用输出的信号分析数据绘制折线图。执行菜单栏中的"绘图"→"基础 2D 图"→"折线图"命令绘制折线图，如图 12-36 所示。

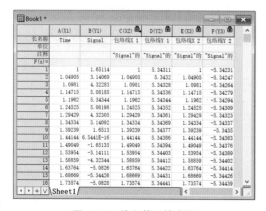

图 12-35 输出的运算表格

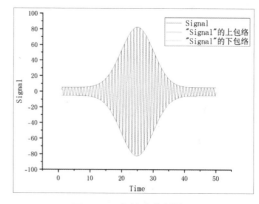

图 12-36 包络变换折线图

12.4 小波变换

在如图 12-37 所示的小波变换子菜单下，包含一些与小波变换相关的命令，只要导入目标数据，执行相应的命令即可打开对应的对话框，设置完毕后单击"确定"按钮即可完成分析并输出结果。

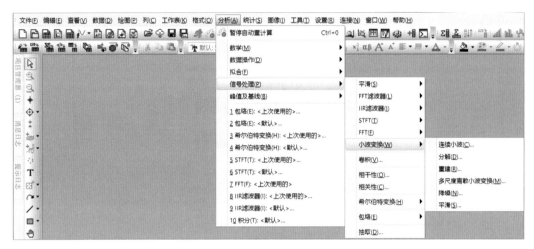

图 12-37 小波变换子菜单

12.4.1 连续小波变换

步骤01 打开数据文件 Continuous Wavelet.opju，工作表如图 12-38 所示。

步骤02 执行菜单栏中的"分析"→"信号处理"→"小波变换"→"连续小波"命令，打开"连续小波"对话框。对话框中主要参数包括输入的离散信号、尺度矢量、小波类型、波数等，如图 12-39 所示。

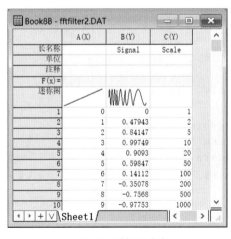

图 12-38 数据工作表

图 12-39 "连续小波"对话框

步骤03 设置完毕后单击"确定"按钮，结果如图 12-40 和图 12-41 所示。

图 12-40 输出结果文件

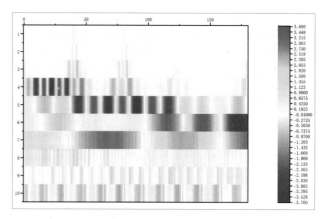

图 12-41 输出结果图像

12.4.2 分解

步骤 01　打开数据文件 Decompose.opju，工作表如图 12-42 所示。

步骤 02　选择 B 数据列，执行菜单栏中的"分析"→"信号处理"→"小波变换"→"分解"命令，打开"分解"对话框，如图 12-43 所示。对话框中主要参数包括小波类型和阶（控制分解的方法）、扩展模式（控制输出的结果是周期性显示还是零填充）、近似值系数、细节系数等。

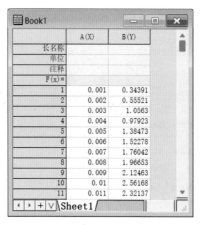

图 12-42 数据工作表

图 12-43 "分解"对话框

步骤 03　设置完毕之后，单击"确定"按钮，完成计算。输出的运算表格如图 12-44 所示，用输出的信号分析数据所绘制的折线图如图 12-45 所示。

	A(X)	B(Y)	C(Y)	D(Y)
长名称			DWT_CA1	DWT_CD1
单位				
注释			Approx Coe	Detail Coe
F(x)=				
1	0.001	0.34391	0.63577	-0.14941
2	0.002	0.55521	1.43934	0.0545
3	0.003	1.0563	2.05592	-0.09762
4	0.004	0.97923	2.63535	-0.14574
5	0.005	1.38473	3.31372	-0.30904
6	0.006	1.52278	3.39452	-0.11161
7	0.007	1.76042	4.19535	0.08359
8	0.008	1.96653	4.65498	-0.21855
9	0.009	2.12463	4.69218	-0.13959
10	0.01	2.56168	5.02445	-0.13015
11	0.011	2.32137	5.13111	-0.19348

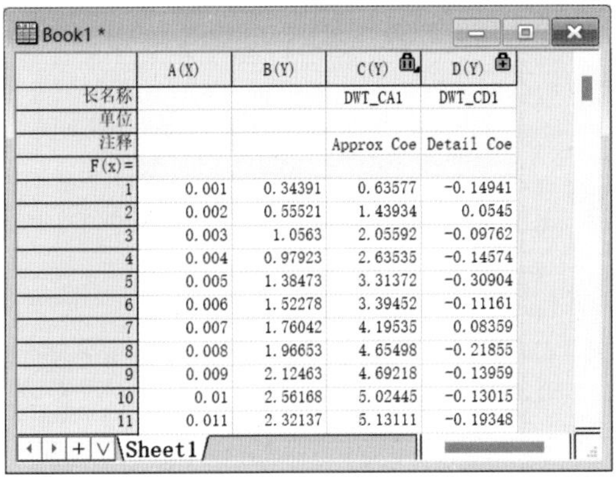

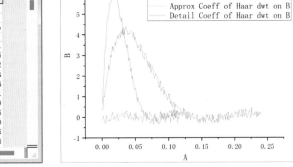

图 12-44 输出的计算表格

图 12-45 分解折线图

12.4.3 重建

步骤 01 打开数据文件 Reconstruction.opju，工作表如图 12-46 所示。

步骤 02 执行菜单栏中的“分析”→“信号处理”→“小波变换”→“重建”命令，打开“重建”对话框，如图 12-47 所示。对话框中主要参数包括近似值系数、细节系数、小波类型（控制重构的方法）、边界（控制输出的结果是周期性还是零填充等）。

	A(X)	B(Y)
长名称	Time	Amplitude
单位	(sec)	(a.u.)
注释		
F(x)=		
迷你图		
1	0.01	6.1359E-5
2	0.02	2.4544E-4
3	0.03	5.5223E-4
4	0.04	9.8175E-4
5	0.05	0.00153
6	0.06	0.00221
7	0.07	0.00301
8	0.08	0.00393
9	0.09	0.00497

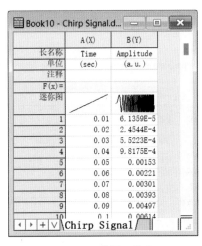

图 12-46 数据工作表

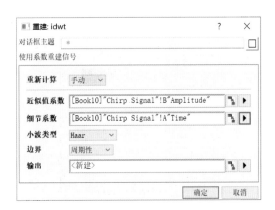

图 12-47 “重建”对话框

步骤 03 设置完毕之后，单击“确定”按钮，完成计算。输出的运算表格如图 12-48 所示，用输出的信号分析数据所绘制的折线图如图 12-49 所示。

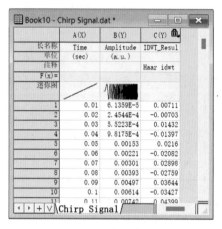

图 12-48 输出的数据

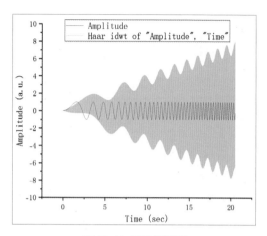

图 12-49 重建折线图

12.4.4 多尺度离散小波变换

步骤 01 打开数据文件 Multi-Scale DWT.opju，工作表如图 12-50 所示。

步骤 02 执行菜单栏中的执行菜单栏中的"分析"→"信号处理"→"小波变换"→"多尺度离散小波变换"命令，打开"多尺度离散小波变换"对话框，如图 12-51 所示。对话框中主要参数包括小波类型、扩展模式、分解次数等。

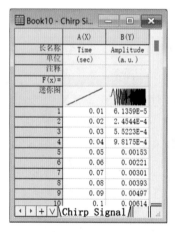

图 12-50 数据工作表

图 12-51 "多尺度离散小波变换"对话框

步骤 03 设置完毕之后，单击"确定"按钮，完成计算。输出的运算表格如图 12-52 所示，用输出的信号分析数据所绘制的折线图如图 12-53 所示。

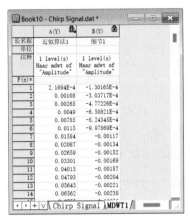

图 12-52 输出的数据

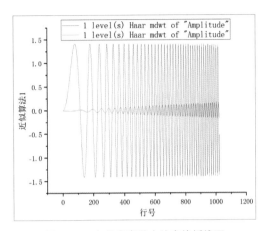

图 12-53 多尺度离散小波变换折线图

12.4.5 降噪

步骤 01　打开数据文件 Denoise.opju，工作表如图 12-54 所示。

步骤 02　选择 A、B 数据列，执行菜单栏中的"分析"→"信号处理"→"小波变换"→"降噪"命令，打开"降噪"对话框，如图 12-55 所示。对话框中主要参数包括小波类型（控制除噪的方法）、扩展模式、阈值类型（设置除噪系数的值是自定义还是 sqtwolog）、降噪次数（设置除噪水平）、每次的阈值（在小波类型项为自定义时指定的除噪系数）等。

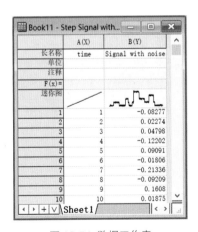

图 12-54 数据工作表

图 12-55 "降噪"对话框

步骤 03　设置完毕之后，单击"确定"按钮，完成计算。输出的运算表格如图 12-56 所示，用输出的信号分析数据所绘制的折线图如图 12-57 所示。

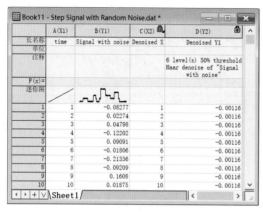

图 12-56 输出的数据

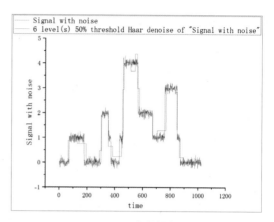

图 12-57 除噪折线图

12.4.6 平滑

步骤 01 打开数据文件 Smooth.opju，工作表如图 12-58 所示。

步骤 02 选中 B 数据列，执行菜单栏中的"分析"→"信号处理"→"小波变换"→"平滑"命令，打开"平滑"对话框，如图 12-59 所示。对话框中主要参数包括小波类型（控制除噪的方法）、扩展模式（控制输出的结果是周期性还是零填充）、截断（设置平滑水平的百分比）等。

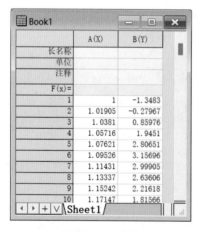

图 12-58 工作表

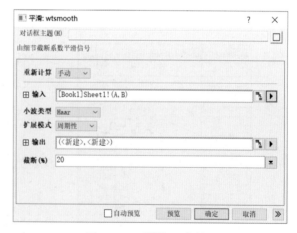

图 12-59 "平滑"对话框

步骤 03 设置完毕之后，单击"确定"按钮，完成计算。输出的运算表格如图 12-60 所示，用输出的信号分析数据所绘制的折线图如图 12-61 所示。

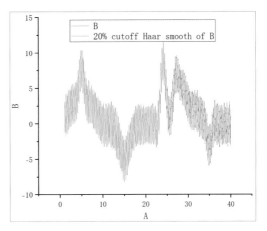

	A(X1)	B(Y1)	C(X2)	D(Y2)
长名称			WT Smoothe	WT Smooth
单位				
注释				20% cutoff Haar smooth of B
F(x)=				
1	1	-1.3483	1	-1.3483
2	1.01905	-0.27967	1.01905	-0.27967
3	1.0381	0.85976	1.0381	0.85976
4	1.05716	1.9451	1.05716	1.9451
5	1.07621	2.80651	1.07621	2.80651
6	1.09526	3.15696	1.09526	3.15696
7	1.11431	2.99905	1.11431	2.99905
8	1.13337	2.63606	1.13337	2.63606
9	1.15242	2.21618	1.15242	2.21618
10	1.17147	1.81566	1.17147	1.81566
11	1.19052	1.41205	1.19052	1.41205
12	1.20957	0.89674	1.20957	0.89674

图 12-60　输出的数据　　　　　　图 12-61　平滑折线图

12.5　本章小结

　　数字信号处理是一门建立在微积分、概率统计、随机过程、数值分析、积分变换、复变函数等基础上的应用课程。本章主要介绍了应用 Origin 软件进行数据平滑、滤波、傅里叶变换和小波变换的方法，读者可以根据自身作图需要，使用相应的功能进行操作，以期得到较为合适的科技图形。

第 **13** 章

版面设计与输出

在 Origin 中，图形绘制完成后还需要进行版面布局设计及图形输出操作。Origin 中绘制的图形均存放在工程项目中，为方便交流与沟通，需要将项目中的图形输出到要表达图形的文档中；绘制的图形有时也需要打印出来校验是否满足出版要求。

学习目标：

★ 掌握布局窗口的使用方法

★ 掌握图形和布局窗口的输出方法

★ 掌握图形的打印输出方法

13.1 布局窗口的使用

使用布局窗口，可以对现有的数据与图表进行排版。布局排版是基于图形的，整个窗口可以当作一张白纸，然后多个图形或表格可以在其上任意排列。

13.1.1　向布局窗口添加图形、工作表等

在布局窗口置前的情况下，单击"布局"工具栏上的 ⬚（添加图形窗口）按钮或执行菜单栏中"布局"菜单下的相关命令，可向布局窗口添加图形、工作表等。

步骤 01　单击"工具"工具栏中的 **T**（文本工具）按钮，或者直接从剪贴板粘贴，可以将文本加入布局窗口。通过"工具"工具栏中的相关绘图工具可以加入实体、线条和箭头等元素。

步骤 02　打开 Outlier.opju 数据文件，选中 B（Y）数据列绘制散点图。执行菜单栏中的"分析"→"拟合"→"线性拟合"命令作线性回归，这样就创建了一个如图 13-1 所示的数据窗口和一个如图 13-2 所示的图形窗口。下面结合刚刚创建的窗口介绍布局窗口版面页的创建过程。

	A(X1)	B(Y1)	C(X2)	D(Y2)	E(Y2)	F(X3)	G(Y3)	H(X4)	I(Y4)	J(X5)	K(Y5)
长名称	自变量	Sheet1列B"Sensor Output"的线性拟合	自变量	Sheet1列B"Sensor Output"的常规残差	Sheet1列B"Sensor Output"的常规残差	拟合Y值	Sheet1列B"Sensor Output"的常规残差	Sheet1列B"Sensor Output"的常规残差	百分位数	参照X	参照线
单位	mm	mV									
注释									mu = 0.000000 sigma = 0.245840		
参数		拟合曲线图		残差的直方图	残差vs.预测值图				残差的正态概率图		
F(x)=											
1	1.35	1.78793	1.35	-0.33793	-0.33793	1.78793	-0.33793	-0.33793	8.02469	-0.53072	1.54321
2	2.26	2.55111	1.67	-0.0963	-0.0963	2.0563	-0.0963	-0.0963	37.65432	0.53072	98.45679
3	3.17	3.31428	2.05	-0.30499	-0.30499	2.37499	-0.30499	-0.30499	17.90123		
4	4.08	4.07746	2.32	-0.31142	-0.31142	2.60142	-0.31142	-0.31142	12.96296		
5	4.99	4.84064	2.79	-0.11559	-0.11559	2.99559	-0.11559	-0.11559	27.77778		
6	5.9	5.60382	2.9	0.20215	0.20215	3.08765	0.20215	0.20215	72.22222		
7	6.81	6.36699	3.17	-0.06428	-0.06428	3.31428	-0.06428	-0.06428	42.59259		
8	7.72	7.13017	3.37	0.27799	0.27799	3.48201	0.27799	0.27799	87.03704		
9	8.63	7.89335	3.64	0.05155	0.05155	3.70845	0.05155	0.05155	57.40741		
10	9.54	8.65653	4.11	0.21738	0.21738	4.10262	0.21738	0.21738	77.16049		
11			4.52	0.31353	0.31353	4.44647	0.31353	0.31353	91.97531		
12			4.96	0.42452	0.42452	4.81548	0.42452	0.42452	96.91358		
13			5.55	0.21971	0.21971	5.31029	0.21971	0.21971	82.09877		
14			6.28	-0.0225	-0.0225	5.9225	-0.0225	-0.0225	47.53086		
15			6.72	-0.02151	-0.02151	6.29151	-0.02151	-0.02151	52.46914		

图 13-1　线性拟合数据窗口（部分）

1. 新建布局窗口

步骤 01　执行菜单栏中的"文件"→"新建"→"布局"命令，或单击"标准"工具栏上的 📄（新建布局）按钮，此时 Origin 打开一个空白的布局窗口。

步骤 02　布局窗口默认为横向，在布局窗口灰白区域右击，在弹出的快捷菜单中选择"旋转页面"命令，如图 13-3 所示，则布局窗口将旋转为纵向，如图 13-4 所示。

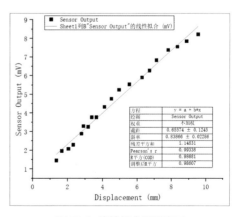

图 13-2　线性拟合图形窗口

图 13-3 新建的横向布局窗口　　　　　　　　　　图 13-4 新建的纵向布局窗口

2. 向布局窗口加入图形或工作表对象

数据窗口和图形窗口创建完成后,向布局窗口加入图形或工作表的几种方法如下:

步骤 01 在布局窗口已打开的情况下,在布局窗口右击,在弹出的快捷菜单中选择"添加图形窗口""添加工作表"命令,或执行菜单栏中的"插入"→"图"/"工作表"命令。

步骤 02 在打开的"图像浏览器"或"工作表浏览器"对话框中,选择想要加入的图形或工作表,如图 13-5、图 13-6 所示。选定图形或工作表后,单击"确定"按钮。

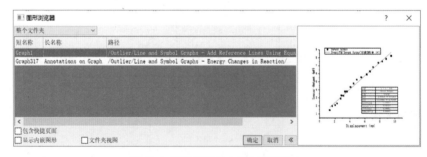

图 13-5 往布局窗口中添加图形窗口

图 13-6 往布局窗口中添加数据表

步骤 03　在布局窗口中单击，即可将图形或工作表添加到布局图形。通过鼠标拖动该对象的方框控点，可以调整该对象的大小和尺寸。

步骤 04　释放鼠标，即可在布局窗口中显示该对象。当选中图形或表格后用鼠标左键拖动图形可以适当地调整图形位置，如图 13-7 所示将图形和表格混合排列在一起。

步骤 05　读者也可以在目标图形窗口活动的情况下，执行"编辑"→"复制页面"命令，然后转到该布局窗口，执行"编辑"→"粘贴"命令，即可完成内容的添加，如图 13-8 所示。

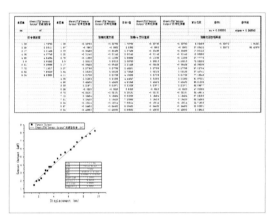

图 13-7　布局窗口中呈现数据表和图形

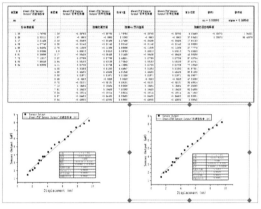

图 13-8　将图形粘贴到布局窗口

> **说明**　如果该对象原是图形窗口，则该图形窗口中的所有内容都将在布局窗口中显示；如果该对象是工作表窗口，则在布局窗口中仅显示工作表中的单元格数据和栅格，工作表中的标签不显示。

13.1.2　布局窗口对象的编辑

在布局窗口中，图形窗口和工作表窗口是作为图形对象加入的，Origin 提供了定制工具对布局窗口的对象进行编辑。

布局窗口中的对象可以在布局窗口中移动、改变尺寸和改变背景，但是在布局窗口中不能对直接编辑加工图形对象。

执行菜单中的"文件"→"页面设置"命令，弹出"页面设置"对话框，利用该对话框可以对布局窗口进行设置，如图 13-9 所示。此外，在布局窗口中的对象上右击，在弹出的快捷菜单中选择"属性"命令，即可打开如图 13-10 所示的"对象属性"对话框。利用该对话框可以编辑对象在布局窗口中的属性，其中"尺寸"选项卡如图 13-10 所示，"图像"选项卡如图 13-11 所示，"程序控制"选项卡如图 13-12 所示。

图 13-9 "页面设置"对话框

图 13-10 "对象属性"对话框

图 13-11 "图像"选项卡

图 13-12 "程序控制"选项卡

当需要对图形对象进行编辑修改时，需要返回到原图形窗口或工作表窗口。在布局窗口中右击需要进行编辑加工的对象，在弹出的快捷菜单中执行"跳转到窗口"命令，即可返回到原图形窗口或工作表窗口。

在原图形窗口或工作表窗口中进行修改再返回到布局窗口，执行菜单栏中的"窗口"→"刷新"命令，或单击"标准"工具栏中的 🖉（刷新）按钮，即可刷新并显示布局窗口中的对象。

13.1.3 排列布局窗口中的对象

在 Origin 中对布局窗口的对象进行排列，可以采用下面的方法。

1．利用栅格辅助

利用栅格排列对象的步骤如下：

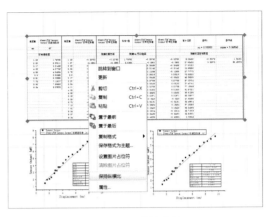

图 13-13　快捷菜单

步骤 01　将布局窗口置为当前，执行菜单栏中的"查看"→"显示网格"命令，则布局窗口会显示栅格。

步骤 02　右击图形对象，在弹出的如图 13-13 所示的快捷菜单中选中"保持纵横比"命令，此时布局窗口中的对象和它的源图形窗口保持对应的比例。

步骤 03　此时拖动右侧的控点水平调整对象，对象的大小会等比例变化。用同样的方法调整其他图形对象。

步骤 04　借助栅格调整文本的位置，使文本排列在布局窗口的水平正中位置。

2．利用"对象编辑"工具栏中的工具

选中需要排列的对象，单击"对象编辑"工具栏中的相关工具按钮，如图 13-14 所示，即可排列对象步骤：

图 13-14　"对象编辑"工具栏

步骤 01　执行菜单栏中的"查看"→"工具栏"命令，在弹出的对话框中勾选"对象编辑"复选框，此时"对象编辑"工具栏即可显示在工作界面中。

步骤 02　选中布局窗口中的对象（按住 Shift 键的同时单击对象，可以选中多个对象）。

步骤 03　单击"对象编辑"工具栏中的相关工具排列对象。

3．利用"对象属性"对话框

采用"对象属性"对话框排列图形对象，对多个图形对象进行设置可以实现精确定位，步骤如下：

步骤 01　在布局窗口中的对象上右击，在弹出的快捷菜单中执行"属性"命令，打开"对象属性"对话框。

步骤 02　选择"尺寸"选项卡，输入尺寸和位置数值即可完成对象的布局排列。

下面的示例是将 4 个图形排列在一个布局窗口中，排列后的结果如图 13-15 所示，操作步骤如下：

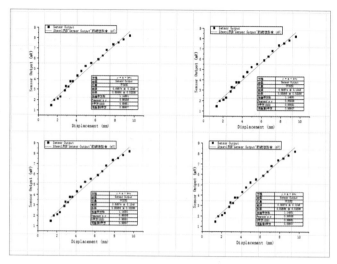

图 13-15 使用对象编辑工具栏列多个图形

步骤 01 添加 4 个图形,并放置于布局窗口中,初步排列让 4 个图形位于布局窗口左上角。

步骤 02 使用"对象编辑"工具栏调整 4 个图形,使它们大小相同,再两两左对齐和顶对齐,适当调整一下图形间的距离。

步骤 03 同时选中 4 个图形(使用鼠标或按住 Shift 键的同时单击),用鼠标拖动图形右下角的控点调整大小。

在布局窗口输出时,直接执行菜单栏中的"编辑"→"复制布局为图像"命令,然后粘贴到 Word 文档中即可。当然也可以选择将布局窗口导出为图形文件,再在 Word 中插入使用。

13.2 图形输出

Origin 提供了图形输出过滤器,可以把图形或布局窗口保存为图形文件,供其他应用程序使用。此时图形可在其他应用程序中显示,但不能使用 Origin 软件编辑。该方法的缺点是每当图形进行了修改,就需要重新输出和插入,不能自动更新。

13.2.1 通过剪贴板输出

通过剪贴板输出的操作步骤如下:

步骤 01　激活图形窗口，执行菜单栏中的"编辑"→"复制页面"命令，图形即被复制进剪贴板。

步骤 02　在其他应用程序中执行菜单栏中的"编辑"→"粘贴"命令，即可通过剪贴板将 Origin 图形和布局窗口输出到应用程序。

通过剪贴板输出的图形默认比例为 100∶1，该比例为输出图形与图纸的比例。在 Origin 中执行菜单栏中的"设置"→"选项"命令，打开"选项"对话框，在"页面"选项卡"复制图"选项组中的"大小因子"下拉列表框中，可以对输出比例进行设置，如图 13-16 所示。

图 13-16　"页面"选项卡

13.2.2　图形输出基础

无论是 Origin 的图形窗口还是布局窗口，都可以执行菜单栏中的"文件"→"导出图（高级）"/"导出布局（高级）"命令，在弹出的如图 13-17 所示的对话框中进行设置，将窗口输出为图形文件。

图 13-17　图形的导出

选择其中一种图形文件格式，输入文件名和文件保存路径，单击"确定"按钮即可保存文件。

Origin 支持多种图形格式，每种格式的使用范围并不相同。图形可以分为矢量图和位图两类。其中：

- 矢量图以点、直线和曲线等形式保存在文件中，文件很小，可以无限缩放而不失真，既适合屏幕显示，又适合打印输出。
- 位图（或称光栅图）保存后文件很大，一般不适宜放大，放大可能存在失真现象，受限于图形的分辨率，使用场合不同分辨率也要不同。

13.2.3 图形格式选择

矢量图在处理曲线图形时拥有大量的优秀特性，适合于在文档中插入（可以无限缩放而不失真）和输出到打印机中进行打印（与分辨率无关，可以得到高质量的输出）。

在矢量图格式中，EPS 是一种与平台和打印机硬件无关的矢量图，是所有矢量图的首选格式，而 EMF/WMF（EMF 是 WMF 的扩展）两种格式则是 Windows 平台中最常用的矢量图格式，也属于最佳选择。

输出 EMF 格式的对话框如图 13-18 所示，其中"文件名字"选项默认采用长名称自动命名。输出文件后，在 Word 中通过"插入"选项卡中的"插入图片"命令，导入文件到文档中，并调整大小，调整时需保持图形的纵横比不变。

在很多情况下出版印刷并不支持矢量图，而支持 TIF 位图格式。由于位图受到多个因素的影响，因此其参数要比矢量图复杂一些，重点需要关注图形的分辨率，建议的 DPI（分辨率）为 600 或 1200，这也是很多杂志社要求的分辨率。输出 TIF 格式的对话框如图 13-19 所示。

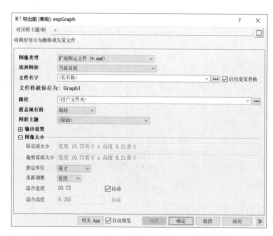

图 13-18 输出 EMF 格式

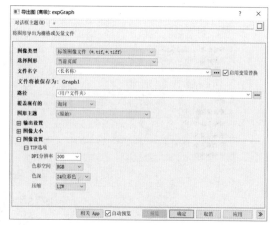

图 13-19 输出 TIF 格式

注意 TIF 格式在提高分辨率后输出的文件会非常大，通常一个文件会达到 100MB，因此在发给出版机构时需要对文件进行压缩，通常采用 LZW 压缩方式。

GIF 格式用于输出到网络，只需要使用 72~96DPI 即可。PNG 格式可以看作 GIF 格式的扩展（GIF 只支持 256 色图形，PNG 不受此限制）。

> 说明　除了图形外，也可以输出分析报告，分析报告多采用 PDF 格式，输出时可以设置为黑白或彩色。分析报告也可以输出为 ASCII 格式，以便其他软件使用。

13.3　打印输出

在绘图窗口中显示的元素都可以打印输出。相反，如果元素没有显示在图形窗口中，那么就不能打印输出。因此，在打印以前，需要设置显示元素。

13.3.1　元素显示控制

Origin 提供了菜单命令来控制图形窗口中元素的显示，执行菜单栏中的"查看"→"显示"下拉菜单中的相关命令，如图 13-20 所示，选中想要显示在打印图形中的元素即可。当下拉菜单中的选项前有勾选符号时表示该选项已经被选中，即可以显示和打印。

图 13-20　"显示"下拉菜单

13.3.2 打印页面设置和预览

打印页面设置的操作步骤如下：

步骤 01 执行菜单栏中的"文件"→"页面设置"命令，打开"页面设置"对话框。

步骤 02 在对话框中选择纸张的大小、方向、页边距等，单击"确定"按钮，完成页面设置。

Origin 在打印图形文件前提供了打印预览功能，通过打印预览可以查看绘图页上的图形是否处于合适的位置、是否符合打印纸的要求等。执行菜单栏中的"文件"→"打印预览"命令，即可打开打印预览窗口。

13.3.3 打印对话框设置

1. 打印图形窗口

Origin 的"打印"对话框与打印的窗口有关。当 Origin 当前窗口为图形窗口、函数窗口或布局窗口时，执行菜单栏中的"文件"→"打印"命令，弹出的"打印"对话框如图 13-21 所示。

在对话框的"名称"下拉列表框中选择打印机。打印机可在 Windows 的控制面板中添加。勾选"打印到文件"复选框，可以把所选的窗口打印到文件，创建 PostScript 文件。

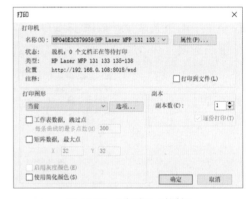

图 13-21 "打印"对话框

2. 打印工作表窗口或矩阵窗口

当工作表窗口或矩阵窗口被激活时，"打印"对话框如图 13-22 所示。勾选"选择"复选框，可以规定打印的行和列的起始、结束序号，从而打印某个范围内的数据。

3. 打印到文件

打印到 PostScript 文件的操作步骤如下：

步骤 01 激活要打印的窗口，执行菜单栏中的"文件"→"打印"命令，弹出"打印"对话框。

步骤 02 在"名称"下拉列表框中选择一台 PostScript 打印机，勾选"打印到文件"复选框。单击"确定"按钮，打开"打印到文件"对话框，如图 13-23 所示。

图 13-22　"打印"对话框　　　　　图 13-23　"打印到文件"对话框

 在对话框中，选择一个保存文件的位置，并输入文件名，单击"保存"按钮，此时即可打印到指定的文件。

13.3.4　论文出版图形输出技巧

论文的出版要求图形较小（由于是分栏排版，宽度最小要求为 6cm），但仍要清晰地阅读到坐标、数据、数据曲线、多曲线比较等信息，即要求图形"可读性"要高，因此要做一些特殊处理。下面给出部分学术论文写作和发表时图形的处理技巧，供读者参考。

- 所有的曲线颜色使用深色调，因为论文最终以黑白形式进行印刷。
- 所有线条（包括坐标轴）加粗。
- 不同曲线使用不同的符号，符号大小调大。
- 图形中出现的文字（标题、坐标轴数值、标记等）调为 36 点。
- 字形的选择原则上是以最终清晰为主，文字部分可以加粗体，坐标轴数值不要加粗。
- 如果输出时出现乱码，则要将出现乱码的符号字体改为中文字体。
- 将图形输出为 EMF 或 EPS 格式，在文档中插入图形，保持图形的纵横比不变来调整图形大小，并以此为基础进行打印。
- 论文出版前，出版机构一般要求单独提供图形文件，通常要求是 TIF 格式，600DPI，按前面介绍的方法进行输出，一起打包压缩后发给出版机构。

13.4　对象嵌入共享

Origin 生成的图形对象可以连接或嵌入任何支持 OLE（Object Linking and Embedding，对象连接与嵌入）技术的软件中，典型的软件包括 Word、Excel 和 PowerPoint 等。

13.4.1 共享 Origin 图形概述

Origin 图形共享的方式保持了 Origin 软件对图形对象的控制，在软件中双击图形对象，就可以打开 Origin 对对象进行编辑，编辑修改后执行更新命令，文档中的图形也会随之同步更新。

由于 Origin 的图形与数据一一对应，因此拥有了图形对象也就拥有了原始数据，保存文档时会自动保存这些数据，不用担心丢失图形文件。

在其他应用软件中使用 Origin 图形有输入和共享两种方式。采用输入方式时输入的 Origin 图形仅能显示图形，而不能用 Origin 工具进行编辑。而采用共享方式共享 Origin 图形时，不仅能显示 Origin 图形，还能用 Origin 工具进行编辑。当 Origin 中的源文件改变时，在其他应用软件中也发生相应的更新。

在其他 OLE 兼容应用软件中使用 Origin 图形有嵌入和链接两种共享方式，它们的主要差别是数据存储位置。采用嵌入共享方式，数据存储在应用软件程序文件中；采用链接共享方式，数据存储在 Origin 程序文件中，而该应用程序的文件仅保存 Origin 图形的链接，并显示该 Origin 图形的外观。

选择采用嵌入或链接共享方式的主要依据为：

（1）如果要减小目标文件的大小，可采用创建链接的方法。

（2）如果要在不止一个目标文件中显示 Origin 图形，应采用创建链接的办法。

（3）如果仅有一个目标文件包含 Origin 图，则可以采用嵌入图形的办法。

OLE 的缺点是阅读该文档的计算机上必须安装 Origin 软件，且版本必须相同，否则容易出现无法编辑的情况。

13.4.2 嵌入图形到其他软件

Origin 提供了以下几种方式将 Origin 图形嵌入其他应用软件的文件中。

1．通过剪贴板实现数据交换

Worksheet 和 Matrix 类型的对象可以使用"粘贴"命令复制到如 .xls 之类的数据表文件或是 .doc、.txt 这样的文本文件中。

步骤01 选择需要输出的图形窗口，执行菜单栏中的"编辑"→"复制页面"命令，复制整页。

步骤02 选择目标文档执行"粘贴"命令，这样 Origin 的图形就被嵌入应用程序文件中，这其实是一种对象嵌入的快捷操作方式，如图 13-24 所示。

> **说明** 如果希望将 Excel 或文本文件的多列数据复制到 Origin 工作表或矩阵表中，建议采用导入向导中的剪贴板导入功能，以避免数据错位。

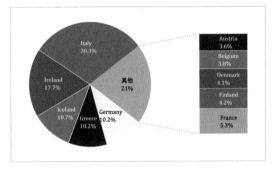

图 13-24　将 Origin 图形粘贴到 Word 文档

2．插入 Origin 图形窗口文件

当 Origin 图形已保存为图形窗口文件（*.ogg），在其他应用程序文件中作为对象插入时，可采取如下操作步骤。

步骤01 在目标应用程序中（以 Word 为例）执行"插入"→"对象"命令，打开"对象"对话框。

步骤02 选择"由文件创建"选项卡，如图 13-25 所示，单击"浏览"按钮，打开"浏览"对话框，选择要插入的 *.ogg 文件，单击"打开"按钮。

步骤03 在"对象"对话框中，确认不勾选"链接到文件"复选框，单击"确定"按钮，此时 Origin 图形就嵌入 Word 应用程序的文件中了。

图 13-25　Word 中的"对象"对话框

3．创建并插入新的 Origin 图形对象

以上是将已有 Origin 文件嵌入或插入 Word 文档中，实际上也可以直接在 Word 文档中进行操作。

步骤01 在 Word 文档中选择"插入"→"对象"命令，打开"对象"对话框，然后在"新建"选项卡下选择"Origin Graph"，如图 13-26 所示。

图 13-26　"对象"对话框

步骤 02 单击"确定"按钮，此时会运行 Origin 并打开一个新的图形窗口。由于图形窗口中仅出现默认坐标轴，因此需基于此新建一个工作表。

步骤 03 在工作表中输入或导入数据，并使用"图层内容"对话框添加数据到图层，与常规 Origin 作图一样执行作图操作。

步骤 04 执行菜单栏中的"文件"→"更新"命令，返回图形给 Word。

4. 使用嵌入式图表

步骤 01 在 Origin 中，执行菜单栏中的"设置"→"选项"命令，在弹出的"选项"对话框中选择"图形"选项卡，勾选右下角的"启用 OLE 就地编辑"复选框，如图 13-27 所示。

步骤 02 使用剪贴板把图形复制到如 Word 之类的软件中时，图形会以控件的方式嵌入文档中，此时即可直接在文档中编辑该图形而不用另行打开 Origin。

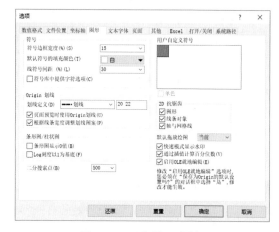

图 13-27 "选项"对话框

13.4.3 在其他软件中创建图形链接

Origin 提供了两种在其他应用程序中创建 Origin 图形链接的方法。

1. 创建 Origin 项目文件（*.opj）中的图形链接

要在其他应用程序中创建 Origin 项目文件（*.opj）中的图形链接，操作步骤如下：

步骤 01 启动 Origin，打开项目文件，将要创建链接的 Origin 图形窗口置为当前窗口。

步骤 02 执行菜单栏中的"编辑"→"复制页面"命令，将该图形输入剪贴板。

步骤 03 在其他应用程序中（例如 Word）执行"开始"选项卡→"剪贴板"面板→"选择性粘贴"命令，打开"选择性粘贴"对话框，如图 13-28 所示。

图 13-28 "选择性粘贴"对话框

步骤 04　在"形式"列表框中选择"Origin Graph 对象"，单击"确定"按钮，此时 Origin 的图
　　　　形就被链接到应用程序文档中。

2. 创建现存的图形窗口文件（*.ogg）的图形链接

要在其他应用程序中创建现存的图形窗口文件（*.ogg）的图形链接，操作步骤如下：

步骤 01　在目标应用程序中执行"插入"选项卡→"文本"面板→"对象"命令，打开"对象"对话框。

步骤 02　选择"由文件创建"选项卡，如图
　　　　13-29 所示，单击"浏览"命令按钮，
　　　　打开"浏览"对话框，选择要插入的
　　　　*.ogg 文件，单击"打开"按钮。

步骤 03　在"对象"对话框中，确认勾选"链
　　　　接到文件"复选框，单击"确定"按
　　　　钮，这样，Origin 图形就链接到 Word
　　　　应用程序的文件中了。

图 13-29　"由文件创建"选项卡

在目标应用程序中建立对 Origin 图形的链接后，该图形即可使用 Origin 软件进行编辑。
操作步骤如下：

步骤 01　启动 Origin，打开包含链接源图形的项目文件或图形窗口文件。

步骤 02　在 Origin 中修改图形后，执行菜单栏中的"编辑"→"更新客户端"命令，目标应用程
　　　　序中所链接的图形随之更新。

也可以直接在目标应用程序中采用如下操作步骤：

步骤 01　双击链接的图形，启动 Origin，在图形窗口中显示该图形。

步骤 02　在 Origin 中修改图形后，执行菜单栏中的"编辑"→"更新客户端"命令，此时目标应
　　　　用程序中所链接的图形随之更新。

13.5　本章小结

本章主要介绍了布局设计及图形输出两方面的内容。在 Origin 中图形可以通过布局页面
的形式输出和打印。本章最后还给出了论文出版图形的输出技巧，读者需要结合论文出版要
求及自己的使用习惯进行调整。

参 考 文 献

[1] 海滨 . Origin 2022 科学绘图及数据分析 [M]. 北京：机械工业出版社，2022.

[2] 李昕，张明明 . SPSS 28.0 统计分析从入门到精通 [M]. 北京：电子工业出版社，2022.

[3] 李昕 . MATLAB 数学建模（第 2 版）[M]. 北京：清华大学出版社，2022.

[4] 张建伟 . Origin 9.0 科技绘图与数据分析超级学习手册 [M]. 北京：人民邮电出版社，2014.

[5] 周剑平 . Origin 实用教程（7.5 版）[M]. 西安：西安交通大学出版社，2007.

[6] 任雪松，于秀林 . 多元统计分析（第 2 版）[M]. 北京：中国统计出版社，2011.

[7] 冯国双 . 白话统计 [M]. 北京：电子工业出版社，2018.

[8] 周登远 . 临床医学研究中的统计分析和图形表达实例详解 [M]. 北京：北京科学技术出版社，2017.

[9] 李达，李玉成，李春艳 . SCI 论文写作解析 [M]. 北京：清华大学出版社，2012.

[10] 盛骤，谢式千等 . 概率论与数理统计（第 5 版）[M]. 北京：高等教育出版社，2019.

[11] 李航 . 统计学习方法（第 2 版）[M]. 北京：清华大学出版社，2019.

[12] 颜艳，王彤 . 医学统计学（第 5 版）[M]. 北京：人民卫生出版社，2020.

[13] 武萍、吴贤毅 . 回归分析 [M]. 北京：清华大学出版社，2016.